BIG BOOK OF
JIGSAW SUDOKU
1000 PUZZLES

4	7				8	6		
		2			5			
		4				3	2	
	2			7		4		8
				2				
	9	6	2	8				5
			5	4				
8			1			7		

EASY TO HARD

Introduction

Jigsaw Sudoku is very similar to regular Sudoku. It is also a number placing game based on a 9x9 grid with given numbers.

The only difference is that they are divided into irregular jigsaw-like shapes instead of 3x3 boxes. The object of the puzzle is to place the numbers 1 to 9 in the empty squares so that **each row, each column and each jigsaw-like shape** contains the same number only once, as shown in the following image:

1 to 9 in a row

<table>
<tr><td>4</td><td>7</td><td>1</td><td>3</td><td>5</td><td>8</td><td>6</td><td>9</td><td>2</td></tr>
<tr><td>6</td><td>1</td><td>2</td><td>8</td><td>3</td><td>5</td><td>9</td><td>4</td><td>7</td></tr>
<tr><td>5</td><td>8</td><td>4</td><td>7</td><td>1</td><td>6</td><td>3</td><td>2</td><td>9</td></tr>
<tr><td>9</td><td>2</td><td>5</td><td>6</td><td>7</td><td>3</td><td>4</td><td>1</td><td>8</td></tr>
<tr><td>7</td><td>3</td><td>9</td><td>4</td><td>2</td><td>1</td><td>8</td><td>5</td><td>6</td></tr>
<tr><td>3</td><td>9</td><td>6</td><td>2</td><td>8</td><td>4</td><td>1</td><td>7</td><td>5</td></tr>
<tr><td>2</td><td>4</td><td>8</td><td>9</td><td>6</td><td>7</td><td>5</td><td>3</td><td>1</td></tr>
<tr><td>1</td><td>6</td><td>7</td><td>5</td><td>4</td><td>9</td><td>2</td><td>8</td><td>3</td></tr>
<tr><td>8</td><td>5</td><td>3</td><td>1</td><td>9</td><td>2</td><td>7</td><td>6</td><td>4</td></tr>
</table>

1 to 9 in jigsaw-like shape

1 to 9 in a column

We hope you enjoy the puzzles and please spare a few minutes to **REVIEW THIS BOOK** on Amazon.

Table of Contents

EASY #1

3	6	1		4			7	
	7					6		
							3	4
7	4	6		1		9	8	5
					8		4	2
			9	5				
6			8	3		4	9	7
9	3		5	7	4		1	
		7		2	9		5	

EASY #2

			8	2	1		7	
1		7					4	5
			3	7			1	2
			1			4	3	
6		5	2	1	7		9	
8			5		9	2		
	8		4			7	5	
	4	6			3	1		9
2		1		4	5			

EASY #3

	3			6			5	
		7	3	1			9	
5		8						6
7			6		5	9		2
2			7	9	1	4		3
	9				2			
9	1				7	3	4	8
		2		8	6	7		
8	7	4	1			2	6	

EASY #4

		2	9					3
5	3	8		7	2	6	9	
2			5	3	7	8		
4	1	9			8	7	2	
			8	6			5	7
7						1		2
		7		1				
				8	5	3		1
1			7	2	9	4	6	

EASY #5

5				9		3		
			7			2	8	9
8	7		4	6	3	9	5	1
	4			7	2	8		6
		9	8		6			
			9	1	4	5		
			3			1		2
	9					6	3	
		8			9		4	5

EASY #6

			5	6			4	2
5	2	4			6		3	1
1	6						9	
8		3	2		4		7	
3		1	9	2	7	5		
	5		7			2	1	
		2	1				6	
				7	8	4		9
				8	3	1	2	

Solutions on Page 172

EASY #7

				3	5	7	4	
		2	5		3	8		
		8	9	7			1	
		5	1				3	
6		4	3	5				
3	5							
		9	6	1	4		5	7
	4		7		6		8	5
		7		2	9	1		3

EASY #8

	8	2			1	6	9	
5	9		4				8	6
	3	6	5		2		7	4
			8				5	3
		5		4	9	8	1	7
9						4		
7	4		6		5			
	7			3				9
6	5	1						8

EASY #9

9	2	8	1	7	5			
	7	4	9		3	1	5	
	1			8	4		2	
	4						8	
		9		4			3	
				5			9	6
	6	3		9		2	1	4
			4	2		6		
		6		3			4	1

EASY #10

6	7		4				1	
1		3			9	8		
8	3		1	7		5		9
4						1		
9			5		3			7
				8	7		2	
3	9					7	5	1
2		7		6	5			8
7			8	4	1	6		

EASY #11

1		9		2	3			
4		7		3				1
9					8	3		6
				7	4	1	5	
	2		4	6				
7	4	2	1		6		9	3
	9	6		4			8	
2					7		3	
	1	4		8	5			

EASY #12

6		1		3				5
7				8				4
	3			4			2	
2	5	7	3	6		4	1	
9	8		2	1		5		3
3	1		4		5			7
				5	7			
			6	9		1	4	2
			5		3		6	

Solutions on Page 172

EASY #13

							7	5
		3		8	9		4	2
7	6						1	9
		7		6	5	2		1
6				1			2	
			5	3	4			7
8	7			4	2	5		
2	4		6			9		3
	5	9	1			4		

EASY #14

9		5		6	1	3		
	7		1	4		2	9	6
1	6			2			5	8
	2	3			6			
	3	7				9	6	
3	9	6					2	5
		1	2		5		3	9
							1	7
	1			5		6		3

EASY #15

			4	1	6	3	5	
			1	7		9	3	2
9		3		5	2	1	7	
2			3					
	6			2			4	
	3	4	8		5	2		6
	1	8		6		4	9	
		6				7		
5	2				4		6	

EASY #16

7						3	5	
	5	3	4		8			9
	8			1				7
6		2			5	1	9	8
2	3		9	8	4	6	7	
			2		3			
			3		2	7		1
				4	9	8		2
	2				7	9		3

EASY #17

3			6					
2	3		8		4			9
	2			4	3			
8	7	3	1					5
	1			8	2		3	
		1	9	6	8			
		2	4	3		9		6
4		9	3					8
7		5	2		1		4	3

EASY #18

5			3			7	2	6
	1	7				8	9	3
8	9							
6		1		4		2		5
2	5	4	8				7	
7			5		1		3	2
			1	3			4	
3		8			2	1		9
				2	8			7

Solutions on Page 172

EASY #19

6			9	1	8	5		4
	1		4					
		1	5				3	
	2	8		9		4		
		5	2				8	1
	3		8		1	6	7	
			1		5		9	6
		9		7	6	8	4	
	9	6	7				5	

EASY #20

	2	8			4			
5	7		6			9		
		1	4	9		5		6
4						1		3
						6		
				8	3	7		
3		5	7	2	6			
6	9	4	8	5		2		7
	1	6	3		7		9	5

EASY #21

9	7			5		8	4	
2			5		7		8	1
	4	5	1	7			3	9
8				2	3	4		7
4			9		1			8
7		6		4			9	
5	6				9	7		4
	9		4				1	

EASY #22

	3		6			2		
2						8	1	
5		6					9	
			3	8	1	7	6	
8		1		4				
	7	9	2					1
9		8			7	5		
7	4	3	1	2		6	8	5
	9	5	8			1		

EASY #23

	4		8	5	9			3
		7		6			2	4
3			4	1	7	5		
		1	9		5		3	
	2	8	1	4				9
	3	6		7		9	1	5
2						3	9	
8	1	3	5					
9	7							

EASY #24

		8	9			4	7	3
9			2	4		1	8	
	8			9	5	2	4	
				2			6	9
	4	2		5			3	
4	9	1			6			8
8				3				4
2								1
7			4	6	8	3		2

Solutions on Page 172

EASY #25

	6	9	4		3			7
9		8	7			4		1
	4	5	6			3		
	8	7		3	6		4	
	2		9		8	1		3
			2			5		
7			8	6			2	
		2			7	6	3	8
6			3	9		7		

EASY #26

3		6	2		7		5	1
5	8			3		9		6
2	7		6	1				9
	1				8	5		
8					1		9	
	4				6	7		3
			8		4		6	
	6	2		8	9		3	
4				7		6		

EASY #27

9	8		7		4			5
	9			3	8	4		
	4		8		6			
6			5		9	1	8	
					1			8
8	3		2	9		7		
7			4	1	3	5	9	
		7				9	5	6
	5		1			8	3	

EASY #28

1	7	8	9	6			4	
3	6	7	1		5			9
	5	4				7	6	
	3	1			9			7
8				7	4			
	1		5		7			6
		6		3	8			
					3	9	7	1
5	2		7			8	3	

EASY #29

			5	1		4	8	9
	3							
1					6			
		4		3			7	6
7	6	5					1	3
		3		4	7	5	6	2
		8	6	7			5	
3		2	7	9		6	4	8
6	5				4			

EASY #30

9					5			
		1		3				
	6	4				7	8	
			8	2	9	6		
		5		9	7	2		4
8	5		4		2	9	7	
			3		4	8		
	7	8		4		3	9	2
	4			7	1		3	8

Solutions on Page 173

EASY #31

			8	5		1		3
5	1	8	2			4		
	8							
6		7	3	9		5	8	2
1	3	9	5		2	8		4
	9				8		1	6
	7				6			
7			9	1			5	8
	5		7	8				

EASY #32

	2	6		3	8	4	1	
				7		1		9
		5	8	4	7			
	5	3		9		8		2
		4						6
7		1	9			2	6	3
8	6		3	1		9	4	
		7	6					
		9		6	1		5	

EASY #33

7	3		4	9		5	2	
				6	7			
9	8		5		2	1		4
		5			8		6	3
		9	2			4	8	
1		3	6	2	4	8	5	
3	7							
	6		9		5		3	
4	5		3			2		

EASY #34

		9	7	8	5	3	6	4
7	3			9	4	8	5	
				5		7	1	
4			6	7		9	3	
					3		7	
9				6		4		5
5							4	
		1	3				9	
	5	7			9	6		3

EASY #35

1		4	7			9		
2			1	5	8			
	9		2		3		8	
		7	3				5	1
		1		6	2	4		
3	1				7			
8	7		6	9	1	5		
	6				4		1	2
4	2				5	6		

EASY #36

	1	6	4	3	8			
8		9				4		
	7		1			6	3	
				1	5			
	8	1	5	6	9		4	
	9		7			5		8
4			9	5	6			1
				2	4	1		
	2			9		8	5	6

Solutions on Page 173

EASY #37

		9	1		8	6	2	4
8		4	2			3		
1		2				9		
	4	6					1	8
5	9	7		4	3	2		
			4	1	9	8		3
	5						4	2
				9				
		8			5	1	9	6

EASY #38

4		3	9	7	2			8
6	1	5				2	4	7
8			4				7	1
5	9		7				2	
					8		9	
		2	5				8	
1	3		6	2	7		5	
2		4	8	3	5			
					4	6		

EASY #39

2	3	5	7	8		1	4	
				5		7		
		3						
							6	5
5		7	1	2	9	3	8	4
3		2	4	9				6
8		1		6		4	9	
4	5			3		8		
6	1	4						

EASY #40

			4					6
1	7	2					4	
	3	4		7	1	9		
		7	3				8	5
2	5	6						
	6	8	2	1	9			3
7	1					5		
	8	5			2			7
	2	9	7	4		8		1

EASY #41

6					7	5		
	8	3	1	7			4	5
1	7				6	8	3	
	4		9	8			6	3
	9				4		5	
3					8		7	
		6			9		1	
7	1	8			3	4		
4			3				8	6

EASY #42

1			7	2		4		6
	5			9				
	6			5		9		7
4	7		8	1	3	6	9	
6			4		7		1	
		3	5		6			8
						2		4
3	2	4		6	1			5
		8		4		3		

Solutions on Page 173

EASY #43

			3	1		5	2	
		8	2			7		
	7		9	8	5			
4	3			2	1	8		
9				5	7		8	
			4		3	2	7	
			8					1
8	6		1		2	4		9
3		9	5		8			7

EASY #44

	2					8		
7		2		6		4		5
		8		5		3	2	7
4		6	5	3	2		7	8
3		9	8	1		5		2
	5		7	2				1
	1		2	8	9			
8			6					
2		1				9		

EASY #45

					9		8	
		6		3		7	5	
		1	8	7		9		
3		2			6	5	1	
	3		1		5		6	
7		9		5		1	4	
9		4	5		1	3	7	2
8			3				9	
				2	7		3	

EASY #46

		8		4	7		5	3
	3		5		9	8		
		2						8
1	8			5	2			
2	7				8		4	1
8	4	5						6
4	2						1	5
5		6			4	7	3	
3					5	2	8	9

EASY #47

4	5			1			8	6
			1	8	9			
	8	7		4		3	2	
2			5		6			
	6	1	8	3		5	4	
	2						1	
			4				6	5
6		5	2			4	3	1
1	9	4			5			2

EASY #48

		7	8	5	9			6
5		6		1		7		8
					5	3	9	
7	2	1	6		3	8	5	
		3	5			6		1
6						5		3
8	1				2			5
		5		6		9		
				8	6	1	7	

Solutions on Page 173

EASY #49

8	6		7					
9					7			1
6	9	3		5			8	
	5	7				2		9
		6	4			3		
	7		3			8	9	2
7	1		9	2		4		6
5	3	9			2			8
1	2		8					

EASY #50

			7				5	6
2		4		3	6	5		8
3			8	6	9	7		
6	9		4	5		1	2	
9	6					4		5
	3	7	9	8	5		4	2
					8		7	
		5			2	9	6	

EASY #51

8		9			7	3		4
4	5		7		6		8	3
9			5	4			2	8
1				8			7	2
5								
2	8			1	5	9	3	6
	3	2		7		5		9
7			2				1	5
	2							

EASY #52

5	4	9	2	8	7			
		1	4	5		9	6	
	7	2					5	
			7		1			
	9	4		2	5		1	6
		6	1	4	3		7	
1	3	8	6	7			2	5
		3				7	4	
	2	7						

EASY #53

3	4			7	1			
9	8	5		2	6	1	7	4
	6		7					3
	1	7	9			2	6	5
		3		6		9	2	
7		8				3		
		2	4			7		
6	9		2				4	7
			8	9			3	

EASY #54

		6		3			1	
	1		3			6	9	8
					9	8	3	4
		1	2		8			
7	2	3	8				5	
	9	7	6					
3		8	9	7	1			
	4		5				7	2
			1	4	5		8	3

Solutions on Page 174

EASY #55

6						7	3	
			2	6		4	9	
8		5			3		2	4
2	9		5		7	8	4	6
3	4		9		2			8
	8			9	4			
	2	9						7
	6	7	4	8	9	3		2
			3			5		

EASY #56

3	6	7			1	4	5	
2				9				
8	9			6			7	3
6							2	
7				3	9		4	
9					5			2
5	3	1	4		6			
1	2	8		5		9		
4	5			2		8		1

EASY #57

	8						1	
	6	1						4
	9			6		1	8	5
		9		4	2			
	4	8		2			3	1
			2	9			4	3
	3	4	6	8	1	5		
	5		1	7	3			
4	2			1	5		6	7

EASY #58

		7	6		8			2
	6	2	9	5			1	
	2	9					4	8
6	9				7		5	1
8	4	5				2	6	
7		4	3	6		1	2	
				3		7	9	
			2					5
2			5	8	6			

EASY #59

8		2		3				6
					9		8	2
7	8			5	4	1		3
6	3			9	8			
		9			6		2	1
		8					3	4
	7	5						8
	2					3		9
9		3		8	2	7	1	5

EASY #60

9		1		7				
3		8	6	2	5		1	
2			5	9		8		
		9		1			7	8
							9	5
	7			8	6		2	
7		6	8		1		3	
		2			9			1
	2	4	3	6			5	7

Solutions on Page 174

EASY #61

	6	2		8			9	1
1			4	3		5	6	2
9		3		6	2	1	5	7
2					9	3		
6			9			7		3
		5				8		
	7	8		9	1	2		
8		9			7			4
4		6	2					8

EASY #62

1	8				7			
		6			9			3
		3			4	1	9	
	6	9	1	4		8		
4	9	5	7		1	6		
8				9	2		5	7
6		8	2	5		9	4	
					6		1	
9		4		2				5

EASY #63

			3		9	7		
9				7	2			8
7	3	6	5		8	9	4	2
4		8	9	3	7	6		5
6					1			
	7	5		9				1
1	5			8	4		7	9
	9							4
	4	9						

EASY #64

	8	1		4	6			
		4	8		5		3	1
	9	5	3	1	7			4
6			1			9		5
4	6	8		2		1	9	
7		3				6		9
	5		7	9				6
5	4				8			
			2	3			5	

EASY #65

3	1	8	4			9		
4	5	7	9				1	
	6	9		7	2			
2		4		5	7	6		1
			3	4			7	9
				9	4	1		
	4		7		3	2		
		2			1	4		
6		5			9	7		4

EASY #66

7	3		9				5	
		1		2				3
	6			1	7			
6		9				7	2	
2	7	6	1		5	3		
8		7		4		5		
1		5				9		6
		4			6	8		5
9			3		1	2	6	

Solutions on Page 174

EASY #67

	8		9	6	5	2		
	7	4	2					5
		3	4		9			8
		2		8	7		3	
	9	8		1	3		6	7
5			7	4	2			
	1			7				
						7	1	4
7		9	8	3	6		5	

EASY #68

2		9		1		8	5	3
9	3		1		5		7	
	6	3		5				
	1			2		7	9	
5	8						3	
3	9		6		7	5		4
6	5				9			
		7		9				
7			8		4	3	1	

EASY #69

			1			7		4
7		5		4		9	3	
3	4		9		1	5	7	
6					5	1	4	
5		3		8			1	7
		4				6		3
8	2	1			9			5
4						8	9	1
	3	2				4	5	

EASY #70

			5	8		4		
	4	5	3		6	2	1	9
6				9			7	4
4		7			3	6	5	
	5	1		6				
	6			4	2	7	3	5
	2					3	8	1
	8							
3			8		5		6	2

EASY #71

	3	7						
	4	5			9			7
5		9	7	8			2	
	9		3			2	5	8
		8		2				
			5				7	4
4	7	2			1	3		6
9	5		8	3	4	7	1	
6		1				5		

EASY #72

	2	1		7			5	
4			6					
		3		2	7	8		
5		8	3	4			1	7
8	9	7		3				
2		6	5			3		
7	4		9	6	5			
		5	2					
6	8		7	5		2		9

Solutions on Page 174

EASY #73

3			5					4
8		6	7		2	3		
	8			3				
4		3	8		7		1	
2	5					7	4	6
		4		9	6	2		8
	6		4			1	2	
		8			5			7
5		2	3	4	1	8	6	

EASY #74

7		9			8	4		
			1				5	9
1	4	5	9			3	7	8
	1					5		
4		3	2		5		9	1
		7		4	9		8	5
	9		4	5				
6			7		1	8		
	7		3		6		1	2

EASY #75

		6		5	7			8
	4		3					
8	5	7	4			9	6	1
3			6		2	5		
		3	2	9		4		5
2	7	1	5		9	8		
					8		2	
							9	
9		5	1	7			8	2

EASY #76

7		5	4		3		6	
	8		2		1		7	3
	3			8		5		6
4					7		8	9
			3	9		7		
3	7			4				
9		2			4	3		
1	2			7	5			
	4		6		8	1	9	

EASY #77

	3			7			8	
9		5	6	2		1		
	1			9	8			
2	4	9	8		1	6		
	2	1		4			9	
3				6	9	8	4	1
	6				2		1	3
6			5	1	4		2	
1						5		

EASY #78

	7			5			8	
	4	5	8	1	6	2		3
		1	9		2	7		
5			4		8			
4	5	2			3			7
	6	4		9			7	8
1	9							2
	3	6	5					9
9				2		6	3	

Solutions on Page 175

EASY #79

3	1			9	4	7		5
9	6		5	7			1	
	4	5	3	8		9		
			1				8	4
1	9			2		5	3	
						4		
	5		8	4				
		2	6	1			4	
4	2				1		9	8

EASY #80

1		5	6		4	2		
4		6		9			8	
7	1	4	9		2		3	5
3					1	4		
5	9	2				6		
2		1	4	7			6	8
8						9		4
			8			1		
	2			1		5		6

EASY #81

9	8		7	6		1		
3				5	7	9	6	
	6	1	3				2	7
	7			9	6	2		
			6	1	2			
	5	7		8		6		9
7		9		3				
1						7		
6	3	2	9				4	

EASY #82

	6				8			2
2			4	3	1	7		
	2		7	4				
6	3	9	1					
		6		2	7	1	3	
4	9		2	6	3		1	
1	7		3		5			4
9	5	8						
		4		9		5		

EASY #83

			5					
					4		2	
8		3		2	5	9		6
	4	8			2	3		9
5	7	2		4		1		
3	2	1	6	9			4	
			8		9			3
		6	1	8	7	5	9	
9		5					6	1

EASY #84

	1	9			3		4	
2		7					9	5
4	5	2		6		7	1	
		3					6	7
7	9	6	1		5		2	4
9	7							
		5						9
		8	7	4	6			
	4	1	5				3	6

Solutions on Page 175

EASY #85

8		7	6				9	5
2			8			6		1
		5		1	4			
1		3	5				7	2
4	2				3	9	5	
7	1	2		8		3	6	4
			4				3	7
		1	7	5				
				9		5		

EASY #86

		4	1	7			9	
9	3		4	5	2		6	
7		6	9	4	5		1	
2					8			
6				2	7		8	
	7		5					2
	9		7		3		2	
4							7	6
3		7		8	9		5	

EASY #87

	9		1	7		8		
	1	6		2			3	9
2		8		4	9	3	1	
8	2		5			7		1
	7		9			6	2	8
	6		3		5	2		
					8		5	2
	4							3
	8		7				9	

EASY #88

3				8				
		8				6		
4		2	6	1	5		9	
7				6				
					6			
6		9					7	
	6	4	1	5		7	2	
9	7			3	4	8	6	
1	5	7	3	4	9	2	8	6

EASY #89

5		6	2		9	7	4	
	4	9		6	5	3		8
	8	4	6					
3	2	5			7	4		9
4	1					9		2
	7		9		8	1		4
			4					
2			5	3				7
8	6	7		4				

EASY #90

			2		7			
			7	5		4	2	8
3				6				9
2	8			7		6		
			6	4		5	8	7
	4		8	2	5			
1	6		4	9	8	7		
4		2		1	9	8		
8	2						1	

Solutions on Page 175

EASY #91

	3		9					
			4	3	9			5
8	5		3			1	6	
	1	5		9	4			
9			2	1				
7		3	1			9		
3	9		7		2	4	5	6
5	6	7			3			1
	2			7	6			

EASY #92

5	9			7	3			6
				6	5	1	9	7
	6			4	8			
			8			4	2	
	4	8	7	2		3		5
9			5	3				2
		9		5		2		1
			6	9	1	5		
		7	9	8		6		4

EASY #93

			6	1			8	
	4	1	8		3	2		7
				9			1	4
7						6		3
		9		3	6		4	8
1	5	4						6
8		3	5		1		2	
	9			5	4	3		
			2	8	5	9		1

EASY #94

7		8			1			4
	5	6			3	8	7	1
			1				6	2
1			7	8				
8	9	4	3	5				
		5			4			9
9	4		6	2	5			3
6	1		5					8
	8		4	1	6		2	

EASY #95

8					5	9	2	3
		6			9	7		8
7				8	1			4
2	9	3		7		4	5	
1						6	4	
	4					2		9
5	6	4	9	1		8	3	
						5		
9	2			5		1		

EASY #96

		6		9		8		
9	3		6	7	1	5	8	
	5	7		4	2	6	9	
5			9	8	6	4		
			3			7		5
		5	8	3		1		
	7	2						
	8			5			6	
		8		1	4	3		

Solutions on Page 175

EASY #97

	6			4	5	1		7
4	1		7			2		
3	2							8
5	7	2			1	3	4	9
9							8	
	8			2	7		3	
	9	4	1			8		2
2		6	3		8		5	
		1	2					

EASY #98

		7				8		
	7	4		9	8			2
5		2	3	6		7		
			1	8	2			
		1	4	2				
		9				4		
2	1		9		3			4
7		8	6	4	5	3	9	1
4		6	8	1				

EASY #99

			9	5	3			
	2							5
8	6					3	1	9
	5	4	7	9	6	1		
5	4		2				3	
		2	3			5	9	
1	9		8		7			
6	3	8				2	5	1
					5	9	4	

EASY #100

				5		3		9
9	5	3	4	7		2	1	6
	1			4	2			
	8			9			5	3
5		6	2		4			
	3					7	6	2
7			9	6		1		8
						9		
	9		8	2			3	5

EASY #101

		6	7	4	5	1		2
9		5			8		7	
	7	9			2	3		
		1	3	8		9		
	4		1	6	9	5		7
1			9					
	8	3		5		7		
3	9	4		7				
					3	4	8	1

EASY #102

			8			2	4	
4		6		1		5	8	2
8		3				4	9	
6			2	4	9		5	
		2			8	9	7	
2		9		5	4	3		6
				8			3	
			5	3	7	1	6	8
	3					6		

Solutions on Page 176

EASY #103

5								
8						4		
		4	3	7	2		5	
	5		6			8		
	6	2	7		8			
6	8	1		5				2
	3	6	1	8	5	9	4	
7			8		6	2	1	5
		9		2		3	8	

EASY #104

	1	5			3			2
3	2		1		4			
	3	1	4			7		
				7		1		
8		4					2	7
	5			3				
1	7		5	4	6			
		2	3		7		5	6
5	8	6		2	9	4	1	3

EASY #105

		3				9		
5		9		6	3	2		7
9	5				1	7		
2	6	1	3			5		
				2				
1	9					6		3
	7		1	3	8		5	
7	3					1		4
	4	5	6			8	2	1

EASY #106

3	6	9		5	2	8		
	7			9	3	1		
2	8	1		3	7	6	4	
9				6	5		8	1
		4			8			
		3		2		7		
5	1				4		6	
7			8			3		
		6	3	4	9			

EASY #107

6		2	1			3	5	4
	2		3			6	1	
1			8	5	6		7	
4	1		6		3		8	
9							2	6
5	6	8	7				4	3
			9			5		2
	5		2					7
2					7			1

EASY #108

			8				2	
	5	9	1		2	7		
				3		6	5	
5	4	7	2	9		8		6
2			3		7		4	1
	2	1			6		7	
8			6					5
3		5	4	2	8		6	
			5	6			9	

Solutions on Page 176

EASY #109

9					7			5
4	7	3					8	
1	2	6			8			
5	8		9	4				3
		1	6			3		7
		5	7		4			
		2	8	1				4
					3	6	5	1
6				5	2	7	9	8

EASY #110

	9	5		8	4			3
	6	8		7	2	1		9
	2			6	1	5	3	
3			5		9			6
		9				4		2
5	3	2		9	8	7	6	4
		1						
	5				6			
		6			3			1

EASY #111

3	2		5			7	8	
6								
1	8		2		4			9
		3		2			9	1
4	9			3	2	5	6	
	1	7	6		8	9	3	
9					7			
8		5			9	1	7	
7		1			5		2	

EASY #112

1			4			2	6	
7		3	5					
		7	6		8			
8	9		2	4	7		1	5
					6		4	
3		5	9	1	4			
6			1		9	4		8
	5	4	7		3	1		
			8			6	7	

EASY #113

	9			3	8	6	5	
4		7		1			8	
	3	8	6		9			
		3	5					9
		6	8		7			
2	7	1	4			5	3	
8	4					9	2	7
5			7		2	8	1	3
	1							

EASY #114

5		7		9		1	8	3
2		8			6	5		4
3	2	9					6	5
1	5	6			9	8		
	6		5	4			2	
7					3	2	4	9
8			7		4	6		1
		1						
	7		9	5				

Solutions on Page 176

EASY #115

	1					5	9	
5	7	4	9	6		1		
3	2	1					4	
4		2					7	3
	9		1	3	4		2	5
7		6	8	1		9	5	2
					9		6	
1	3	9	2		5			
					8		1	

EASY #116

8	5	2		7			6	4
2		6	5				3	8
3	7					2	5	
		5	7			3		
	9	4			6			
	8	7	1			6	9	
	3					8		5
6				9	3			2
	2				8	4		6

EASY #117

		4	5	9	8	2		
			2	6	3	5		4
				2	6			9
3	9		1	4	5			
	8	1	6	5	9			3
					4	3		
	1	6	3	8				
			7	1			4	
		2		3		6	5	

EASY #118

2						4	5	8
	2	1	9	6			8	
8	5			2	3	7	9	4
3					4		2	
7			5		8		3	1
				8	1			
1	8	4			5			7
5	7	8			6		1	9
		9						

EASY #119

	9		3				1	5
5			9	4				7
						7	3	8
3		6	8	2	1		4	9
		2		8	3			1
		4		7				
	5			1	4			
2	1			9	8		7	
7		1		3			8	2

EASY #120

			8		7			
1			2		5			
			7				5	
7	2	6	1		4	9	8	3
		8		6		7		
6	7	9	4			2		5
	1	2	5	7				8
					6	1	3	7
2				1	8		9	

Solutions on Page 176

EASY #121

	4		8		7		2	6
		6						
		1	3		9	6		8
	8			9				2
			7	6				1
9	3			2	8	5	6	7
3		2	5	7	6	8		
5			6		4			
			2	3	1		9	5

EASY #122

6	4		8	7			2	
8	5	7						3
1			6		9		8	
						1	3	8
	8		7	6	5			1
9		8	3		2			
	3	4	1			9		6
5	7	3						4
		6			8	3		

EASY #123

7	8					1	6	5
		2	1	4	9		7	
		7	4	5	1			3
	5			1	7	9	3	6
						2		
3	2			7	8			
5			7	9		6		2
		5		6				
	4	3			5	7		

EASY #124

			4		2	8	3	9
	1		9		7	6		
		6	3	5		7		
4			2	7	8			
	7		1		4		2	5
1			8		9		6	
	4						9	2
2	8	9			6	3		4
5	6		7					

EASY #125

			3		1		7	8
8		2	1				9	5
		7				1		2
	6	3		7		9	5	4
	9	8						1
	8	4			9		1	3
	3				2			9
	1		8			7	2	6
5			4		3			7

EASY #126

1	8		3	4			9	
							7	
4	7	6		1	2	5	3	8
	9		8		5	3		1
9		5		2	1	8	6	
	4	7		3			1	
				7	4			
2					3	7		4
	6					1	4	

Solutions on Page 177

EASY #127

				1			2	7
				5			8	6
				7	2			3
	1	2				8	7	4
	4	8	7		9			5
4	3		1		7	9	6	2
6	7			9			4	1
	5		4	2				
1			3		6			8

EASY #128

		6	3	9			4	
	7		5	1				
			1	7				3
	5	4		6		3		
9	4			3		6	1	
		8			9		3	4
	1						9	8
8		1	9	4	5	2		
	9			8	6	7	5	

EASY #129

	5	6			3			
8		4	6		5	9	7	
9		3	4		8			5
	9		5				3	
	8				6		9	4
7		8		4		5	2	
2	6	5	9			4		
5					4	8		9
	4				2	3		

EASY #130

	1	9		3		2		
	8	4	6	9	3	7		
			9		1		3	
2	9	3		5	8			1
7	3					9	4	
1		5		6		3	9	
9	7							
				1	6	4		
	6	7	1			8	5	

EASY #131

6				3		8		
			2	5	6		7	
4		1	7			9	6	
		2					1	5
1	8	5	6	7	4	2	9	3
8		3	4					
	2			1		4		9
		4		8	9	1	3	
3						7		4

EASY #132

	8	1		7	9	3		2
	9	6	3		4		7	1
8	3						4	9
9	7							8
6	1			3		4		
	5	3		6	8	9	1	
			7			8	9	3
				9	3	1	2	
		9		4				

Solutions on Page 177

EASY #133

	5		3	1	4	6		
	7	4	8		2		1	
	2	3	1					
				4			8	
5	8	9	2		7	4	3	1
	6				1		4	
					6		9	
7	9	1		5				
1	4		6			9		7

EASY #134

	7					9		
				3	5	7		4
1		6		8			5	2
8		9						
7	5	1	6	9	8	2		3
2		7	5	6				
3			1			8	6	
			7	5		1	2	9
9			4	2				5

EASY #135

					1	9		
	9			8		4		3
	3		7					9
		1				5		8
				3	7	6		
8	1	4	3	9				7
4	6			2		3	7	1
9	7		1		5	8		4
			4	1		7		6

EASY #136

			4	6		5		
						1		6
4	1			7	9			
2	9		3		5	6	7	4
	6		8		2			
5	3		2	4			6	
	5			2	4	3	1	
8	7		1					5
9					3	7	8	

EASY #137

	5			1		9	4	
		5	6		3	2		9
	3				8	5		
		1	3	6		7	2	
	6	7	8	9	2			1
				3	7	8	9	2
3			2			1	7	
				8			3	
		3				6	8	7

EASY #138

4	2	9	8	7	6			5
			6	3	5			
6	1	5		4	8	9	2	3
9	3			2				
				9	1		8	6
1		4		5		8		
	7		9					
5	4	6	2				3	
			1	6	3			

Solutions on Page 177

EASY #139

	2	4				7		1
5				6	3			9
	9			5		3	1	4
1			8					6
				7	2		6	3
	6		9		7	5		8
7	4		6			1		
		6	1		9	8		7
	8	9	7			6		

EASY #140

6		1	8				3	
					1	4		8
9						1	4	3
	8					9	2	
	1	9	3				7	6
		7		2			8	
1	7	6	4				9	
				8	2		1	7
8	9	2			3	7		4

EASY #141

9	8				7		1	5
	7	6						2
		9			6	1	5	
	3		6	1	8		9	
1		8			4	7	3	6
3			5		1	9		8
		3	9					1
6					5		2	
8	2			6		5		

EASY #142

8	1	5						
	7		8	6	1	9		
1	5		3		8	7	2	4
		7		3	6	5	1	
				8			4	3
3		8	7		2	6		9
	9					8	7	
5			1					7
7		9	2			1		

EASY #143

	8	3						5
6	2	4	7	8	3	5		1
	1	2		3			4	
2	9			6				
7		5		1	6			8
			5		1	2		
	7				9		3	
1				7	2	4		
	3			4	5		1	9

EASY #144

	8	9			1			4
4	5	7	9					1
		6				9	8	
3		4		1	7	5	2	9
		5		6	8		7	3
5		2					1	8
		8	4		5			
					2		5	
6	2	3		8		1	4	

Solutions on Page 177

EASY #145

8		9	2		4		3	
		3				9		5
				6		2	8	
	3	6	9	8			7	
1		4	6				2	
5	1		3					8
	8	1		5				3
3	4	7				6	1	
				2	1	3	5	6

EASY #146

4	6			1				7
	2				1		7	
7	1	8	9		4	5		2
		7			6	9		3
	8		3	4			1	
8	7		2	5			4	9
			5	7			9	6
6	9			8	5	3		1

EASY #147

	5			2	3		9	
				6		3		
				8	6	5	7	9
		8	3		5	4	1	
							8	
	8		2	5	1	9		
	3			4	8	6	5	2
9	6					1	2	5
5	1		6			8		

EASY #148

1		7			9			6
	9	5		2				7
		9	5		8	6		4
			7	5	6		1	9
5		6	4					
	4		1			5		2
	2			8	5	7	6	
			3	6	7	1		
	6	3	8			2	9	5

EASY #149

	1		3	6				
5	3							7
2			6	7			9	
			5			8	4	3
6				2			7	1
	9	8		3		4		
	6			8		7	2	4
		6	2		4		3	8
	2		4		7	6	1	

EASY #150

8	7	1			3	9		6
			7	1	8			2
		6	9		2		4	7
			6	3				
	6	8	1			3		4
		4				7	3	
7		3	8					
1			4	6		5		
				7	4	2	8	1

Solutions on Page 178

EASY #151

	8	4			5			3
	2			7	8			5
	5	7	9					4
4	1	6			3		7	9
			7	9				
		8		4	7	3	2	
7		1			9		5	
			1			8	6	
8	7		4		6		3	

EASY #152

		1			4	7		3
7		8			2	1	6	
8			3	9	1	5	7	
				5	9	2		6
		4	1				3	
6	3	2	8					9
		5	7					
	7	3		2	8	9	4	1
				4				

EASY #153

	5		9		8		3	7
5	7					1	9	6
4	9		8	6	1	7		
		5						
9	8		2	3			7	1
1	3	9						
	2	4	1				6	3
3		1		8			5	
	6			9			1	4

EASY #154

4	8						7	5
6		3	9					2
5	7			6	4			
		7	4			2		6
9	2			5				1
	3			4				
1		2	8			3	6	
8	4	6		3		9		7
	6	4		9		5		8

EASY #155

	7	8	6	5		4		
9	8	4	7	1		6		
4						8		
	5		2					3
8	3				5	7		
2	9	5				1		
1	4				7			5
5	1	6	4	7				
		2			8		4	1

EASY #156

5			2			4	6	1
6		1				7		4
	2		7		4			6
		7		1			9	
3		6	4	7		2		
		5	1	8	6	3		
4				3	2			5
				6		1	2	7
		2	8	4			5	

Solutions on Page 178

EASY #157

2			4		7			
		5		9	4		2	
	8		2		9	1	5	4
8		2		4			3	9
			5	1			7	
		8	7			9		
7	2			5			9	1
	9			7			8	5
5				2			4	6

EASY #158

1				7	5	4		8
6	5	4	8	2		9		
	9	8	1					
								9
9			5	1		7	8	4
3	8		7	9			4	
	4	2			9	8	1	5
		9		6				
	1			8			9	3

EASY #159

2			8					
3		5						
	9	6				3		2
4	1	9		3	5		2	6
		8		9	3		6	
6	2		4		7	9		
5	6	4	3	8	2			
		2			6		1	
	3	1		2				5

EASY #160

5		3				6	8	4
6	8	4			7			9
				1	3	7	6	
			8	6				
	6			2				
8					9	4		
	4	1		8		9		5
		6		4	8		3	7
9			3	5	4	8	1	6

EASY #161

2	1		5	6		7	3	8
6					2	4	7	
5	2	6			7			
1	9	3		4		6		
4			2			9	6	3
7	5		1				4	
9					3			
3							8	1
		1	3	2				6

EASY #162

			1	2		4		
7			8		2			
9	1	4		6	3	7	5	
		7	6			3		5
		5				2		
				8	4		7	6
	4			3	5		2	1
	7		5		9	6		
		2		5	1	8	3	7

Solutions on Page 178

EASY #163

6	5	2			9	4	7	8
		4	8					1
8		1						
		9		5	6	8	2	
4					8			
		7	5	9	4		3	6
9	1		7	3	2	6		4
		6	1			2		
3							5	

EASY #164

6					2			
2	9				6	3	7	
4		5	9				3	7
3	2			5	9		4	6
		9	4		3	6	8	2
8								9
7	6			2		1		8
	5	8				7		
9				3		4		

EASY #165

		2		9	3			
			9		7		4	
				8		5		
8	9	6	5		2	1	3	
2		9	8	3		6		4
6					5		2	8
	4		1	5				3
5	6		7		9			
9	2	4		1			5	

EASY #166

6				5			2	
8			6		7	5	9	
9	3	8	4					
4		5	7			2		6
7				9	4	3	6	
3						9		4
	7	3	9					
5		6			3			
	4	9	5		2	6		3

EASY #167

					9	2		
				1	8			6
3	1		2	9	7	5		4
7		9	5	8	2		4	1
				2		8	5	7
		7				1		2
9	2				3	6	1	
1							2	3
			6		5	4		

EASY #168

		9	2		5		3	
5	8	4		6		7		
8					3	4		
3	6		1	2	9		4	
	4	2	7			1		
	5					6	7	1
4		8	5			3	9	2
	3			9	1			
		1			7			

Solutions on Page 178

EASY #169

2		1	8		9		3	
4		5	9	7	1	8		3
	3	7					1	
			4	9	6	7		
	9			4		5	7	
			3	1		6		7
				6	4	3		
7		3	2		5			9
	4					2		1

EASY #170

3	4			1		9	8	
	5						2	4
				2	5		6	8
7		1			4		9	
	2	6	4	8				
9			8	4				
	7		1		6			9
8				7	2	4	3	
	6	9			8	5		1

EASY #171

1	3		2					9
2	7		4			5	3	
	5		3		7			2
5	1	7	8		2			
8	2	1						3
9				3	8	2		
6			1		3			
7			5		9		2	1
3		2	9		1			5

EASY #172

	1							3
7	5	6		4	3		2	
			7	1				8
1	3	8	2			7	9	6
	4	9	1					2
3	8	7	6		9		5	
		2		9			1	
			3					9
			4	6	1	2	3	

EASY #173

	5	7	6	4			2	8
								4
	1		7	2				
	2	6		8	9	3	1	
5	4	3				7	9	
	7		3	5	8		4	9
		9				4	8	
		2		7	4	6	5	
8	3	5			2			

EASY #174

7		5				6	9	8
			6			1	3	
3				7	1		4	5
5			2					6
	2	4					5	1
			9			5	2	3
	5		1				8	9
8	6		5				1	
1	4	7		5		8		

Solutions on Page 179

EASY #175

3			2	9		7	5	
4			8					
				6		1	3	
5	9	3			1		6	
8	1	9			7		2	
2			3	1	9			
9						8		2
6	7	2	9		3	4	1	
1			7					6

EASY #176

1		3		2	5	8		
2	4		8		7		1	6
3	8	2			4	6		
7	3			8		5		2
9	7				2	4	3	
				6			4	3
8					3	2	6	9
					6	1		
					9			

EASY #177

			2				7	
	1	9	7	8		6		
7	6		5	9		1	3	
	2				7			8
	7	4		2	6			
9	3			6		2	5	
				1		7		
2	8	7		5	1			
1			6	7		8	4	2

EASY #178

	8		3		2			
		6	2		4			
6		1					7	
		5	6		3	9		4
	4	3		5	1	6	8	2
9			5		7			
					6			9
			7		9	2		5
	9	7		2	5	8	3	6

EASY #179

	5	6	8	7		1	4	9
	4							
1		4	3		7	5	6	
	1			2	4	8		
	8	9		3				6
	3	2	5	4				1
	9	1	4	8	3	6	2	
	7			6	8			5

EASY #180

		7	6	2	4	3		
		9		7	8	2		
1	7		5		9			4
7		2					1	
9		1	2				4	
6		3			7		5	
	1		3			7	9	
	3	4	9			1		
2			7		1	9	3	

Solutions on Page 179

EASY #181

3	5	2						7
6		8			9	2		3
	7			3				2
	8				2	7	9	
2	9		6	5			1	8
1	4		7	2		6		
	2		5	6	1			9
7	3	1						
	6		2					

EASY #182

1		2	6	8	7	5		9
		6		3			8	2
	7				8			
3	2		5	7			1	
9		8			5	6		
5					3			
		5	7	1	2	3		8
			8			7		
8			3	5		2	9	

EASY #183

7	8			9	5			6
								1
	2	5	1			3		
6			4		8	7	2	
3		8	9		7	5		
2		6				8		
	6			7	1	9	8	3
		4			3			
1		7	6	8	2	4	9	

EASY #184

4			8		3	5		2
3		5			7	8		
	5	9		4			7	
9			2		1		3	
2		8		3		9	4	1
			9	5				
6		7	5	1		4		
	4	1		8		2		
			4		9	1	5	

EASY #185

8		6		3		1		5
9		2					4	7
7		3			8		2	
4		1	3	2		5	6	8
	5	4	8		3	6	1	
3			7				8	
	3		1					4
1		7		4				
5			4					3

EASY #186

5	9		4	2	1	8	6	7
		6	3	4			2	5
					5			
9		4	5					
		8						6
		9					1	
7	4		2		3		8	9
4	6		1		7	5		
6	3			5		9	7	4

Solutions on Page 179

EASY #187

		7	3	8				
8	4	3			6		2	1
			2	1	4		3	9
	3							
6			4	2	3	7		5
7	2	9	6	5	1			4
	9	5	8	3			6	
	1			9	8	2		

EASY #188

	9	7	3		4		2	
3		8			7			5
		2		1	8	9		
6			8			3		
		5	7		2	4	8	6
		9			6		5	3
			4			5	6	
8		6		2	9			4
5			9					2

EASY #189

	8	1						
	1	9	4			3		
		2	5				6	
2		4			5	6		3
1		6		4			3	5
7					8	9		2
9	2	5	3	1		7		4
	6		2		4			1
		8	9	2				6

EASY #190

3				1		7		2
			4		7	8		
		8	9			4		3
	2		3	7		5		
4	6	2		8	3	9	7	1
		5		4	9		2	
8			6			2		
				9	8			5
				2	1	6		8

EASY #191

			9			8		
1	8	4	5		6		2	9
9		5		1	7			
				3	8	9		5
				9	2	1		
	9		2	8	4	5		
	2	1			5		9	7
	3		7	2		4		
			1	6		7	8	

EASY #192

	7			9	3			1
				6				
		3	1				7	6
		9	2			3		
2		1	3	8	5	6		
5		2	8	7		1		
6		8	7	1		5		2
3	5	4				7		
8		7				9	5	

Solutions on Page 179

EASY #193

				9	3			5
				3				7
3		6	1	2		8		4
2	5	3		4			9	1
					1	2	3	
	3				5	6		
		1		6		9		3
7				8	4		1	9
9		4		7			2	8

EASY #194

8			6			7	4	
	7	5	9			4	6	
	6	3	7	8		2		5
		4		5		3		6
6		7		3	5	1	8	
				6	7			
	9							
	4		8	7		6		3
	3		2		6			7

EASY #195

8		2		1		3		
		8	6	3	4		5	
9	3	5		4				7
4			9	5				1
							1	
1			5			9		3
		9		7			6	2
3				6		5		4
6	2	7	3		1		9	

EASY #196

	6				5		8	1
8	7		5	2			9	
					3	1	5	7
		5				8	4	
	2				8	9		5
	1	3		8		6	7	
	8						1	
				1	9	7	2	
3	9	7	1				6	8

EASY #197

6		2		5	3	8	9	
3	9					6	7	
	3							7
		1			6	3		
1	6			8	2		5	4
8			4					3
2				3				8
9			6				2	5
4	2		8	1		9	3	6

EASY #198

8	4		7	6	9			
	9				1		8	3
3	6	5						
9	2			4	8	5		7
1					6	2		4
4		8	5		2		1	
7			2		4			8
2		6		9				
6	3				5			1

Solutions on Page 180

EASY #199

9		4		3	8		6	
	5	9		7		1	2	8
			6		2	9		3
2	9	3	4	6				7
8					9			6
5	7		9					
			5		1	4		
4	3			5		6	9	
		8	7			3		

EASY #200

	6		1	3	8			2
	2	6		5			9	3
		2	5	7			8	
		8		9	2	7		
8	9	3			7	6		
2	7		3	6				
7				2	6	5		
5		7				1		
	8	1			3	2		

EASY #201

5	9						3	2
	4	6		2	9			5
4	1					8	9	6
7		5		8		2		1
2					4		7	3
8		4	5				1	
		1		4		3		7
3				9		1	5	
	3	7			1	9		

EASY #202

	4	5	7				1	8
	1			4				
6	9					8	2	4
			8	1				
5		4	2				6	9
3		1	4	6		9	5	
		2	9		7			1
1	7	6	3					
9		8	6		1			

EASY #203

			3	8	2			
8	5				4		9	3
					3	9	8	
	7	4		1	5			8
9			5	7		6	4	
4				9		5		
		1				3	2	
2	4	7	6			8	5	1
5	3	9	8			7		

EASY #204

			7	3	8		2	6
8		4		6	5	7		
3		9	2			6		
	8			9			3	
		5				9		
1	3		9	8				4
	6	2		1				3
6		3		2				1
	1	8		5	2		4	7

Solutions on Page 180

EASY #205

2	8			3		1	4	9
	1		3		8		7	6
	4	6	2				3	
						3	1	
	3		9	8	2	7	6	
6	5			1		9		
	2	9			3			
			8	2	1		9	
3	9	1	7		4			

EASY #206

	2		8	6		9	5	1
	7		1	4				3
	4	6		5		2	7	8
	9						4	6
2	5	8			7		9	4
					9			
7	3			8		5		
1	8					4		2
4			5	9				

EASY #207

		4	1				2	5
			8		5		7	
	5	2	9		6		8	3
				3	4	8		
		1			2	6		
	2		3		8		9	
						5		
5	1	9	4			3	6	8
	3	8	7	4	9	2		

EASY #208

		2	1		5	9	3	
9	4	6			7	5	2	
1			9	7				2
5		9				3		4
	6		5	3			4	
		7			1	2	6	
7		3	4	6	9		8	
8	1			2	3			
				5				7

EASY #209

5			4			6	1	
			2		3			
8	7	2		4		1		3
	1			2		5		4
	2	4		5		3	7	8
7	4		5		8			1
2	6	5				7		
	5					8		
4	8	1	3		5		2	

EASY #210

	5	8		4				1
			4					9
1			5		2	8	9	7
3		9		2		6	1	
		6		1	3		2	5
	4	2	6	9		7		
				7	9	1	4	
	8			5	6		7	2
		7						

Solutions on Page 180

EASY #211

9	4	3		6	8			
5			6			3		
1			4				5	
				9	7	8		
	1		9	7	5		2	3
	2	6		5			9	7
	5	9	2		6	7		8
	7		8	2			3	
7	6			3				5

EASY #212

				8	5		2	1
4		8		3	6			9
8				9	7			
		6	9			7		
			8		3	2		5
7	6	2					9	
		4	3	7		9	1	8
	4		6	1	9	8		
	8	9	7					6

EASY #213

2	1	7	8	9			5	
5	3							9
			3	5	7	8	2	4
	8			4	5	6	9	
1				8	2			6
8					1		4	5
	5					3		8
3			2	1	4			
	4	8		6				

EASY #214

			1					
	2	5	6	1			4	
1			3	8		2	5	
8	5			4				6
9			8			4	7	
	1	7		9	5			3
				2	3	8	6	7
5	6					9		
7	8	3		6			9	

EASY #215

	1		5			7		
6					2	8		
7	2		9		1			
4	8	9				6	1	
3		8		6		9		1
		1		7		2		
5	4			1			2	6
1			6	9				8
	6	4	7	2		1		5

EASY #216

		5		3			1	2
			5	7				4
3	2							
		2	1	9			6	7
5	7		3				4	
7	5			8	9		3	1
1			9		7	2		5
	3		8	5	1			6
	4				8		5	

Solutions on Page 180

EASY #217

5	8		2	1				
1	7		9	4	6			2
4		5		3				6
2				6	7			
				9				
9	2			7		6	1	
	5		1	8			4	
	4	9	3	5			6	1
8	1	4				7	3	

EASY #218

	6	9	4	2			7	
	8			6		2	4	
9	7	5			4		2	8
	2		8	9	7			
4					5	9		2
2				3		4		6
	3	4	1					9
7			5			1		
					1		6	7

EASY #219

2	7		6					4
6	5		9	7	2			
4	3							
5	4	2	7		8		9	6
1	6	8			7		4	
9		7		1			6	
3	1				6	7		
7			2					
		9		4	5			3

EASY #220

9	3			5	1		6	
6	8	7		1		3		9
5	6	3		9	2		1	7
	2				7			6
	4		1					
2	7					6	9	
8	5		7	2	6	1		
3				8				
4		6					5	

EASY #221

	8		6	5	1	4	7	
	6						2	4
5			1	2	4	3	6	
	7		9	6		2		8
	3	2						9
					2	5		6
9						7		
8		5		1		6	9	
	2		7		9	8		

EASY #222

	3	6	2		4	8	1	5
5			4			1		
8	4	3	1	2			9	7
		7		4	2		5	
		9			5			
3	1		6				4	
	5		7	1	8	6	3	
	8			3		9		
			8					

Solutions on Page 181

EASY #223

	3		1					
6		2	3	5				9
			4	6			3	2
7		4	5	9	1	8	6	
	5		2				9	
3	9		7		5			
	1	5		8				
5	4		9				2	8
2		3	8	7				5

EASY #224

	9	7	8	4	5		2	6
5		2	3		9		8	
9			6		4	8		
		6				2	9	8
		9	1	8	7		4	3
				9				
6	7		4	2				
				1			6	
			2		1	6		9

EASY #225

1			2		3			
			8	9	4	2	1	6
		6	4			1		9
		2	9		1		4	
9					2	5	3	7
		4		1	7			
	3	1	7	8	5	9		
		5				4	7	
2					6			4

EASY #226

				7		2	4	9
9	7		5		2	1		
		5		4			1	8
4		6		3		5	8	2
6	4			2	1	3		7
5			4	6		9		
8						6	2	
		8	2		9			
	2		3			8		

EASY #227

5	4	2		1		3		9
	1			7	6	8	9	5
		1						
7	6	9		8				3
			2	9		7	3	
	2				4		8	
	3					1	2	
1	8	7			3			2
8	9	3				5	4	6

EASY #228

		5				1	9	
				7	5	4		
		7		5	6	3	2	
		4	3	9				2
8				6	7	9	3	
4	3	1	8					7
				3	4	8		
6	2	3	7	1				9
			5			2	7	1

Solutions on Page 181

EASY #229

	2	6					4	7
						1	2	
				1	3			6
			4	3			5	
5		1						
	5			6	7			
6	4	3	2	5		7	1	
8	3	4		7	1			9
7		9	6	2	4	8	3	5

EASY #230

1	5		7		9	8	4	
	8					7	2	5
			1	6	2		5	
		7	5	8	3			
5	1		3	4				
9	2	4		1	6			
2				7				1
	9	1			8	4	3	
				3		1		2

EASY #231

4	8	7		1				
		5	2		8		7	
6	9							7
		4		2		6		9
	2				6		8	3
	4	3			5			
1	5	6	9		7	2	3	
		9		4	3		6	2
	6	2	5	7			1	

EASY #232

3	4				1		8	
	8				3	5		
						1		
5	1			3		6	9	
1	7			8			4	5
4				9		7	3	
6	3			5		9		
7		1			9	4	5	
2	9	4			6	8	1	

EASY #233

			3				8	
9	1							
6	3		9			8	2	7
2	8	9	7				6	
			1	8			7	
7	6		5	3		4	9	1
1	7	8		9				
8	5	3	2				1	
					2		5	8

EASY #234

4		7			3	5	8	
	1		7				5	9
5				1		3		7
8	4		9					
		2	5		4	7	6	
1	2	3					9	
2		1			6	4		8
	7	8	4				2	
7						6	1	

Solutions on Page 181

EASY #235

1		2		6	8			
	8		6	1				2
	4	8					6	
	6				9	1	4	
	5		2	4				6
4	9				6			5
	2				5	9	1	
		7	9	5	4	6		1
9				8	2			4

EASY #236

9				6	4			
7	4			1			5	
8	2	1		7				
1	8		9			4		
2	6	7	5	8	1		3	4
		5		4	8			
		8	1			6	7	5
			6		2			1
6		4					2	

EASY #237

	5	6	3	9		7		
6	9			7		2	1	
				2			5	6
			1		2	6		9
2	3			6	7		4	
9	7		6					
	1	7				5		4
5		3	7	4		8	9	
	6			1			2	7

EASY #238

9	3			2	4			6
			9	7				3
2		6		8	3	4		
5	6	8		4	9		3	1
4				1	5		9	8
1	8			5				
7		9	3					
	1					6		
	9	5			1		8	4

EASY #239

	3	1	9	4		6	2	7
2						9		
	4	8		3	9			
	5			9	8			
1			6					8
	7	3	1		2			
5	6		8			7		
				7		2		5
	2	5		8	7	3	9	1

EASY #240

5			8	4		3		
			1	8		7		4
2	7			9	4	8		3
			4			6		
	4	8	6		3	2		
		5					3	6
4				6	8	1		5
			2	3		9	8	1
	8		7	1				

Solutions on Page 181

EASY #241

5		4				8		9
						5	6	1
3	8					4		5
	5	1	2			6		4
7		5	8		4			
4		8	1	9	3		5	6
2				5			8	
6		7	4					2
			5	3	6			

EASY #242

4		3		6			7	
7	6							
2		1	6		9			4
9	4	8	7				6	
3		6		9		8	1	
		7				5		2
1			8	2			9	
	3	2	1		8	6		
6			3	8		1	2	

EASY #243

		3	5	2				8
	1	4	9	7				
3		1	2	8				
	3	7	4	6		8	1	
2		6			7		9	
	7	8				4	2	9
4			8					6
		2						5
		5	3	9	8	2		1

EASY #244

2	3				1	9		5
9		1	5	6		3		
	2	7	6					
	6	8			5			
	9			1				
4	5			2			9	
	4					2	1	8
3	8	6	4		2		7	9
	1		2		6	5		

EASY #245

3				9		1	6	2
4	2	3	9	7	6		8	1
		8	2	4		9		
		5	3	6	9			8
	3	2						
				5	2			
9	7				1		2	
5				1			3	7
		4	7					9

EASY #246

			5		8			
		6	8		5	2	9	
		8		7		5		2
	8	9	4		2	1		7
	2	4	1				6	
			7	2	3	6		9
	6	3	9				2	
2	7	5	3					
		7		4		9		

Solutions on Page 182

EASY #247

	8						4	
9	3	2						8
7		4		9		3	5	6
4		8	9	1	6	5	3	7
	4		7	3		9	6	2
2			3				9	1
				2	7	4		
3					9			4
	6						7	3

EASY #248

2		6				1		3
	6	7		8	4		1	5
			5	2			3	6
7	3						5	2
1	7		2	3				
4		5					7	9
9			7				2	
6			8	1		9	4	
5		2	6	7		4	9	

EASY #249

2			6		4			5
8		6			7		9	
		2	4		1		6	7
	4		9					
	6		7	9	5	4	3	2
					8		7	3
	8	4				1		
4		7			9		5	6
	9			5	6		4	8

EASY #250

5	9	8	6				7	2
1	2			8	5			
	7				1			
2		1			4			8
	3					6	2	1
3		7			2			
		4					1	3
7	8	9	5		6	1		4
9		2		3			6	7

EASY #251

	1	6		3		2		8
9	7		6			8	1	
		4			5	9		6
	9				6			
		5			1	4		3
7		1				5		
	8		9	1			4	
6			4	2	7		8	1
3	2		8	9		1	6	5

EASY #252

8	1							7
4						7		
	8				9	4	5	
	6		2	5				4
	5			1			8	2
2	7	6			8	5		3
	2							9
5		8	6	7			2	1
9	4	7	3	8	2			

EASY #253

	3		7	8	6		2	4
6	8							
		3		7		9	8	
4					7			
7	6				9	4	1	5
	4	5	9	2			7	
	7		1			2	6	8
3	2	7	6			8		
	9			4				

EASY #254

	8				2		4	
				5	7		6	
		1	8	9	5	6	7	2
				1		7	5	
6	9	4		7			1	
3			7					
8	7		1	6	9	5	3	
			3		4	1	9	7
	1				6			

EASY #255

2		9	6	8			1	3
		6		4	3	8	7	
4				2			3	
	3						9	7
		5				3	2	8
3			1			6	4	
	6		8	9			5	2
		7	3					
5		4	9		8		6	1

EASY #256

		9	5					8
		6	7		2	5		
2	1	5				9		6
3	9		6					
1					9	7	6	
7	2			5				
	5	7	9	8	1	3		
		3		6				
9		1	2	3	8		5	7

EASY #257

4		6				3		
	1	7		3	2	6	9	
	4		3					7
			1	6	8		7	
				2	4		1	
2	8			9			3	6
		9	6		1	4	5	
		2	8		3			5
3						8	2	9

EASY #258

		9		4	3	8	7	
4			2		7		8	
	1		9			4		8
3			6				4	
	3					6		4
	5	1	3			2	9	7
	9			6		1	5	
	4	2				7	3	9
	7	5		1				

Solutions on Page 182

EASY #259

				6		7		3
		6	3	1	4			
				5			4	1
			1					
	3	5		7	8	2		
4	6	1	9	2	5			
	2		5	3			8	9
5	4	3	8		6		7	2
1		8	2		7		6	

EASY #260

8	2	7	9	4		3	5	1
								7
				2		5		9
3			2		9			
2		3	1	7		9	8	
	5						3	4
9		4		5	7	2		
1		6	3		5		4	2
					8		9	

EASY #261

6						1	7	9
7			6		3	2	5	
	1			3		4		
8				1			4	
3	7			9		5	6	2
	6	5	8		7		9	1
					6			4
	4	3		6			1	7
1		6			4			5

EASY #262

1			9	7			6	2
		6				1		4
			5		1		7	
5		9		1		3	8	6
		8	4			5	1	
			2		8	9	4	
7		1		8	4			
			3				9	1
3	5			6	9	7		

EASY #263

4					7		6	
6		2		1			7	
7				6	5	8	3	9
8		6	7	2	1	3		
		7				1		6
	2		6			7	8	5
			9			2		3
2		8						1
5	3					6	1	

EASY #264

	8		7	9		4		3
4		2				7	5	9
1					3	5		
9	5	3			7		4	
		7	5				8	
				3				
	7	9		2			3	4
8		4			9	6		
2	9	1		7	4		6	

Solutions on Page 182

EASY #265

	3	4	8	2				
3	2		1					8
	1		9		6			2
		1	6		8			4
9	4	8	2			1		
			4		1	2		
1		2		8				3
				1		6	2	5
6	8	3		4				1

EASY #266

	3		9	1		7		
	4			2	1			
3		4						2
9					7	4	5	3
5		7			4	6	2	
				9		3	8	1
		9	3	4	8		7	
	6		2				9	4
			5	6	2			7

EASY #267

2				4		6	9	1
9				7	2			5
			6					4
6	3		5	1	9			
1	2	6		5			3	9
	8	3	1	9	6		5	7
5	6			3				
					8			
3	7						4	6

EASY #268

3	9		1	8	7			5
6		9	2			4		
7			3					
8	2		9					6
	8		6				1	4
4	7			1				9
1	3	7		9	6			
2			5		1			
		8	7	2		9	4	

EASY #269

	7				9		4	
2		1		8			7	3
1				2	8	6	5	9
4	2		8					
							2	8
3	1	8						5
	8	6		4			3	7
	4	5		1	6	8	9	
5			9	7			8	

EASY #270

7	4	9		5	6			
3			5		2	7		
	9	2		7	4	1		
	7	3						
				9		6	3	5
4	6		9	8			1	2
9		8	7			3		4
					5		8	
1	2			3	9			8

Solutions on Page 183

EASY #271

6							8	9
				4	2	5		
1	9	5			3	2	4	
3	8			9			5	
	6	7	4				9	
		1		7	4		3	
4								8
7	4		3			9	2	1
2	1			6	5		7	4

EASY #272

			4	9		5		
		7	8				4	2
	5		7	2		9	8	
4	3	9		8	1	7		
				7	9		3	8
		8	3			1		9
8		3				4		7
	2	6	9			8	1	3
7	9	1		3				

EASY #273

2				4		7	3	8
7							9	
4		9					7	5
5		7						2
		2		7	3		8	
1	2						5	4
	4	3			8	1		7
8	7				4	6	2	
3			7		2		4	9

EASY #274

		1	5			3	7	
3			7		6	4		
2	8					6		
	2				3		6	9
	4	8	3	6	1		5	
7		6		1				8
	7	2				5		6
4			8			1	2	
	5	7		3	4		9	1

EASY #275

				8		3		6
		8	6	7	2		9	4
	8		1		7	4		9
	6						7	3
5	4				3	1	8	7
		3		4				
		7		1				5
	5	2		9	6		3	8
			7				1	2

EASY #276

			4	8	9	3		5
		8	9		7	6	4	
		2		4	5			
8			3			1		
	2		6			9		
4		9		3			5	
	9		5	1		4		3
1	8	3	7		4	5		2
9	4							

Solutions on Page 183

EASY #277

6	7	2		1				5
1		5	4	3		2		
	9	8	2		5			1
2		4	8		9			
	1		7			3	5	
4	3		5	7			8	
7	6				4	5		
9	2		3		1	8		6

EASY #278

				1				9
		1		7		5		2
	9	7			1	6		4
3	4		5		2			7
	7	5					2	
		3				9		8
5	6	8		9	7	2		1
6						8	7	
	8		3	5	4			6

EASY #279

4	8		9	6	5			1
						6		
3		9		8			6	
5	2			3				
				4				2
9	7	4	6		2	8		3
	9	2	3	5	8	4		
		8		2	6			
2	5	3				1		6

EASY #280

6			4	8		7		
		1	7			4	8	
4		2		7	5		3	
1		6						
7		9		6	1			
		8		5				1
					2	8	4	6
9	5		8		4			
8		4		9	3	1	6	7

EASY #281

	4	3		5	9		1	
	8		6	1	2		9	5
	2				5			1
		1				2	7	
		5			1	3	4	6
	7				4		8	
		9			7	1	2	4
	3		1		6	7		
9			5	4				

EASY #282

7				3	4	6	2	
3				5	6	2		4
	2	9				3	7	
				8	2		1	3
6	9		8		5	4		1
1	5	4			9			7
		7	2	9	8			6
8	6		9	1				

Solutions on Page 183

EASY #283

		8	9		4	5		2
2		9	3			6	1	
5		7			6	1	2	
1	9			6	3		5	7
	4				5	7		3
3	1				2	4	6	
9	8			7			4	
6				3				
	2	3			8			

EASY #284

				6	1		3	7
		1		8	9	4	7	2
	5		2	1	6	8		9
5					8			
		8	3	4		6	9	
4		6		7	5	3		8
2		9						
	2					9	1	
8	1		7		3			

EASY #285

		6			2			7
	7		4		5	1		6
6			8	7	4			
	2					6	3	8
		7	6	8		5		
1			3		6	4		
	9					7		
4	5	3			7	9		
7	6	1		5		2		3

EASY #286

4		5	1	3				
	2	9		7	3			
				5			3	2
				4		6	7	9
3				9	1	8	6	
		3						8
	5	2	7			1	8	3
	9			8		3	4	7
7			3				5	1

EASY #287

		4		5			9	7
6	2		1				8	
	5				6	1		
	9	6	8		7	3		1
	7		2			5		
		5						
5	8		6	7	4	9	2	
					5		6	8
7	6	8	5	3				4

EASY #288

	1	7	3		2	8		
						1	2	3
	3					6		
2		8	9		1			6
9		5		3	7	4	1	
4		2		6		5		7
	7				8	9	5	
		4	7		5			9
	5	3		9		2		1

Solutions on Page 183

EASY #289

7	1		8	5	4		9	
	2		9	7				5
5			2	9			7	1
1	7	2	5	4	9			3
6				3		8		
3			7			4		
			3	2			6	
	3		1					
9	5	1	6					

EASY #290

6			8	3	5			
			7	9		2		
7		5	6	4	9			
	9	2	4	8		7		6
5	8	3	1	7			4	
	4		3			5		
4	3			5		9		1
8		6	9		4			
				2		4		

EASY #291

				8			4	
			5			6		1
6	8			1	4	3		2
2	9		3	4		7	6	5
	6		1	5			8	
4	1	9	8		3			
	7	2	6		9			
3		7		6				
5	2	3		7		4		

EASY #292

		1			7	3		8
6	2			3		9	1	5
	3	9		7				6
	4	6						
8	7				2		5	
		2	1		5	7	9	
	9	8	7					
7	1			5				2
2	8		4	9	6		3	

EASY #293

	8	4	7	2				6
					7	4	2	
8	5	6	1	4		3		7
		1						4
		7	3	9	8		5	
	9	2		7	1	8	3	5
		5			4		6	
			2	5				
5		9			6			

EASY #294

		5	6					
	6	2	8		5			3
5	4	1	9		6		3	2
		3	2	6	9			
		8	7			9		4
	2		3			5		
			5	4		2	1	8
	1		4		8		2	7
6		7						

Solutions on Page 184

EASY #295

				5			1	
8	3				5		4	
1			6		4	2	5	
		4						
3	8	5	7				9	1
			1	2		9		
		8	5			1		4
2		9			1	4	6	
	6	1	4		3	8	2	7

EASY #296

3		7				1		5
		9	2	5				
9			6	3	2	7		1
	3						6	
			7		3		5	
6		3						7
	9			8	5			2
	2	4		9	8	3	1	6
	4		1		6		3	9

EASY #297

7	4			3		5		
				9	7	8		5
	9			8			2	3
2	6		3		8	1		
	2	4	7					
		8		1	3	4	5	
4	8	3	5			9	1	
							3	
5			1	2		7	8	6

EASY #298

					8		6	
8			9				4	
6	9		3	1		8		4
								2
5	8	1	6	2			3	
	3	2	4	5		6		1
1	4		7		6			
	2		5	8				6
4			2			1	5	8

EASY #299

1			5					6
	3	8	9		4		6	
8			3		1		2	
	2					6		
		2			7	8		3
	6				9	2		8
				3	8	4	1	9
	9	6	2				5	
3	8			9	6	5	4	

EASY #300

	6	4	2	1				
	1						7	
8		1		6			2	
2					4		8	1
	5	6	7		9		4	3
		2						
3		9	6	5		4		7
	7	8	1		6	9		
4	8	7		9			6	2

Solutions on Page 184

MEDIUM #1

	5			3				
					8	5		1
			6				1	
		5					7	8
						8		
6	9		5		7	3		
	7					1	6	
4			2	9			8	
	8		3	4				6

MEDIUM #2

9		3		2	8			6
			5	6				7
6		4						3
	4		2	5	6			
			9				8	
		2			5			
				7			4	
	8						6	
			7					

MEDIUM #3

					1			
			6			3		
			3	9	5	8		
	9				2			
4	7		2					9
6			8					5
	5	3		1		6	7	
					9	2	5	
	3				4			

MEDIUM #4

			8	3	6	2		
		8						
				8				6
4		3		6	1			
			3					1
			9					
		9		1				8
		2	6					
5	7	6	1			4		3

MEDIUM #5

3					8			
			5		1		4	9
4	7		1		3		8	
	8			3	7			
				8	6	4	1	
	2		8					
8							3	
	3	7	4	9				

MEDIUM #6

	1							7
			4			1	9	
					8		2	
	6			4			3	
4	5	8			2			1
								8
5						3	7	
9	8	7						4
	4				1		8	

Solutions on Page 184

MEDIUM #7

	1							
9						1		3
	7				5			
2	5		8		7			9
7			5					
	2		4					
8							3	
3	4	1		8		2		
1	6		3				7	2

MEDIUM #8

7								
	5			8				
	6	1	7	9	4			2
6		3	1					
				2	9	6		
		9		4		1	5	
								7
							2	
	3			6		9		

MEDIUM #9

		6			2	5	3	
	7			3				
4							8	
			3				1	
7		8	6		5			
						8		9
			2			6		4
	6						4	
8		1	5					

MEDIUM #10

							8	2
4	9		1			7		
1	8					9		6
7				3				9
	6						5	
3				9			1	
2						6		
	1			5	7			
				6				7

MEDIUM #11

1							7	
							8	6
				9			5	
							3	
		1		6	7	8		
		3			9	5		
6							2	
	1		3	4	8		9	
			8	2				7

MEDIUM #12

5			7	1			3	
4					2			
				3		4	7	
								8
	8		4	5		7		3
				8				
		3				8		
1	4	9				3		
	2	7			3	1		9

Solutions on Page 184

MEDIUM #13

				7			5	
3	5	8					2	1
9		1	2	8				5
5				6			9	2
				4	2			
				5		6		
			4		5		7	
				1				
6				2				

MEDIUM #14

		2	6		1		5	
						8		2
			4	1				5
8			2			5		
		9			3	7		
					2			
	6		3					1
6				3	5	1		9
	3							

MEDIUM #15

9								
8						4		
					9		4	
1	4	6				2		
	1		7				2	
					4	9	6	5
		2		9	5			
6							1	2
				2			9	

MEDIUM #16

	3	4						
			3		1		4	
5					3	8	7	
							6	
		8			5	6		
						7	1	2
			2			4	8	
9	4							
8		6		3	2		5	1

MEDIUM #17

			6			4	9	
			9	8	3			
						5	2	
		1	8			2	3	
2		6					7	
	4	5						6
					6	3		
3	8	4						
1					5			

MEDIUM #18

8		2						
1					5			
7	5							1
	6						1	2
9		1	5				4	3
3		7	6		1			
			7			2		
		4			8	5		

 Solutions on Page 185

MEDIUM #19

	5					7	9	
	2	9			5			3
	8				7		5	
					9	2		
	4				3			
1				2			7	
		2		7		5		
2		4			8			
						1		2

MEDIUM #20

	2		9			3		
		6		5	4			
							2	6
			2		3			
		8	6				3	
		3		4	1		8	
	8				2			7
	4			2	7		9	
				3		8		

MEDIUM #21

		1		8	9	3		6
	7		6					1
	6		8	1		2		
9			1			4		3
						7		
			9	4	1			
	9					1	7	2
		5	7			8	3	4

MEDIUM #22

	6				4	9		
	1		3	7				
		2						
	7		4		3	2		
		4		2				
				4			2	
				6	9			
		6	7		1	5		9
					8		5	

MEDIUM #23

	8				7			
								9
		4			1			
3					8		7	4
				7	4		6	
	5		1		2			8
	7	5		8				6
			5	2			1	
6	1		8					

MEDIUM #24

		4		1		2		
8		2	3		7			5
					1		8	
		5	9		2	7		
	3				4	1		
		6					3	
7								
9								
	6			7		5		8

Solutions on Page 185

MEDIUM #25

6					5		4	
	4				1			7
5								
		4					3	
	5		6	8	2	4		
	1	2						4
1			5					6
9		5	4			3		
4				7				

MEDIUM #26

			1	4			5	
					7	2		8
8			3				2	
							9	
		8		7	1			
		3						
4	3				6			
		5	4	8	9	1		
	1	2				8	6	4

MEDIUM #27

3					9		1	5
		2				3	9	7
	1				5	8	2	6
	3	9						
	8							3
						7		
6								
			2		4			1
					3		5	

MEDIUM #28

				2				
				4		7		9
6							5	2
					8			1
	3							
	7	4			3	5		
	6					4		5
			4	7		9		
		5	1	9	6			

MEDIUM #29

						5		4
		2		9		4	7	
	1			3		9	6	
		5						2
		7	6				2	
	4				2	7		6
			8					
		3		7			5	
7	8				1	2		9

MEDIUM #30

	3					8	6	
	6		9	1			4	3
					6		7	4
	2	1		4	3			6
								1
		4			7	6		
6		9		5	8			
		7				5		

Solutions on Page 185

MEDIUM #31

5								
				2	8			
	2							
		8				7	3	2
	4		2			8	1	
	9		7			2	6	
				4			7	
			1			4	2	3
		7			1		8	

MEDIUM #32

	4			7	5	3		
	8						2	
5	6		7			2		4
		7		5				
					8			
	2		6	3			5	7
2		8			7	6		
	5	9			3			

MEDIUM #33

7		4						
		3						
			2				3	
9	4		3			5		
		2		6			9	3
3			7					
		9		3				2
1		7	5				4	
			4		1		5	

MEDIUM #34

			3					
		1		4		9		5
8			5				7	3
3						7	9	
	4						5	
					5			8
7	5							
9				8	7		6	
	8		6					

MEDIUM #35

7		6						4
	6	8					2	5
1							7	9
			5			8		
					7			
	5		1	8		3		
					8	2		
6	3			4	5	7		
						9		

MEDIUM #36

9				5				
			7	3			8	
5				7		2	3	4
				4				
4	6		8					
7			2	6				
				1				
8	3						1	
6	7				3			9

Solutions on Page 185

MEDIUM #37

6					4		5	7
2	3			9				6
3		9						
		4		6			7	
			6	8				1
1	7	5					9	
			9			5	6	
	5							
						8		

MEDIUM #38

							7	
	7		9	4		2		6
9	5							
			4	2			3	8
			3		1			
				8		4		9
6		2					1	4
8								
	2	3					9	

MEDIUM #39

1		6					9	
	2							
	4	7		1		3		2
		3		2		1		
							8	3
	1							9
3		1	7					
	3	4	8			2		
	6				9		3	1

MEDIUM #40

					1		4	6
4							7	3
6			3	4				8
			2	9		6	8	
		2	4					
						8		9
					9			5
		5						
8		4		1			9	

MEDIUM #41

		5			2		9	
	9	2	3					
7				4				
			4	9	7			
			5		3		1	9
		3		8				
5	2						4	
							2	1
6	4	1						3

MEDIUM #42

	4							8
	7			1				
			9					5
6	1		3		4	9		
7	9	8			1			
		4	1			6	7	9
2				9				
					9			6

Solutions on Page 186

MEDIUM #43

	6							
7	3	1	5		6			
							2	
	7	2		4		8		
	8	6		3				
			8	2	3	7		
		3					7	
4							1	3
3				1		6		

MEDIUM #44

2				5	7	9		3
5		4						
		5				4		
1		3		9	4			
				7				
							1	5
3				6	5			
					6		7	
		1		8		7		6

MEDIUM #45

1								3
		1	4					7
4				9				
			3	2			7	
				7	6		3	
8				1		3		2
3					1	7		
	3					4	8	9
7				8			1	6

MEDIUM #46

3	8	1			7			
6							3	
5	6			8				7
	2	7	5					
					5	3		2
		9			2			4
8				7	4	5		
	7						5	9
	3	5			6			

MEDIUM #47

				3	4		6	
		5		4			1	8
		4			2			9
							9	7
		2				6		
	8	6	1					3
						9		1
7			3	9		5		
					1	7	8	

MEDIUM #48

	6			7			2	
					8			
				8			3	4
			6					
5	9	8	1		3		4	
6								8
	1	5						
9		6	2	5				
	7			9				

Solutions on Page 186

MEDIUM #49

	6					4		8
		9			6			
								5
		4	7		8			
	1	6						9
2	4	3					8	
	7	8		3			5	
			2				6	
						9	3	1

MEDIUM #50

3		9		2			8	
8		6			5	1		
	7					6		4
5	3						1	
6		5		1				
2		1			3			
	8							1
						5	9	
1			2			3		

MEDIUM #51

	8	4			7			
6		1	4					8
						4		
5					6	1		
4	1						3	
8			5				6	
	5			3	4	2		
	9							1
	6		2					

MEDIUM #52

				4		9		7
			4	1				
		8			5		9	
	9	4		6				
7	8					5		
9		5				8		3
							4	
6				7				9
		7			6	4	1	

MEDIUM #53

	5	8		7		4	6	
					7		5	1
					8			
	4	6						7
		9					3	
3			5		2			
2						5		
	8		4		1			
			3			7		

MEDIUM #54

2	7	8						3
	6						5	9
9	1		6	5			4	
8		5			7			
					2			
7		4	8					6
	9				6			
	8	1		6				
		9		2				5

Solutions on Page 186

MEDIUM #55

			5					
8						2		1
4			1	8				
			2			7	1	
			9	4		1	8	2
5	7			2			3	
	4	5			8	6		
			3				2	
		3						

MEDIUM #56

		9		7			3	
2						6	9	
8				6			2	5
3		6	9					
				9	3			
	2			5	6			9
			2				6	
		4				2		
		5	4	3		8	1	

MEDIUM #57

8					7			
4	8					7	3	
3		2	7	4			9	
6	4			3				7
	5				2			
9	3				5	8		
			1					
							1	5
	7			1				

MEDIUM #58

1			7					
		6		7				
	4		9		3		8	
		7		9			3	
							7	6
		2			4			5
					8	4		
	6				7		5	
4		1				9	6	

MEDIUM #59

		8	1	4		3		
	3				4			6
						9	3	4
4			2	6	1			
8	4							9
			7			6		
	2					1		
5		3			6			
			4					

MEDIUM #60

7		5		2	4	3		
		4						
						9		
			3	9				
	8	6		3	7	2		
2		7						1
		2			1	8		
	3						6	
8	6	9			5			3

Solutions on Page 186

MEDIUM #61

				2				
	4		7		8		9	6
5			8				6	3
7	8				5			9
	6			7		9	4	
	5							
		7	6		2		8	
							5	1
								2

MEDIUM #62

				6		5		2
	3			5			4	
				4	2			9
8	4					9		
					5			
	8			3	1		9	
3		4	9				2	
7	1	9				2		

MEDIUM #63

4			6	5		3		
1				7	6			
			3	4				
5				3				
3	4			8				
	1		2					
	5			2				4
6		7			8		4	
2		4			9			

MEDIUM #64

6					1		8	
4				6	3			2
8				2		6	9	5
								9
		1			2			8
5						9		6
7	8							
9	5	3					2	

MEDIUM #65

	5						2	8
			2					
9						5		
1		9			5			
	2	8	4	5	7		3	1
5		4						
		2	5				7	9
3								
		5			8	4		

MEDIUM #66

	5	8	6		9	7		
		4			8	1		3
								4
6			9			2	8	
	4		5	6				1
		3					2	
						9		7
	1			9			7	
	2							

Solutions on Page 187

MEDIUM #67

	9		5		6			3
2		9						
4	8		9					
		1	7			2		
1				8	2			9
9				2				
					1	7	9	
	6			9	8		4	

MEDIUM #68

					4	6	3	
		5	1				2	
	3	7				2		4
				3				
	6					5		
	7							
			8				7	3
9	4					1	8	
6			2					1

MEDIUM #69

						1		3
5	8		2	1			7	
		3		9		5		
	1						3	
					8			
3							1	5
		9			2	6	4	
		7	6					
	3		9	8	4			2

MEDIUM #70

		5				7		
			6					
			8			1	2	
			2	7	3		8	4
	7	8		3			6	
2	9	4	1				7	
1				5				
				8				
8					6			9

MEDIUM #71

	1	2			4		5	3
	5	7				3		2
5	4						7	
	2							
6		1	4	8				
	9						3	
3						2		
		9	3		5			1
						7	2	

MEDIUM #72

7				5	1			4
	9	1	5			3		
		2				5		
					3		8	1
		3		9			4	
8	7	9						
	1				9			
9		8		3			7	

Solutions on Page 187

MEDIUM #73

4	3	2						
	5	9	3					
				2				1
1		8		3	9	5	4	
		1						
9					3	6	8	
3	8			6			9	2
			5	8				
	7	3					6	

MEDIUM #74

		9					8	
7								
	6	3	4	8		9		7
	5							3
5		1	9					
	9					6	2	
	1				3			8
9					5	8		
	2	8		5			7	9

MEDIUM #75

6		1				9	4	
								1
	9	2		3				
			4		7			
		3					1	
			2		9	7		
	4	6					5	
			5	8	6			4
					8	6		7

MEDIUM #76

		3	6				2	
				6		2	1	5
	5				3			
	4				2			6
6								3
	2			8		3	7	
			4		7		5	
				3		6		7
		1		5				

MEDIUM #77

4	5	2		9				
3				8				
			2		6			
2		7						9
9		5	8				7	
6								
				6				2
	6		9	2		7		
		9	1		8			

MEDIUM #78

			8		7			
	9	6	4					
4	2	7			6		5	
	1			4		5	6	
		5					2	4
1			5				3	
3			1					
					8			
		3		8		4		5

Solutions on Page 187

MEDIUM #79

		1					6	
6	9		2					4
4		2	9		7		3	
		6	4			5		2
9	1					4		
	3	8			4			
2		4	1		6			
			8				4	

MEDIUM #80

	8					3	7	6
						2		
		4					2	
2		6	3		8	5	9	4
				7		6	1	
		9			2		3	
	3					9		
		2					5	
			4			8	6	1

MEDIUM #81

	4	1		9	5	3	8	
				8	4			
	8			7				
							3	
	2	5		4				
	1		7	5		8		
				2				8
	7	3			8			5
8		2		3	9			

MEDIUM #82

	3			1				7
8				5	4	9	2	1
	5				8			9
	7						6	
		5						8
9	8		5					
				6			1	3
					7			5

MEDIUM #83

	1			9				
	6						4	
5		2	1		7	3	9	
		7	8					5
						4		9
	2			7	3			
				1				
			2		9			
7	9			6	8		3	

MEDIUM #84

		5		7	4			2
7	5					8		
4			8		6			
			7	5	3			4
							2	
2	8		9			7		3
9							1	
6	9					3		
					1	6		

Solutions on Page 187

MEDIUM #85

			3	5				
					6	7		4
		7	2	4				
		1				5	9	
9		5				3		
	9						2	
2			7		9		8	
	8		6					7
			5	2				

MEDIUM #86

	3		5					
4					7			
6			3	4				
								4
		9	2	7			5	
5	9		1		2			
		8		9	5			1
			7	2	1			
			4			7	2	

MEDIUM #87

		6	9					
				8	5			
					2	8		
3				4				7
			4	3		6		1
4					8	5		
1	5		8	6		3		
	3			5			6	
		2						

MEDIUM #88

								3
	1		5			9		
	9			3			6	4
					1			
1	4		9		5			
	5	9		6	3			
	3		8					
6						4		2
	7	4	2					

MEDIUM #89

2								
			8	7				
7					3			
		1	4			2		7
4							3	
	3	7		2	4	5	9	
8	2	6			5		7	
1		4						
			6	5				

MEDIUM #90

		5			4			8
			7	6		3		
4					2	5		
				3	8			
			4	1		7		2
8						6	3	
				2	5	4		
6								
	4	2			6		9	

Solutions on Page 188

MEDIUM #91

1	7	9			6		4	
			4		2	1	7	
		5			7			
4	9			7				
						7		
						6	9	
	4		3					5
		2		6	1	4		
9	5			4			2	

MEDIUM #92

				9				
			1		6			8
2	6			4		8		3
						9		
		6			8		2	
				6			3	
	5				2	6		9
		2				1		5
1	9	8						

MEDIUM #93

	2	4	9			6	7	
3				6				
6				8			5	3
	4		6					
		3		1				6
					6	8	3	
		6		4	2			
	1		5					
				2	5			

MEDIUM #94

2	7							
	6	4						
9		5	2	8				7
							2	
	1	2	3	9		8		
				6			1	
	9	1	5		2			
	8					5		
						3	4	

MEDIUM #95

								5
				5	3			
3				6				
		9			4	6	5	
				7				
			8			2		6
				2	8			7
		5	6		2	4	7	9
2	8							

MEDIUM #96

8	2					3	6	
						4		
								7
			3	2	9			
	9	6	2					1
5						2		
2		8	9	1		7	3	
			5	3		6		
		5		6				

Solutions on Page 188

MEDIUM #97

	6		1		5			
		8			6		5	
		7	6					4
				5				6
3	1			7				
		9		3				2
			5				9	
6	9	1	8		3			
	3							1

MEDIUM #98

				1		7	9	2
4								
		5		7	4			
				5		9		
1				6	2	5		9
7		2						
	7			2		6	3	
6								4
9							2	1

MEDIUM #99

				9	3			
		3				1		
	1		5			2		6
			2	7		4		
1	6							
5			1	4	8			7
		2			5			
	9		6		4			2
				2				

MEDIUM #100

5	4			3	8	2		
			6	8				3
	8		7		6	5		
								6
					3		9	
	6	5	1					
9	3							8
	5	2	8					

MEDIUM #101

9					2			
	3						6	
1	5		2			8		9
4			5		7			2
6		9	4	5	1	3	2	
			9					
	6				9	5		
5					4			6

MEDIUM #102

6			3					
7	4		8	6				3
	5					6		2
		5					9	
4					6		5	7
				8				6
			2				7	
				1		9		8
							3	5

Solutions on Page 188

MEDIUM #103

		8	6					
				9			8	
		6		7	5			1
3				2	7			5
		4		8				
								6
			5		6	7	2	
1			3			2		
							4	3

MEDIUM #104

			3		1		5	
1					7			
7		4			3	6	8	
		5						
	6	8	1					
						1	3	
4							6	
						5	1	
8		6		1	5		2	

MEDIUM #105

2				5				
	4						5	3
8					9	1	4	
7		5					3	
		1	7	6				8
							7	
	2	7			4		1	
	9	6		8				
3	8			4				5

MEDIUM #106

	6		9			8		5
		8		9			2	
			1	6	8			
2	5			4				
			6			3		
	1							
6	9					2		8
3			8		7			
				8				

MEDIUM #107

	4	2						
7	9	3		5			1	
	1	9						
				4	8			
	7			8		1		
	6		1			9	8	
						3		1
2	8	4		7	1			
							6	

MEDIUM #108

2								6
5		3				9		
	1	4						9
9						2	3	
	2							
		2	9	4			7	5
7		1						
		9	5		1			
6		5				4		2

Solutions on Page 188

MEDIUM #109

	7		3					
								7
7	5	4						3
2			1				6	5
4				7	6	3		8
			4	3		9		
1		7	6			4	9	2
		8						1
				2				

MEDIUM #110

	1			3			7	
			4	7		2		3
			6				4	
		3		8	5		6	
3				4				
9				6				
			3		7		5	
		7	5			8		
				9		6	8	

MEDIUM #111

6		7	1		4		2	
		9						
		1	8		5			
7	9			6		3	5	
		5		8				
		4		2	1			
	2		6				9	8
					9	1	7	

MEDIUM #112

					7		1	
	7	3	8	9	4			
			1			8		9
			2		8			
			6	4	5			
	5					7		
	3							
3			7	6	9		8	
							4	

MEDIUM #113

			4		5			
		9			1		3	
8			6			5		
	1	8					6	4
	9				4	6		5
			2				9	
				8				2
	7	5					4	
			3		6			

MEDIUM #114

2			1	5	9			
				6	5	1		
6			7	3				
1						4		
				2				7
5	6	8			7	2	4	
9		7			6			
	7	3						
	2							

Solutions on Page 189

MEDIUM #115

	8		4	9	6			1
		2			4			
2	7							8
				5	8	2		7
	4					5		
		3						
7		1			2	8		4
8				4	3			2

MEDIUM #116

8								
7	1	4		2			8	9
			1			7	3	
					9			
5		7						
	3						7	
		6		7	4		9	
	4				8			
	2	5	7		3		6	

MEDIUM #117

		8	4		2		6	3
			5					
4		1		5				8
5		3					9	
2	8			9				
			9			6	7	
				8				
6			8				2	
	4							

MEDIUM #118

3		6	7		1			
		2	3	9	5		7	1
		7	1					
		9				4		
								6
	3		8		7	2		
			9		4			7
2								
								3

MEDIUM #119

				2	4			5
	4		9	3			8	
	9					5		6
						9	6	
8					9		7	
						2		3
9	6		2					
1	2					6		
	3			1				

MEDIUM #120

		2						7
2			4	9			1	
3			6	7	9			8
								3
5	4				2	3		
	3		8					2
	9		2				3	
								6
						2	8	

Solutions on Page 189

MEDIUM #121

8		1		7			5	
			5		7	1		
6			3			4		
9								4
	1		4					
4	5	7		3			9	
					9	8		
1		9			3			

MEDIUM #122

	6							
		9		3				
	7		1		5	4	3	
				9	6	7		
	2						4	
6				4				5
		5			9			
	9		3					
		2	6	8	4	9		

MEDIUM #123

			8	3	1	5		
2	8	7						
1		6	3		9		5	
4						1		
	5		2					
								4
			7	5	4	6		
		9		7			3	6
			1		3			

MEDIUM #124

	2			7				
8	4							7
	8		7		5			
1							8	
2		7	3				1	
7	5			2			3	9
		2		8				6
		8					9	

MEDIUM #125

			8	9		4		6
		9		7	1			8
			3			7	1	
7								
		6		8				5
4						2	6	
	6	7	2		5			
	3		9		2			
	5	8						3

MEDIUM #126

			8		7		4	
	3				8			6
			2				7	
					9		6	
	7		1	8		6		
4				9	3		8	
				6			3	
1		7						
6		5						8

Solutions on Page 189

MEDIUM #127

2			9	4			5	
		6						
		4	6					
			5	2				
4	2							
			3	5	6		1	2
						8		
			1		7			4
	9	1		7		3		6

MEDIUM #128

					9			
		1	8					
8								
			1	2				9
				8	3		4	
		8	4	1		3		6
		3	5				2	
3				7		6	1	
4		7		3				1

MEDIUM #129

2	8			1				
		7		8		2		
						7		8
6	5			3				
				2		6		3
5	7			4				
				6		8		
8					4	5		
		8	5	9				6

MEDIUM #130

	8	6			5			
1						9		
6	9	1	3				2	
		9			1			4
8				7		6		
						2		
		4					8	2
	5		1					
				1	6	4		3

MEDIUM #131

5			7	3		9	6	
	2	8			5			7
	4	9	1		3			
							1	
2				1				
		7					3	
			2				7	
		2	9					3
8			6		4		9	

MEDIUM #132

5		3	6			9		4
9		7		6				
8				2	9	3		
				7		4	2	
3	2			9				
			8		1	5		
	8							
		9				8	5	
					5		9	6

Solutions on Page 189

MEDIUM #133

4		8						
7	9			8	4		6	
6	1	3						
							5	
					6			2
			5	7				
2		7	8	1			9	
	5			9		8		
			3				1	

MEDIUM #134

					6		3	
		3		4		5		
3		7		9		6		
	1	4			7		8	
	4		1	7			5	
	7			3	5			
	6	2			9			
	9	5						
			4					

MEDIUM #135

	6	2					5	7
7						6		2
1				7	9			
	2					4		
			5	9		2		
	4	9			5			
			4	2			1	
					2	5	4	
		8						

MEDIUM #136

1	6				5			
	8		7		4			
	4			5				
						3		
			2					7
								5
	3			4		7		2
		2	1	3				
4				8			1	9

MEDIUM #137

				6			7	
		5	2	8	1	6	3	
	6	3						
		4	6		3		2	
6							4	
		7		9				
			4			2		5
				2		3		
		8		3			6	

MEDIUM #138

8	6		4				2	
	5						4	
					1			
2	9		8				1	
			3					
	1						6	
	2	8		5			7	
4				9	2			
		9				4	8	2

Solutions on Page 190

MEDIUM #139

6					3			
				1	8		5	
			8			7		4
	4		3					1
5			1	3				
	6			7			3	2
	1					6	2	
	8					9	1	3

MEDIUM #140

				4				
		3			5	9	8	
8		2		7			1	
		1		8				5
		8			2			
		9		5		8		
	9	4					7	
			3					
5	3			9		7		

MEDIUM #141

9			3	7		4		
		9			8	5		
			7	3	2			
		5						
			4		6			
6				4				
			5	6				2
7					3		4	1
			9	1				7

MEDIUM #142

	4			5	8		7	
	8	4	5					
7		9				4		
			9				4	
3	1			6				
						3		
				8	7	6		
							9	
2		8		4				9

MEDIUM #143

8			9				7	
		2	7	6			1	
				8				1
3					5		8	
2								
		3				1		
1	9		5					
	6			1	3			
5							4	3

MEDIUM #144

8	1	5	7	6				
6				4	7	5		
	9			8				
7		2					4	
				2			1	
	2		3					
						3	6	
						2		
					2	9		

Solutions on Page 190

MEDIUM #145

4	5	1	3				2	6
				4		6		3
				2			5	4
				5		4		1
							9	
1					8			
7			4				6	
	8							
			9	3	7			

MEDIUM #146

				8				
					6	7	8	5
				3				
2							7	
			7	9	2		5	
	4					3	2	9
1			9		7			3
	7	9		2				
4		6		7				

MEDIUM #147

	7			9	8		5	4
			2			7		8
7		4			1			6
			7			3		
		2		1			7	
				3		2	8	
	1		4					
		7		6	9		4	

MEDIUM #148

2	4					8		
	9			2	6			7
								9
5			4		8		3	
			9			1		
	2							
1			2			6	7	
9	7	3			2			
		7	8	3				

MEDIUM #149

					2			5
	8		4		3		2	
			2	5				4
	1				9	2		
	3						7	
5				2	7	1		
	2			7	1			
		8					9	2
	5						8	

MEDIUM #150

	8				6			
2					8		6	4
					1			
							4	7
3				5			2	
	5	3	9	6		7		
5	2					4	1	3
		1				6		
		8			4			

Solutions on Page 190

MEDIUM #151

						8	3	
				1			4	6
9								
7		8					2	3
		5						
1					8		9	
	9			5				
	4	3	6		1	7		8
5				7			6	

MEDIUM #152

	7	2	5	9		8	4	
1								
4	2			1		9		
	8		6	4	7	3		2
			7					4
		7			8			
					5			
3								
		5		8	4		3	

MEDIUM #153

4	9							
		3	4				7	
7				9		8	4	
	8		2		6			
		5			2			
5	2						6	
6					4	5		9
8		4					3	
	5		3					

MEDIUM #154

		5	9		6			
		6		7		9	3	
1			3		2			
						2	6	
4			8		1	7		5
			6					3
			1			4		6
			7			8		
	7							

MEDIUM #155

				4				3
			2					1
3			6		2		7	
1		5	8		3			
			4	6	1	5		
5			3	7	4			
								6
		3				1		4
	4	6		8				

MEDIUM #156

						4		
4								2
1	3	6					7	5
7		1			5			
3	1			5				
5	8		6			2		
				1				7
		7	5					
							2	3

Solutions on Page 190

MEDIUM #157

	5		2		7			6
3	8		9			4		
			3					7
							3	
	7		8	1		6	9	
				3		5		
	3	9						5
9					5			4
							2	

MEDIUM #158

					4			
2			1					
	3	9		2	5			1
							7	
	1			8				
					1	3		
8					7		3	
1	4	3	9			5	2	
7					8	4	1	

MEDIUM #159

			8		2		3	
2		9						
					5			
			7	3			1	
		5	9			6		
3		7		1	8	9	6	4
	8		3	6				5
6	7							
	4							

MEDIUM #160

						6	4	
		2			8			
7			6			8		3
2						5	6	
4		1						7
	3		9		4			6
	5	4						1
	7			4			9	
1					6			8

MEDIUM #161

1			5	2				
					9	2	6	
	5					3		
9	6			3	5	8		
	3					9		
							4	
7	8	4		9				
						5		9
3	9	6		8				4

MEDIUM #162

								2
4	5		2			6	1	
1		5				9		6
						7	3	5
	3					4		
	1							3
				1		5	2	
9		2					6	
3	6	1		5				

Solutions on Page 191

MEDIUM #163

2				1			3	
4		6			5		8	2
	8		7					
6	9					1		
			2		4			8
1			8					
	7							
	4	7	9			2		5
	6	2					4	9

MEDIUM #164

			8	2				7
2								5
	7	4	5		2	1		3
6					8	5		
	6							1
				4		7		
7								
	8	7						4
	5		7			2		6

MEDIUM #165

		5					3	
								3
		6	9		1			
5						1	4	6
	2		8				1	
				1				7
		3						4
		8	2		5			1
	7	4				5		2

MEDIUM #166

2	1	5			8	7		
					9			
9			8			6		2
		8					2	
7	9							
	2			9				7
6			1					
				6				3
	5	7		2	1		4	

MEDIUM #167

3					7			
		6			3	8	7	4
7		5	1				6	3
							2	
6				4				
	5					1		
2				3		4		
			3					5
		8		1				2

MEDIUM #168

4	2		3				6	1
			7			5		
		7		4	8			9
			1	7				6
1	3			5	6	2		7
				3			2	
			9					2
				1				
			2					

Solutions on Page 191

MEDIUM #169

6				8				
	3		7		8			
	8				2		1	4
			5	1		9		8
	4				1		3	
1				2				
				3			2	
	2				4	7		
	5		2			6	8	

MEDIUM #170

6								2
5				6	3			
7		4						6
			2	4	9			
	6	7				2		
8						4	1	3
1	3	6	5	7				
	4				6		5	
		2		5				

MEDIUM #171

5		9	4				2	1
2		3		4	5			
			9		8	1	3	
3	2			7			4	
9		2		3				
				9		8		
	9	7					8	
			1					

MEDIUM #172

		6			5			7
		9		7			3	6
4					1	2		
	1		3	4				
	2	8			6			4
	6			2		9		
5								
				6				
					4	7		

MEDIUM #173

	6			9			7	
	1			4				
5					4	8		
	3			8			2	
			4		8	6	5	
		8		2			1	
9	5		2	6				1
						1	6	

MEDIUM #174

		6						1
	8			3				4
			8	7		6		
						4	2	
9		7					8	
5			6				4	
					4	9		
			2		7			
3	2	9			1			

Solutions on Page 191

MEDIUM #175

9		3				4		5
	2							
	1			4				
	7			2	3		8	9
						7	2	
3							4	
2			1					
			2		9			4
6		2		8		9	3	1

MEDIUM #176

7			4		2			
	9							3
8					7			
	6		9	7				
1			6					
6	7					8		4
		3				6		
	5	4	7		1	2		
2	3							5

MEDIUM #177

					4			9
4						9		5
		6	1	5		7		
5			4				8	
2		9		1				
8	9		6				1	7
							6	
		2						
	6					2	7	3

MEDIUM #178

					5			
						4		
7	8			3	4		2	6
	6			1		3		4
				4	2		6	
		2	9					5
6	1	3			9			
			6			5		9

MEDIUM #179

7	2		5					6
			2					5
5	6						9	
6					4			
		3	9	8				
3		6				9	4	
9						8		
		1			5			7
		7						

MEDIUM #180

				1		5	2	
	2					9	8	
				5				
	4	2	6					
		8	7			3	6	
					6			5
		4	2		3		5	
				7				
	8	1		2		6	9	

Solutions on Page 191

MEDIUM #181

	7		8				1	2
4	8	9	2					7
6						1	5	
	6							4
				3	7			6
9		5						
		6		2				
		7	5			4		
	4					8		1

MEDIUM #182

5						4		3
8	3	4			7			6
4		7				8		
	5				6			
				9				
	6	3	4		8			1
	8	2	5					
							8	9
			8				1	

MEDIUM #183

			9		3		1	5
2								
5	9		7				4	
	7		2		9	8		
			4			1		
6	5			1				
			5				2	
	6			2			8	
		8		9		7		

MEDIUM #184

					7	4		
4			5		9	8		
3								2
				8	3		6	
6		8				7		
	6			2			9	
	7				8	1	4	9
1						2		7
2								

MEDIUM #185

	3		2	4		8	7	
					8		4	
		9	3			6		
	1							
	4				7			5
		3	1	5	9			
		2					9	8
	5			1		4		
				6				2

MEDIUM #186

	9		4				7	
			5		7	4		
					9	2		
6		2					4	3
			9				5	
		9	6			5		8
				1				4
9		8	3					
	3		7		4			1

Solutions on Page 192

MEDIUM #187

9		4			5			
		6						
			1		4			
	5					8		3
1			3		6		9	
4						2		7
	9		5				3	1
2	6	1	9	7				4

MEDIUM #188

6								
8		5		6				
		6	8		4			7
				1				
	1	8						
	5	9		7	6			8
						7	2	
				9		8		4
3							5	1

MEDIUM #189

4				2	5			
			7	1		8		5
	5		4					
6						3		
	1	9			2	5	6	3
		3		5			7	
		4	1			2		6
	6		3	8				

MEDIUM #190

	9		2			4	1	7
1		3		2	5			
						9		
				4	7			8
						7	5	
		2	1		8			
3			6			8		
4			7				3	
8	6						4	1

MEDIUM #191

	5	2		8				
4					1			3
			9					5
		5				2	6	
			3		8		1	
		4	2	6		9	7	
								9
			5			1		
		3		7				

MEDIUM #192

		9		5	3	2		
8		6	2				9	4
					8			
6	1							
					6	3	5	
	5	7						
		4	6	3				
5			7			9		
4					9		8	

Solutions on Page 192

MEDIUM #193

			1				5	
					7			
6	7	8				4		
		7	4				1	
1							9	
4	1			3	5	2		
2		6	9	4	1			
	3					6		5

MEDIUM #194

		1					5	
			7					9
3			1	9		4		
5								
	4			7	3			
	9			5				
8			6			5		1
	6	4				8	2	5
7						3	4	6

MEDIUM #195

8		4	7		3			
		2		5		9		4
	8			1				7
					9		4	
6			8					
	2		4		5	8	9	
		1			6	4	2	
9	1							

MEDIUM #196

	8						2	
				5		3	7	
	5			3			6	
			5					
7		2	9					
							9	7
1	7							4
5	9		2	4		1		
		4					1	9

MEDIUM #197

	3	5	4			1		
9						7		3
2	1							
		7			3	9		
	9			6				
					1		4	
				8	5		1	
	8	3	5			2		4
								9

MEDIUM #198

	5						9	6
	6		5					
	4		9			7		3
			1			6		
7							4	
		5	8		4			
			6			3		
4						1	8	
9								5

Solutions on Page 192

MEDIUM #199

2		5	1	4			6	8
		8						
		1				7	3	9
						5		
		2	8				5	7
6		9	3		4			
1	2	4	7					
			4		1	8		5

MEDIUM #200

	9				7			
1			8	9				
			3			7		
8		2						1
	2	1			9		3	
						9		2
			4					
7	8				3	2		
	4		2		8		5	3

MEDIUM #201

			1	9			3	8
		7	2					1
				4	5			
					6		5	
8	3				7	1	9	5
6	2				1		7	
5		4				7		
	7				2			

MEDIUM #202

				4				5
1			5		6		3	
8		5		3	7			1
	6				2	3	8	
2					5		7	
	3	2			1			
	7	9	3		4			
			6		3	5		4

MEDIUM #203

1	8							
	7					5		1
				4		7	1	
					9			3
	3				8		9	
	2		4					
7		8	5		4			
	4				5			7
				3				2

MEDIUM #204

	2	6	9					
	1				6	4		
3	5					8		
		9			5		3	
			5	7	4			6
9		7	2	3				
				1				
7						9	5	4
2								

Solutions on Page 192

MEDIUM #205

		9				1		
			2					
								2
6		5	9			8	7	
			1		4	9		6
2	7			3			6	
			4	7	1		8	
9			8					
		6		9	8			5

MEDIUM #206

	5			6		1		4
	1		2	8	5	3		
	6						7	
							9	
6					8	5		
	4			2				
3	9						4	
							1	2
1				5	9	7		

MEDIUM #207

					5			
		8						
5		2	1	3				
	5			4	3	9		
3		4	5		6		8	9
4			2					
				5		4		
	6				1		2	
	4			9				5

MEDIUM #208

2				4			7	
	9			5				
			1					
		7	4			9		
3	5					7		
	1	5					2	6
			2		5		1	
				6		2		3
5		6						

MEDIUM #209

		5	7	1				
1	7					6		
3			9					
							4	9
	1		3			9	5	
7			4	3				
			5			7		
6	8		1		5			
9				2				

MEDIUM #210

	5				3			1
				7				
3			4	6		8		
			3				1	
7					5			
		9		3		7		4
						2	8	
				5	6		3	
2			9		8		4	

Solutions on Page 193

MEDIUM #211

3					7			2
								8
	7		9	2	8			4
5	6							
4								
	3	1			4			6
		3		4	6	7	5	
		4	7			2		
				8	5			

MEDIUM #212

5	1						7	4
	3		5				8	6
		7						
1						8	4	
								9
		4		8				
	7	5	4			3		
6		3		7				
			7				1	

MEDIUM #213

	8				4			7
		2		7		8	1	3
	7	8				1	4	6
					6			
	2			9		7		
7	1			5		6		
		4	2					
			7					
6		1			7			8

MEDIUM #214

2	3					6		9
				9				
	1		2					6
6							1	
	6				5	1		4
		4	8	7		3		
			5		8			3
		6				8		
	2							5

MEDIUM #215

								6
		4		8	3		1	9
					6			
			3		9	7	2	8
				1		6	3	5
3	5				2			4
					8		5	
		3	7			4		

MEDIUM #216

	1				2		7	
			2	8			1	
1			5		6			8
8				7	9			5
	3				7			
	9					1	2	
			8		5			7
			3	5		9	8	

Solutions on Page 193

MEDIUM #217

	2			4				8
8				5	3		2	
9	6	5	2		8		4	1
1					9			
		8						
	4		9		7			
2		1	6		5			
5	9							
								2

MEDIUM #218

3	5							
1	3		8			7	6	
			4				8	
	8				4		5	
		5				8		
	1				6	9	2	8
9				4				
		6			9	1		
		9						

MEDIUM #219

	1	7		3				5
	8	9						
1	9					3		8
		2	5					
				9	3			
				1		2		4
6		3	1				2	
7		4			5			

MEDIUM #220

			1		2			9
							1	7
		3		1	9			
1			3				7	8
	8				5		2	
4		8		3			6	
						4		
7			6			9		
2					3			

MEDIUM #221

						6		8
		1			8	5		
			2					1
	4			8	3			
2	3	5	7			8	9	
		6		1				7
9		3						2
				5	9		8	4

MEDIUM #222

1		5					2	
	8		3			6		
	7							1
2	1							
				3	2	5		
	2							4
				4		8	6	2
5						2	4	
9		6		5	1			

Solutions on Page 193

MEDIUM #223

		5						
6					7	2		5
		3				6		
	9							2
3				6	9	5	7	8
					5		9	4
	4					7		
8		6					5	
	5				4	1	2	

MEDIUM #224

	5		3					8
1				7			6	
	3	8						
6								
		2	1				3	
	2			6				7
9			4		7		1	
3			5	8				
5		7		4	8			

MEDIUM #225

	3	7						
	1			5				7
							5	
	9		6			1	3	
						7		4
		4	9		8			
	4	9	1					3
4	8							
1				6		9		

MEDIUM #226

						8		
			8		9			
		7	3		2		8	
	3	4	5		8	1		9
	8	9						1
					5			
		1		3		9	4	8
				5				
				8			2	6

MEDIUM #227

	9		6	2	7			
		8						6
						9		
5		4	1		2			3
	7						4	
6	2						9	
			3	1				
4								2
	1	6		8			2	

MEDIUM #228

	9	6						
1				5	7			
			1			7		
					4			8
				1	3		4	9
					6		5	
	4		8			3		6
		2			9	4		
5		9	4					

Solutions on Page 193

MEDIUM #229

					4	6	1	
5		4	1	6	3			
1						3	2	
	2		3	1				
		3			5			
				2		4		
			2			1		
	4		5	7		8		
		1	7	8				

MEDIUM #230

			5			1	6	4
5				9	6			
7				4		5		
		3		7				
	7			2		6		
		8						
	9			6			8	
	6	9				3	2	1

MEDIUM #231

	5				2	6	4	3
		8				1		
		3		1	7			
							2	
	6				3			
2	4		1	6	8	9		
						8		7
				2				6
				7				

MEDIUM #232

	2	8					9	3
6	3						1	4
5	7					9		
							7	
		6	3					7
				1		4	8	
	9		6					
7			2			6		
3		5	7	4			2	

MEDIUM #233

	5				8		7	
8					4	7		5
	4		2					
		5		4			3	8
		7			6	5		
				2	1			
	3		8		2			6
			9		5		1	
				8				

MEDIUM #234

	4					2		
				6				
		6	8		5		2	
		2		3				1
	5	8						4
				5	8	7		
				8		5	6	
	1		5					
	8				2	4		

Solutions on Page 194

MEDIUM #235

					1		5	
				9				
5	2	6	9			8		3
9		7		8				
							2	
3	5		4	7	8		1	
7				3				8
6				4	3		9	

MEDIUM #236

		6				5		
				5			8	
	6	3			9			5
			1	7			6	8
		4				1		
5				3	1	6		
6			7	9			1	
						4		
		1	3	6		2		

MEDIUM #237

					3		6	
3		1				9		8
				3	1			
						6	3	9
5		8		9				
				4				3
	3		4		6	2		
8	1				9			
			2		7	8		

MEDIUM #238

		1		8				
		2						
	6		7		9			1
8	2	6			4			
	9	3		6		1		
				7	6			
6							9	5
						7		
	1		9				3	

MEDIUM #239

			3				9	5
			1	3				
7				2	4	8		
	5		6					
				1	6	3		
	1	6		4	3			2
4								
					8		6	
3		5						4

MEDIUM #240

	1		7	4				2
9	6	3		5	1	4		
					6			
		4		3				
2			8		9	3		4
								3
			6				4	
	3	2		9				
								6

Solutions on Page 194

MEDIUM #241

	5	6			1	3		
	3				8	1	9	6
						5		
1	7							
			3	1		2		
8				7		9		
	8				2		3	7
			8	9			1	

MEDIUM #242

	3	6	5					
			2	7				5
			9	4				2
4		3	8					
			6					
	8		4				7	
7			1			9	3	
9					6			
2		1				6		7

MEDIUM #243

	7	8	6		5		2	
					7			9
		5					1	
								2
	6				1			
			4	3				7
				1	6	2	4	
7	9				2	3		4

MEDIUM #244

	2	9						
7					3			
		4	6	7			3	
9		3		5		7		
			4		7	3		
				8				3
		2	9	4		5		
6	3			9	5	8		

MEDIUM #245

	8	2			4	7		3
	7			3	8			
9			7					
3						4	6	
4			2		3			
		3	4	9				7
		6					4	5
7	5				9			

MEDIUM #246

	9		7		3			1
	7	8			4	3		
		5						2
6					1			
		3						
3			5		9	7		
9				6	2		5	
		1		2			4	

Solutions on Page 194

MEDIUM #247

		8				9		4
3								
	3						2	
	8		2					
	4	2					5	
	5	6	9			8		3
				4			6	
	6			7		4	9	
4		3	6				8	

MEDIUM #248

6					4		2	7
5		9	2					
					7			5
		5	9	7		1		
		8			5		9	4
4		2			1			
			4		6		1	
		7					8	
			5			6		

MEDIUM #249

8					1		7	
	8				4			7
			3			8	6	
				1				
		6			7	3		
	7			8		1	3	
6			4				2	
2		1		3	5		4	
7			1					

MEDIUM #250

						5		
	3		6		2			
9		6						5
		7	1			8	6	4
	4			1		7		
6		8	7					
	6					4	1	
					7		5	8

MEDIUM #251

	5	8	7		1	6		2
	2	1						8
		2			8	4		
1		3				9		
4		7		9	2			
			6					7
								5
	7						8	
			2					

MEDIUM #252

5			9					8
				2		5		
1		3	4	7		9		
9								
7	2			1		3	9	
		5			9			
4		7			2	1	6	
6				9		4		

Solutions on Page 194

MEDIUM #253

			2				3	7
8				5	3	9		
		3	5					
3			9					
5	7	9	1	8	6			
	9					2		
2								6
				6	1		9	

MEDIUM #254

			6				4	5
2								
7	1		9	5	3	4		
5					9	6		
4			8		2			7
		5				8		
								9
		4	5	2		9		
				6		1	2	

MEDIUM #255

		3		5				
3	8		5					
2								
7			9		3		6	
			3	7		8	4	
4						3		2
					8	7		
8	3			1		4		
		4	8	3		9		

MEDIUM #256

			7			2	4	
				2			5	1
7			2					
		4			7		2	6
			6					
		1				8		4
					1			
	6			5				8
	1	7		8		3	6	

MEDIUM #257

		4				1		
7					5			8
		7	4			2		
		5	7					1
8	1						4	
		6						3
			6	4	9		1	
				7				6
	6			1		9		4

MEDIUM #258

6			7	3	9			
2		4						7
7	1					2		3
		5			7		2	6
				1		3	8	
							7	
	6							1
9								
8	4					5		

Solutions on Page 195

MEDIUM #259

		7						3
	6					2	4	7
			8		3	7		
		4	5	2		3		6
3		6		8			7	
			7			4	9	
		8			7			
4		9		3	8			

MEDIUM #260

	2				1	4		8
		6						2
	3		8	2				
		8	2					5
			1					
	7	2					3	1
	8			1		2		
6		4		8	7			3

MEDIUM #261

	5		4					2
4		5	3		2		9	
3					7			
		7					1	
				3		1	2	7
6			8	9		5	4	
			6		3	8		1
	3						8	

MEDIUM #262

		7			1		4	
2	8						1	7
			3	7		8	6	
	5	9	8			4		3
	6				5			
					4			
	1						2	
	2			6	9			
5	9							4

MEDIUM #263

5	9							
		2		9	5			7
				7		1		4
		8	9					
	1							
			2	4		3	1	9
			8	5	9		2	
	6	9		1	2			3
					1	9		

MEDIUM #264

						2		5
	1		3		7	8	5	2
							7	3
	3				4			
	5	7		2				8
2							8	4
		6		7				
		3	8		5			
8		5	6				1	

Solutions on Page 195

MEDIUM #265

				5		3	2	
	3						8	
				4	6			2
		2						5
				7		4	6	9
4				3			9	
	7		6			2		
							7	
	2					9	5	

MEDIUM #266

	4			6	8	2		
		6	9	7				
			1				5	
6			8					
			6		7	4	8	2
8				1		7		
				2	5			
	5			8				6
1							2	8

MEDIUM #267

	5		2					
							7	3
					1	9		
						7	5	
3		2			8	1		
7			8				9	2
		7	5	9	2			
5	3	4				6		
	2							

MEDIUM #268

	3	6			5	1	2	8
		8			2			
			5			9		
	7	5					8	
	8	9						
8				2		6		
				6	1			
					9			1
		4		1	3			

MEDIUM #269

	4							
7	2	6						
	1		2			6	9	5
		7				3	4	
		1			8			
6					9			
		3			6	7	2	4
5		9						3

MEDIUM #270

	7	8		1	9	5		
		2				3	7	1
1								
				7	1		3	5
5				9	7		4	8
			1	5			2	9
	3					1		
				6	8			

Solutions on Page 195

MEDIUM #271

			7	5		9		
5						2		
	9	6					3	1
9						7		5
			6					
1			5			4	9	6
2		5	8	3		6		
		1				8		

MEDIUM #272

			2		1	4		
8	4			7				
2		6				1		
					4	5		
	1					2	9	
	3	4			7			
4								
	2	5					4	
9	6						5	

MEDIUM #273

	1			8				
								7
	3	1	2					9
			8	2	4	7		
2					6		3	
	4			5				
9		6	7	3	2	4	1	
	7				5			6

MEDIUM #274

		6		3			7	
4	2							
	8		3	7		9		1
			1	5			2	9
3		7			2			
	9				6			
				6				
					7			
	7	8				2	9	

MEDIUM #275

								8
7		1		8			9	
			7	9				5
								1
	6					4		
	1		5	4		9	8	
8	4					1		
	9		4				7	
2				6				9

MEDIUM #276

8								
	4	3	5		6			
				6	9			4
4			3		2		7	
		2			8			
			2			7	8	
3	8	1						
1			8					3
6						8		

Solutions on Page 195

MEDIUM #277

7						3		4
4		6	2					
	4				1			
			6	9			1	
					2	6		
8		1	3				9	
			4	2	7		8	
		2					5	1
			9	5				

MEDIUM #278

						9		3
4		1	5					
	7			1			5	
5		2	8			1		
	2		7	4		8		
	8	7				4		
						5		
								4
	4					2	7	8

MEDIUM #279

	3						1	
6			2	1				7
			8	3	2			
		4	6					5
	7		4	2		6		
9						2		
3	8						2	9
						1		
			9		7		5	

MEDIUM #280

		9		8				
						6		
	6					4	3	7
				7	4			
	5	8	2		7	9	1	
		6				1		3
	7					3	6	4
			1	6	9	5		
							8	9

MEDIUM #281

	8			3	5			
	3			8	6	2		7
5	2	8						
	4	6						
	5			4				6
9		2			3		4	
8							9	1
						6		
6			8		2		7	

MEDIUM #282

4				5	8	3		
	5			6				
				9		8		
			2	7			6	
				4	2		8	6
	9		3			6		
			8		5		4	9
2			4	3				
5		8				7		

Solutions on Page 196

MEDIUM #283

								5
3	7				6	9	2	
9						2		
2								
		1					4	
8	6			9		7		2
1	2					6	5	
	3		6	5				
						8		4

MEDIUM #284

	3		2	7				
				1			3	
		7		3		8		
			1	9		3	4	
9				6			2	
						4		5
				8			7	2
	1		9			7		
			7	4	3			

MEDIUM #285

2					7			
	9		4				1	6
						6	9	
						3		
8			3	2	6			
6			7		9			4
	5			9	8			
	4					8	7	
4	8	6			1	7		

MEDIUM #286

2			1		7			
					4			
7	5	4				1		3
					5			
	2	9		4		7		1
1	8						9	
6	9		4	1			3	7
					1		5	

MEDIUM #287

8	2	7	6					9
5					3			
9								
		5			8	2	9	
						9		
4			3	9	7	5	6	1
							3	2
			7		2			
		3				4	7	

MEDIUM #288

	3		6					
			1	7	5			
			7			5		
			5	6	4			
8	5		2		9			
						4	7	
	6		8		2			
		6		9				
		5	9		7		3	

Solutions on Page 196

MEDIUM #289

	4	3	2		5		8	
			1					2
						3		9
2	1	8					3	
		5		8			1	
					2	8		
				1				8
	3					7		6
	6		9					

MEDIUM #290

						5		4
	7		9					2
				3				1
5	4		3	7	6			
							5	8
	8			6			2	3
9			2		4	7		
								5

MEDIUM #291

	2		3	1		5		
	8			4	2			3
				6				
7			4	5				
	4		1				9	2
5					4		6	
	3							
4								
			8		6		4	5

MEDIUM #292

				3				
2	8	7	1					9
5			4		8	2		
			6					
	1			6			4	
6	4							
4	2	5						
			9	2				
8					3		1	

MEDIUM #293

8	4	9						
	6		2					
	8							4
		1					9	
	1	3		9	8		7	
					2		3	
							6	1
6		2	8			3		7
		7					8	

MEDIUM #294

	9			6			8	
2		5		4		1		
	4	2				7		
					6			
					5	9	4	
				1	7	6		
	7			8	3	4		
1			4		8			
7								

Solutions on Page 196

MEDIUM #295

				9			1	
2			9	6		1		4
				2			7	9
	4	2						
	9	6	7					
4		8	2	5				
7	1			3	9	2		
8	2							

MEDIUM #296

						8	9	4
					7	4		
	4	7				3		5
	7							
			6		4		5	3
1	5	4			3	6		
		1	5		2			
9		8	4					
	6				5			

MEDIUM #297

1	9				2		8	
5		8						6
	7		8		5	1		
	8	6	5					
		4				9		8
	3							1
							9	
	6						4	
2	1						7	3

MEDIUM #298

				4		8		
2			1			6		7
			7	6		4	8	
8								1
		9	3		5			
	8						1	6
	7				8	1		
		1	8	5	3		6	
	6							

MEDIUM #299

6					5			
	7							8
5						1	9	
2		7		5			6	1
9	1		3	4	7	2		
			2					
1								
7	5			3	9			
8	3					7		2

MEDIUM #300

	7			5		6	3	
9	3	6					7	
					4	5		
	4				7			
	9				6		2	
			6	4		7		
4						3		
			7					
	8	3		9				7

Solutions on Page 196

HARD #1

	6					7		
7		2			4			3
			4					8
							6	
3				8				7
9					8			
2								
					3		5	
		8	7			3		

HARD #2

							5	7
		5						
			9					4
	3							2
1		4			8	2		
	4			7				
			7			3		
		3		8		9		
				3				8

HARD #3

					7	6		
3							9	
4			3			2		9
			7		8		3	
				5				4
						7		
							8	
1					3			7
5							2	

HARD #4

		6					9	8
	5							7
			7					
1						8		
					9	4		
	3					2		
			4					
	6		5				2	
	8				2	1		

HARD #5

1			9	5		8		
			5		6			7
	4						9	
		8						
		6						
					9			3
2		5		9		7	4	
	7				1	9	2	

HARD #6

2							1	
7	8							
				5				
	9							
1				7	3	2		
			6	8		5		
8								
	2	7					8	9
	7				4			2

Solutions on Page 197

HARD #7

			2				6	
4			6	1				
9								
							7	5
						8		
						1		
		2			9			
6		8				7		
			7					3

HARD #8

						5		
					7		5	
1	2	7	8					
			9	3			4	
	1						2	
				8				
6				2				
		4					1	

HARD #9

4								
			4		8	5		
	7			3				9
		7		1				5
		5			2			
					1			
9		6						8
			1	4			5	3
5							6	

HARD #10

	9		4					
	1				2			
			9		7	4	3	
			1				8	
					9			6
	7			3		6		
				8				9
						9		
	3						6	4

HARD #11

		9						6
8		2						
				6		2		
6		3	9		8			
		6	7					3
9		7	5		1		6	
		4	2			5		

HARD #12

	9					6		
		8			3			
			8	4				
					1			5
1	6		9					
								4
3		4				5	7	
	4			7	8			2
			7					

Solutions on Page 197

HARD #13

1				8				2
				3				9
6				7				
8	7						4	
							1	
2							8	
9						6		7
				6				5

HARD #14

			5		4		2	
						9		1
	2						1	4
		8	3		5			
	9		2		3		8	
		3				6		
			9			3		
9						8		

HARD #15

	5	2				7		
3								
	6						2	8
8	3		2	6			1	
9								5
	4				3			1
		7						

HARD #16

							1	4
	3				9			
		7	6					
9		8	4			6	3	
	6				5			
		2	8					
3	2		9				7	
7				3		9		

HARD #17

3				4			9	7
	6	5	9					
								4
	5							
						6		8
7			5		1			
6	8							
			7	9				
					4			

HARD #18

				7				8
4					5			6
7			3					
			7	3				2
				2			9	4
			8					3
			2	6		9		
	3	1						

Solutions on Page 197

HARD #19

	6							
								3
2		4		7				
3				1				
								5
					7		4	
		5		4				8
	7	1	4					
						9	5	

HARD #20

1			3	4				
		5						6
				9			6	
					5			2
		2		3	7	4		
6					9			7
	1							
3				6				
			4	7				

HARD #21

				8		1		
	2				7	3		
	4							
9		2						8
	8	7					1	
			1			2		
		9						
			9		5			
		6				7		

HARD #22

		8						
							1	
2						8		7
						4	5	
	3		7		8	6		
							3	
7	6							
		4	1					6
5					6			

HARD #23

1	3							
	4		8			7		9
			6		5			
						2		
					6			
2		8						
	8			5	4			
7	2			9		3		
3		4						1

HARD #24

	1							
							9	
					4	3		
		5						
			6	5	2	4	8	1
9						5		
3								5
		8		4	7			

Solutions on Page 197

HARD #25

	1			3				
	8			7				
		1		9				6
					2			
			4					5
		8	5					
2							1	
				6				7
	5	6		1		4		

HARD #26

		1				4		
					9			
		2					6	
					2	8	7	
	9		6		5	1		
				8		6		
				6				
		5						
		6				5		

HARD #27

	6	9						7
		7			1			
						8		
		5				9		
					8			
	2			8		4		
7	9				2			
						6		
3		8						1

HARD #28

7				8	2			3
1			4			6	7	
		1						
	5	3		6		2		8
								2
				2			8	
		4		5				
	8							

HARD #29

		2			5			
				6	8			
			8				7	9
			1	2				
						5		
					9			1
	9							
		7	6			4		2

HARD #30

								9
7				1		9	6	
8			4	3		6		7
				2				
2		9					8	
				5	3			
						8	4	

Solutions on Page 198

HARD #31

				6				1
		8		2				
				3				
		5					4	
	8	1	7	4	9			
				1				9
						9		3
			1					
					6	7	1	

HARD #32

		9	1		6			
		8	3					7
			7	2				
							4	
	8				9			
		3		6				
	9			3			6	
		4		8		2		

HARD #33

5		6	3					
9	1							
		3		8	4	6		
								7
		8	4		5	9		
						2		
2	6					8		
6		2						
3	5							

HARD #34

1						4	7	
	8		3			2		
4								
	9			4	1	5		
		1		5	3			
		5						6
	7			8				
	1	2						

HARD #35

						5		
			9	6				
		1	7					9
	2	9				1		
		3	4					
7			6			4		
		7				3		1
	9			2				

HARD #36

1	6							
		6		4	8			
					2			5
					9		8	
			4			2		
					6	1		
	2							
						3		9
		9		8	1		6	

Solutions on Page 198

HARD #37

	5			2	8		9	
7								
				1				
								6
					1			
9	4						7	
		1			7			3
2			1	3	6			

HARD #38

9			5		7		1	
	3			6			4	
		1						9
							5	8
					4	6		
8								7
	6			5		9	8	1

HARD #39

	6	5	1		4		8	
		2						6
	1			6			5	7
		1						
9					1	5	3	4
		4				2		
	3			5		7		8
1				8			6	

HARD #40

		2			7			
			5				2	
4			9					
5	2		8	6				
	7			4				
	8				4		7	
9	5							8
	3			9				

HARD #41

								8
	3						7	
	7			6		3		9
						5		2
					2	1		
				3			5	
		1						6
						7		
			1	9		2		

HARD #42

6						7		
								6
	3						8	4
						9		
	7	8			9	5		
3			7					
					4			7
4	5	2						
		5		4				

Solutions on Page 198

HARD #43

	3		2					6
				9			4	
					8	1		9
7					6			4
	9							3
		8					1	2
			6					
	7		9					

HARD #44

	5		8	9		4		
	8					1		
				5				
2					8			
				3			5	
					4			2
	4					9		
			7	4			8	
		2	1					

HARD #45

						6		
9	5			6		4	7	
					4			
				3	5			
					8		5	9
		1			3			6
	6	4						
			2					1

HARD #46

				5		8		
			2					
2						4		
		4	9				8	
		5	1		8			3
							4	
	3				5		9	
						7		
					4		6	

HARD #47

							1	
9				1	4		2	8
						3		
			6	2				
	6	3				8		
	4	2		5		1	9	
		9						
						4		

HARD #48

5				2			4	
						6	9	
		4				3		
								8
							2	
		8				2	7	
	9				8			
			7					
		5	8	3	1			

Solutions on Page 198

HARD #49

		7	8		2	9		
						4	8	
1								2
							5	7
	7			8				3
		8						
			9					
8				6				

HARD #50

			8					
					6			
	2							
	8		5		4	3		
		7			9	2		4
							5	
		2					9	
1		3						
						7	1	

HARD #51

			9		6	4		
		7	2					
				5				8
	8				3		2	
	4	9			7		6	
6					2			
	7							

HARD #52

		3						
4	5			7				
	6	2						
7					1		6	
	8	4						3
		6	2					
				4				
	9		3					8
			1			7		9

HARD #53

	5		2					
				1			4	
7				4	9			6
1			3	7				
					1	2	7	
		6		9				
2		3						
			6		3		2	

HARD #54

		6						
		3	7				9	
			3				5	
		9						8
	6			3		2		
	9					6		
	7	5					2	4
3								
5							6	

Solutions on Page 199

HARD #55

		3		2				
			3					4
			1					
				9				
1								9
				7			3	
5		2			6			8
6			7					
2							4	3

HARD #56

9			2				7	
		5				1		2
	4			5		3		
	6							
			4					
			5		8	4	2	
				4				7
				1			5	
					9		3	

HARD #57

	5							
						2	8	
				6	8	5		
6		3	1					2
3		4						7
	6							
			9					8
		5				9		4

HARD #58

9								
		3						1
					4			
1							2	5
	2			8			1	3
	4	7						8
5					2	7		
2		6					4	
					3	5		

HARD #59

					7			6
						9		
				7				
			2				6	7
			8	4				
9						4		
					5	2	7	
	5				1		3	
		4						

HARD #60

					8			
6				3		2		
								9
1						4		3
	5	9						
				9		6		
			5	1				
		6	1					
		5					7	

Solutions on Page 199

HARD #61

	5							
							2	
					1	8		9
1	6		8				3	
				8			4	
						2	1	
	9			6			7	
2				3	7		8	

HARD #62

					7			
						6		
			1		4		9	
6			7					
								2
9								4
	5		3	8	1		6	
	8							
7		5	4			8		

HARD #63

	6				3		4	
4		1		5				
	8			9	6			
								7
				4		3	5	
3								
			2			6	7	
		9						

HARD #64

	1							
8					9		5	
				7				3
							9	
3					2	7		1
	9				1	6		
			8				6	
7			4					

HARD #65

			4					
9				2				4
		3	8		7			6
					4		8	
					3			2
6						1		8
4	7		3	8	9			
						5	9	
				6				

HARD #66

	4		2					7
	6				8		5	1
				5	1			9
7								2
			8			6		
	3							
9				7			3	8
		4						

Solutions on Page 199

HARD #67

				4				
8	7		2					
					2		3	
	1		8			9		
		3	6		1		4	
6		1	9				5	
		8						
				7				9
9								

HARD #68

5			9					
						6		
					3	4		
2		9		1				
		4	8					
			3					
7						9		2
1				2	6		3	8
	8			7		5	6	

HARD #69

				7	5	8	2	
		2				3		
		3	9			6		
8				5				1
	6		1					8
		4					9	
			8	2				4
				4				

HARD #70

		8				1		
6		5	3		8			
					1			8
5		2	1					
						3		
		1						
	7		9					
	5							7
9			8				5	

HARD #71

1		8	5			7	3	9
							2	
				5				
		6			5			
9	1						7	2
								6
						2		
							8	
8			7					

HARD #72

	4			1		3		6
		3						
5			2	9				
7					1			4
	1							9
2				6				
	9	1		7	2			
								2

Solutions on Page 199

HARD #73

		1						
	4			9		7		
				5				6
		4		7	1	9		3
8								1
	8		7					
		2				6		
				8			2	

HARD #74

							7	
5			1					
	6	8						
	9							
8				4				
		7			5		6	
9						2		
					2			5
					4	8		3

HARD #75

			3					2
		1					9	
4		3						
				2	3			
7	3			1				
6								4
1		7				5		
	8	6		7				3

HARD #76

	9	2			8			
				4			3	
7							1	
				2	6			
	5							
5								6
		5			4			
	6			8			5	2
	3							

HARD #77

						6		
	6			3				4
5				7				
8		9		2			3	
	2							
7			3	6				
	5	6		8		2		
				1	2			8

HARD #78

		8						5
	1					9		
						4		
						2		8
	7						2	
						6		
	6		9	4			1	2
			7					
		4		8			6	

Solutions on Page 200

HARD #79

	5						6	
	3			5				
2								
			1		8	3	9	
	2		9				7	
								6
8				6	4			
			4					

HARD #80

		9				2	4	
				8				
	1							2
9			8					
			2					
		3				5		
					7		1	
4								
6	4	5		1				

HARD #81

					6			1
	4				5			2
1					8			
		4			1		2	
							4	6
2		1		8	4			7
9	8		6					

HARD #82

			2	5		8		
7			8				3	9
	4	3		6				
3								
							5	
						1		
						7		3
6		7					4	
1								

HARD #83

	5						8	
	3		2				4	
					4	8		2
		5			7			3
			5					1
				9				
				5		2		
		6			9			
							9	8

HARD #84

		9						
	6				3			
			4					
	2	6						
8							5	3
9		8		6				7
					7	1		
							4	
							3	

Solutions on Page 200

HARD #85

					8			4
	8							2
	1			7				
			2					9
			6			5		
			7	1		8	6	3
		4		6	7			
	3			5				

HARD #86

		8						
					5			8
					4	6		
2								
1			5	9		8		
	2	7				4		
3			6	4				
4				3				
					6			

HARD #87

		7	1					
6	3				7			
	1				6			
5								2
		1						
						9		
		2			1			
7							2	4
9			3			7	1	

HARD #88

9				4				
	1	8	7		5	2	9	
1	5				7			2
3								
					1	3		7
							2	6
			1		9			
						7		
8		2						

HARD #89

7			1			9		
	4	2						
				6				
							8	
9		7						
5	8		2		7		3	1
1								
3						5	7	
							9	

HARD #90

				7	1			
		5					7	
							1	
8		4				3		
		9					5	
3		6	5					
						1		
	6	7		2				
9	2					8		

Solutions on Page 200

HARD #91

9		1	4					7
								4
	6	5	2					
						4		
				7				8
5						6		
3	9						8	
	2						5	
				3		7		

HARD #92

	2			9			4	
					7	2		
	3							
			8	6				
						1		6
	5				2			8
					6			
5	4		3	2			9	

HARD #93

		6	7	8				
	2			3		8		
			4				2	6
					5			
		8				2	7	
	4			1				
2								
	1					7		8
				9				

HARD #94

		8			9	6		5
						2	3	
8				7				
	4				5			2
3				5				
	2							
			8			1		
7		5						
							1	

HARD #95

								6
	8				7			
					6	4		
							5	
	2		4	8	9			1
3		1						
		5						
7		3			2			
			6			1	8	

HARD #96

		4						3
	3				9		1	
5				1				6
							4	
4	1			9			2	
	9	6					5	4
							7	
9	5		1					
					5		9	

Solutions on Page 200

HARD #97

	2		6		3		9	8
							7	2
	4							
					4	7	5	
		6	2		9			
			5				2	
	5							
		4		6	5			
		2			1			6

HARD #98

	1					4		
4					1			5
			1			7		4
							8	
	8		4					
6		7	5					9
	4		2					
3			7			2	4	

HARD #99

				6				
					5			
				4	1	5		
9			4		2			
		2					7	
			1	3				9
					4	7		8
8							2	
			9	8				

HARD #100

3			5			4		2
9	5	4		3				
					2		1	
2			3			5		
7					4			
						6		8
		2						
					5			
		7		1				

HARD #101

								8
			1				9	
		3						
6			9		5			
	8		6		2	9		
		1		9		8		
								9
4			3		9			
			8				7	

HARD #102

							7	
7			5	9				
			7			2		
				5				
	3				6			1
			3		1			
							5	8
	7	5		2				
3	2		4					

Solutions on Page 201

HARD #103

6								8
	6						9	1
			8		3		5	
9							1	
				3		2		4
3		8				5		9
	3							
					8		3	

HARD #104

8							5	
		9						
	3		1		6		2	
					1	4		8
			3					
5				9				4
		4	6		9	2		1
		8						

HARD #105

8				1				
			2					
	3						8	
7						9	3	
		9			2	5		7
4								6
			1					3
5		3			9			
		1			5	4		9

HARD #106

			2	4		7		
			5		8			
	9	7						
	5	9		1		8		2
		8				5		6
	6			3				
			3					4
						2		
		6					5	8

HARD #107

9	4				7			
	6	7					5	
	8			7				
		4	2	8	5		6	
			3					
3	5							
				9		5	3	

HARD #108

			5			7	3	8
	3		6			4		
			9					
							8	
		3						
2					5			
		2						1
		6	2	4		3	7	
				7			4	

Solutions on Page 201

HARD #109

				4				
		1					3	
					8			2
						7		
				9		3		
		8				6		
		7					1	
	3							5
8			5			9		

HARD #110

			9	5			7	
		5						1
	2						5	9
								3
	3		4	6				
							8	
								4
			6		7			
		4			5		3	

HARD #111

					6			
	3			7				
		4		2				
7					5			
	2			9				
	8			3				6
8				6	7			3
			3					8
				1		8		

HARD #112

4			9	5		7		
			1					
	6							4
	1				5			
3		2						7
		9	4		2			
		1						

HARD #113

	3							
			9					2
8							6	5
	2				1			9
	8	3					7	
			5					
					7		9	
4						9		
				7		6		1

HARD #114

7				5				2
			6					9
2		3	9				1	
				3	4	1	9	
	3							6
							3	
								7
	6						4	

Solutions on Page 201

HARD #115

5								
			2	8		7		9
							1	8
		4						6
3						8		
					5		3	
7		6		5				
			7		1			
	4							3

HARD #116

5			4					1
6						9		
				5				
	3			8				
			1					
	6	9						
			3				7	
8	4			2				
						8	3	

HARD #117

			9		7	5		
				5				
		4						
5						2		
	1	8						
			7			3		
	2					1		
		5		6			8	1
7								

HARD #118

	5	9	2					8
1								
		3		6	4		7	
	1		3	2				
8								
	7							
				1			3	4
		7		9				
		6	5			3		

HARD #119

				7	6			
		2			3			
	5					7		
		9	4			2	7	
2		8				9		
6		5		3	9	8		
3			7					
		7						
				4				

HARD #120

					5			
8			2	9	1		5	7
				1				
				2		3		
			4				3	
				7	2	5		
5					8		9	
	9				7			
		1						

Solutions on Page 201

HARD #121

	8			6		1	3	
							8	
								7
		5		7		4	2	
7								
		4	2			7		
		1						
3				1				
						8		

HARD #122

	2						4	
	7					6		
		7			3			
			8					
		1			5			
				4	2			
							2	4
				2	4	9		
		9			1			7

HARD #123

3			2		7			
8	9	4			6			
			8		9			1
		7				1		4
6				1				
	7							8
		8						
			7				2	

HARD #124

			7	4	3	5		
2								1
		5	1		9	8		
	3							
				7				
			9		8	1		
9								
			5					
					4			7

HARD #125

2							7	
					4	9	1	5
1					3			
								9
				8		5		
			1					
						1		
			2			3		
			5		1		4	

HARD #126

	4		1				9	3
							5	
2		4				8		
1			3				4	
4						7	8	
		7	9					
			8	6	7			
			4				1	

Solutions on Page 202

HARD #127

				2				
	7		5				3	
					7			
9					4	1	2	
			1					
2		5				7		
7		4	9					
		3		8	9			6

HARD #128

						5		
7	3							
					4			1
		8						9
4			3					6
9								
	5		9				1	
	1				7		4	
	4					8	5	

HARD #129

					5			6
			3				8	
9				8		6	1	
2				1				5
	5		9					
7							5	
				3			2	
							6	
	4				7			

HARD #130

							9	
8				9				5
	3					4		
				4				1
			8		6			2
						7		
7				3	4			
	6	2				8		
				7				

HARD #131

	5		2	4		8		
		7						
1				3		4	9	
9							2	
					8			
								1
7						2		
5		3		2				

HARD #132

8								
				2	3			
			6				5	2
	6							
	9							
7	4				6			
2		7						
	7	5			9	4		
6							9	

Solutions on Page 202

HARD #133

							8	6
9								
4			8	9		1	3	
	1				4			
		2					4	
	5		4					
1				6		4		
	4		2				1	
5		3						

HARD #134

	2							
			5	9				
					1			6
			3				9	
						1		
	9	6			5	8		
		5						4
				7	3			
	7	3						5

HARD #135

2					7		6	
		4		8			9	
3						1		
4							2	
1			3					
		9	7	6				
		5	1			9		3
	3					2		

HARD #136

			4		3			7
				5		7	6	
	7						1	9
			6					
				4				
		5	7				8	
		9						8
			8			9	5	2
			1					

HARD #137

7				2	1	5		
		2		6		7	1	
	9				3			
								6
	2				6			5
9	5				7			
	1							
4				5			8	

HARD #138

	2	7		5				
		3		2				
4	7	1			5	8		
			5		1	6		
					2		3	
						2		
	5						1	
				8				
2						1	9	

Solutions on Page 202

HARD #139

						4		
	4		5		1	3	7	
5				9				
1	9							
		6		7	9			
	6	2		5				
3				1	4	2		

HARD #140

5						6		
	8			9	2			4
2		1		8			3	
			8					
		2			1			
				4				6
		6			3		7	
3	4		2	5				
			6					

HARD #141

					2	4		1
	4				6		3	
9				4				
			6		8	1		4
		4						
						3		8
				6	9		1	
		7		9	1	6		
5						2	4	

HARD #142

5		4				9		3
	7	3			5			
					1		6	
4	5	9	8					
1			4					
								9
							4	
								7
		8		7	9			

HARD #143

					4		1	
					6			
			1		5			2
						2		
	7							
						8	5	3
8		2	9	6			4	
6	5		8					
		7						

HARD #144

3								
					1	2		
							5	
			3			6		
9				5				
	7	2			4		3	
5								
4	3	5	1				9	
	1	9		2				

Solutions on Page 202

HARD #145

6		1					5	4
	4	7					1	2
	6							
			3		5		8	
		4						
			4					8
	2							
	7							
2					9	6		

HARD #146

			9	2			6	
	2		5		1			
1	3		6					8
							7	
							4	3
				8				
5			1					
					6		5	
		7				8		

HARD #147

1							2	
6								
9	1	2						7
2					8		9	5
		9						
								1
	4			7				
					1			
		3	6			7		

HARD #148

							9	
				6			8	
8				3	4			
2			6					
	6							4
9							4	8
				1		7		
3	5		2					
					9	6		

HARD #149

						6		
				5				
			4			7		
	6		2			3		
	4	9	5					
9					1			
								4
					7			
	3			8			9	2

HARD #150

				3				
			8	5		1		4
	1		4				3	
						9	4	
				8			7	6
7					9	2		
	4		6					
8	7				3			

Solutions on Page 203

HARD #151

			5					
				7				
	2			9		8		
		9				1		
							4	9
	9	2		1		6		
			3	2				8
6	1			5				7

HARD #152

6					9			
		1		7			8	
7								
				6		4		
			9			5	7	
				3				2
					8			
		7		9			5	1
1		5						

HARD #153

9				8	7			
	3	2						
					6	7	2	
			1		9			4
	5					2		
	2	1				9		
	8			6				
				5			4	

HARD #154

					3	7		6
8								3
	4	5						
					7	3		
						1		
			8					1
				1		9		
	5				8			
								4

HARD #155

2				5	1			9
		5					7	
	6			4			1	
5			1				3	
			6		5			
7								
4	3	9		6				
		4	9				8	

HARD #156

		8	9			2		
								5
				4		1		
8					6			
3					1		8	
7	4	5						
5			2				7	
	3	2						
					7			

Solutions on Page 203

HARD #157

								9
7			4					
			9			8		
6				4			2	
		9			7		8	
		4				6		
3		1	2					
		7		1				5

HARD #158

					6			
				2				
2		9				1		4
6		8	3	4		9		
					2			5
	5		7				3	
				9		3		
		5	6					2

HARD #159

		8	9					
3					7		9	
	1					4		
			7	8				
	5	7						
6						3		
	6		2			8		3
1						7		

HARD #160

			7					
2							8	
					2	1		
			6					
				8				
8								6
			2	3			5	8
	7				4			
		3	5			4	2	9

HARD #161

	6							
		3						2
	3		1	7	2			
					8	7	4	
				6	4			9
		7					2	
	9	2					6	8

HARD #162

	2							8
		7			6		3	
				6				1
5							7	
	6		5				1	
4								
			8	7			9	
							5	4

Solutions on Page 203

HARD #163

				3		4		9
3				7				2
	4					1		
		3		1				
				9				
					5	8		
	8		6	2				
		1	4		8			7

HARD #164

		1			7			
8	2						4	
					3		9	6
			7					
				4				
6							3	
			8		6		5	9
	5			3			8	
		4						

HARD #165

			7		4			2
				6	1	7		
			1	3				
					3	9	8	
	9	5						3
	2							
5	3			4	8		7	
3							1	
8		7						

HARD #166

		5		4				3
4			1	5				
		9	8					4
				3	7			
	8						2	
			3	6			1	8
		1		9		7		
	6							

HARD #167

	5						3	
								4
			1			6	8	
	3							5
		1	7					
	8				2			
						5		8
3	9		2	1				
7		4	9		5			

HARD #168

			5			2		
	1				8			
							9	6
					9	5		
	6		7	2		1	4	
								9
	4							5
				4			1	

HARD #169

2	5			6				
4			2	3	8	5		
8			9					
		1						
					2			
			7					
			5				9	7
3				7			5	

HARD #170

	6							9
	8					5		
							6	
			1		2			
	2		5					
				8				
		7	6	1	4			2
		3						
				4				

HARD #171

			6				4	
9	3						6	
1							3	
		3		7		9		
				2			8	
				9		7		4
					1			
4	2		9			5		

HARD #172

6	1							
		5						
					8		5	
				1				
	6							8
	9	1			2			
		2						
1							7	
	4	7		5		2	9	

HARD #173

9		2		1				
						4		
		3		6				
8								
			8			1	2	
			4	3			8	
1		5	2				7	
				9				
5				7				

HARD #174

					6			
6			1					
	4							7
						5		
		1		4				
2	1		8			9		
	8		6			3	7	
	2						5	

Solutions on Page 204

HARD #175

			3					
6		8				1	2	
4	1	9					8	6
					6			2
5		1						7
		7						
8	3							4

HARD #176

				5			2	
			6					
			2			1	9	
		1	5					
					6			
5	1			7				
		5	3					
3						4		
						7		

HARD #177

			8			5		
7		5						
			4		1		8	
	4							
	9	2				8		
	7							
			5	6				
8		6			2		4	

HARD #178

7							6	9
		3			5			7
							1	
	2	6			7			8
	8			2				
	3	4		7				
						4		
8							3	
			4					

HARD #179

	5	8	2					9
9		4						2
					8		2	
			1	3				
	9		8				5	
					6	5		
							1	
			3			6		
							8	

HARD #180

						2		
		4		2	3			8
	2		9		1			
		6					4	
1		9			6	4		
	4			1				7
								5
3		5						4

Solutions on Page 204

HARD #181

	9	3			2			5
	6				1	4		
5				9			6	
7		5		4				
	2		4		7			
8	1						7	
	5			3				2

HARD #182

					2			9
1		4						
					9	5		6
	6							
				7				
			5		3		2	
		5	7			1		2
	1		4					
7					1	9		

HARD #183

			6				8	
					7		4	
		4				6		2
			3					9
5		6						
					6		2	
	3	7	5					
				1				
	4					7		

HARD #184

						7		2
4			6	1				
							3	
	1							6
5	2	4				6		
7	5					3		
			5					
6				2		8		
					7			

HARD #185

				8			9	
			3		1			
	9						2	
	5		7					
8	1				9			
		5			7			6
4		2						9
					3			
						9		

HARD #186

							5	9
					3		1	
			3	6				8
			6					
	7					9	8	
1					8			5
2			8					
		8		5			2	
		7						

Solutions on Page 204

HARD #187

6				5				
					6			
		8		2	7			
						5		
					9		5	
5		7				2		3
1			7	9	5		2	
		5		4				8

HARD #188

		1						3
						1	4	
			5					9
			3		9			
						9		5
		7						
		5	2					
	9				2			
			8	5		2		

HARD #189

						6		
		1						
4			1					
9	4			2				7
		7					6	
				9			4	1
5	3				6			
	2			1				3

HARD #190

6				3		5		
	8	5			4			
			4					
	2			7			6	
				1	3			
							5	
4		1	7			6		
	6							8

HARD #191

				4				
3			4	1				
1					5			
							8	6
						6		9
			1	2			7	
		4						
	8							
			7	9			3	

HARD #192

5	7			2			1	
3								5
							3	4
							5	
		6	9					
1		9		8	3			2
8				6				

Solutions on Page 204

HARD #193

6					7			
9			2	7	8			
4								
2	6							3
	4							2
					5			
				9			8	6
7		4			2			

HARD #194

	8		9					6
				3	7			
2	7							1
3				4			9	
7	5				2		3	
				6	9			
	9							4
		2					7	

HARD #195

				5				
	3			6			9	8
		4						
		5						
9			2					
		1					3	
7						5	8	
	4			7				6
		9				3		

HARD #196

					5			
	6			9	3			
		8			9			3
							1	
	1			5		3		
	8				1			
			9			7		
5				3	4			
	7							

HARD #197

				1				2
8							4	
		7					8	
		5					9	8
		8			9	7		3
				3			6	
		2						5
		1						

HARD #198

		4					1	
							6	
						2		3
5					6			9
		1	6					
							4	
9			8					
4			3		7			
	6			4			3	

Solutions on Page 205

HARD #199

4		1						5
		6				5		4
6			4				7	
			7			8	3	
	2			3				
8		3				6		
2		5	9					

HARD #200

		5	9	2				
				6				5
	1	8	2					6
	3							
								9
							7	2
3				9				
2			8		3		1	
					6			

HARD #201

								1
6		4				3	9	
2								
			2		1		4	5
			7					
	9					2		
			4				5	
				1	4	6		
			6					8

HARD #202

	1							
			1			2	4	
4		6				7	8	
			8			9		
5			9		2			
7				3	5			
1								
					4		5	

HARD #203

		6				1		
	6	3				8		
					6			
					8			5
					3		8	
2	8			5		3	9	
							1	
				6			7	
		1	9					

HARD #204

						6		3
			1	2			9	7
5		1						2
					6			
		2			3			
		4		7	8			
							7	
		5		4			2	
	3							

Solutions on Page 205

HARD #205

			3					
7								
				9				
		3						
	8	5				4	2	
		2					9	
	3		2	7		9	8	
8			6	3		2		

HARD #206

6					1	7		
						5	9	
			7		8			
						4		
3				9	6			
		2			9			
	8		5	7		6		3
		6		4	3			
								6

HARD #207

					9	2		4
							7	
			9	6	8			
4			3				1	
							8	
7								
		4			5			
						6		
	4	3	5					8

HARD #208

		7						
8								
							3	7
3					2	1	8	
								6
5			2					1
			9					
1		8				5		
			3	1		4		

HARD #209

9				2				
	3					2		
							4	
							5	
		3	8					
		5			9			
8		9	7			1		5
1					4	5		
							1	

HARD #210

		2	1				9	
					8			
3	5					2		
			9			3	2	
		1						
8	2						5	
		5		1	7			
				3			6	
		8		5				

Solutions on Page 205

HARD #211

					2	4		
								2
						8		
2					5			
		2		7		1		
		6	7					
4				3				9
				2	9			
			1		3			

HARD #212

		6	3		7			
						4	1	
8						9	5	
4		2						
2		7					8	
					9	6		
					4			
		3				7	9	
					6			

HARD #213

9				7	1			
	6					5		
4		8	2	9	3			
			9	2		4	8	
	3						6	
			1					
6			3		9		7	

HARD #214

		8						
			7		5			6
	3		4			7		
				8				2
	5	2		3		4		
					1			
	2					1	7	
	9					5		

HARD #215

3				8				
			4	5	7			
			3		6		9	8
2						4		
4								
				9		1		
	8						4	
		3						
	6			1		7		

HARD #216

4						8	5	
	1						9	
		5		6				
				9				
3								
			6			2		
			3		5		6	
		2		8			4	
							7	

Solutions on Page 205

HARD #217

2		7			1		5	
6							8	
	7						2	
4		1		2	7			
						1		
8	6							7
			3	1				
					8		7	

HARD #218

				9				6
		9					2	4
	3	1				6	7	2
	8	3						
6					5			
	2							
	5			7				3
		7						

HARD #219

	8							
		8						
3	1	6				2		9
								2
				4				5
				7		1		
	5	9			2			3
		7						
						6		

HARD #220

7								
4								
3		5	2					9
	7	9						2
		1	6				8	
			4	2				
1					5			
5	8			3		2	4	

HARD #221

	7				6			5
	6		3		8	2		
					9			
3								9
								7
			5	8				
5	9	4						
			6	4	1			
		3					6	

HARD #222

	3							
			3			4	9	
	4			9	8			
		6		1	9	3		2
	9					7		8
		2			4	8		
				8	3			
	6							

Solutions on Page 206

HARD #223

		8		6		5	2	
					5		9	
1			8	2			7	
		2		9				5
					7	8		2
		6						
2								
							6	4
			1					

HARD #224

		6		3				
7	5	9				1		
3						9		4
5					2			9
	9							5
		4			3		8	
	3							
1				2				
2				8	5	4		

HARD #225

		8	6	3				4
	3	9						
	2							
							7	
	6	5			9			7
8			1	7			6	
							5	
				2				

HARD #226

	1		5	2				
		6	9					
								1
					2			
				3	1	2		
				8				5
7								
			2				1	
	9	4				6		

HARD #227

9							8	
	7							
	8				2			
							6	
4		7						
				8	5			6
			2			5		9
				6	1			
1						7		

HARD #228

		9	6		4			
	6					1	4	
					7	9		
8	1							
				3		8		
					1			
2		4						3
		3		2				
5			1					

Solutions on Page 206

HARD #229

					1			
						2		6
				1				
		9		8		7		
				5		1		
			2	9	7	3		
		2		7	9			
		8		3	6			

HARD #230

							2	
		5		9		4		
					6	5		
			3				9	
1				7				3
8	6				4	3		
		6	7					
7								1
						7		

HARD #231

9							8	
		7			3			
				1				8
				5		9		
2								4
						8		6
						5		
			4				3	
3	7	5				6	9	

HARD #232

								5
	3				9			
						4		
4	7	1						
			7		4			
						6		
	8			5				
5			8	9	7			3
1								9

HARD #233

	3	5			7		9	
			3		2			
				6				
						5		
			6					7
5	1							
						4	8	
		9						
2					8	7		6

HARD #234

9	7			8		6		
			6					
1						8		
8							2	7
	4		7		5			
					3			
4				3		9		
		7	4				5	1

Solutions on Page 206

HARD #235

							2	
1	7	9		5		3		
			4					
		5	8					
9		8						
								1
8	6	1		4				
7					8			

HARD #236

			1	7				
				6				3
					6			
		7		5			8	6
	9				4		7	
				4		8		
	7	3					2	
5					7			

HARD #237

	4			2			8	5
5	6			8				
2	3							
					1			2
						5	7	
	2		4			1		
6			1					
					3		9	
		3						

HARD #238

	3							
	4		9				7	
2								
			5		2	7		8
6							4	
			7		4			
			4		3			5
		4				8		9
	6							

HARD #239

6	5	8	3	1				4
8								1
		3	2			6		
		6	9			4		
			8					
					4			
		2				5		
				3		1		
			5			9		2

HARD #240

							4	
						8		
8		6				5	3	
							1	
7						6		
		5	8			9		3
4				5				9
5	6			3		4	7	
		7						

Solutions on Page 206

HARD #241

	5	4				3		
		5				7		
6					5			2
	6			8				
	2		8					1
		7	9	1				
		9			3		5	
				5		9		
					6	1		8

HARD #242

	7				1	6		
	4							
9							2	
			6			1		
8						5		
4								1
	8	9						6
				9				
		3						7

HARD #243

			3	9				
				7	2			
	9			2			1	7
6			1					
8						2		9
		4						
1			2			6		
	5					1		

HARD #244

		7						
					3			8
8			7	1			4	
		3	4					
2	8							5
	3					7	1	
				9	6			
		9						

HARD #245

					9	1		
				6				
								7
4		9	5			2	1	
		5					2	4
1								
2		4						
	1			9		8		
3			2			4		6

HARD #246

4						9		
				2		1	4	
				8				
	7		8		4			
		1	4				2	
			3					
		4	5				1	
	5	2						
		6	2					

Solutions on Page 207

HARD #247

	1	6						
	2		4					8
		1		7			5	
9					4			5
8					1	3		
		7	1					
					8			
		2						1
				5		6		

HARD #248

	6	7					4	
			6			9	2	
		9	7				8	
			2					
					6			
	9					8		2
7			1	4	3			
					4			
			9					

HARD #249

6		3			9			
			5	4				1
								7
	4			1				
						6	7	
	3							
				9				
		9	2	6		8		
		4					8	2

HARD #250

	5		7				8	2
					2			
	8			7			4	
					8			
				4				
							6	
7		4	5		9	3		
							9	4
			1				3	

HARD #251

						6		
					6			
						3		
			7				1	
		7						4
	9	6	1					
4	8		3	9	2			
		9	6	1				3

HARD #252

	2							3
		2					7	
	3		4		2			6
	4		7		8			
		3						7
			9		5	8		
			2					
		9			3			
		5				2		

Solutions on Page 207

HARD #253

			2		7			
								2
	9					6		
2					5			6
	4	5						
		9	4					
		2		1	3	5		
3								
			8				4	7

HARD #254

		5						
4			9					2
						8		
								1
1		2		5			6	
2	9			7				
		9			1			
			7		3			

HARD #255

			4	6		3		
		9		7				
								4
		4	8			5		1
								6
	1							8
		2					7	
				8				
6							4	

HARD #256

	5	4						
			1	8				
			4		5			9
			3			4		8
9		2				3		
		6					2	
							4	
	4		6	3				

HARD #257

	2					8		
6				9				
		3						
	6						3	
				8		5	4	
3		2	4					
	8				6			
			8					
				1	4			

HARD #258

				7	5			
		1						
	6							
7		9			4	8	6	5
		5						7
2					1		9	
			8					2
				3				4

Solutions on Page 207

HARD #259

	6	4				8		
4			2	9				8
	9							
			1		8		9	
		5	7	1				6
						4		
							2	
					3			
9					7	1		

HARD #260

			1					
5					8			7
3						2		6
			9					
2				1		8		
	7			9				
	8							9
4					5			

HARD #261

			5			2	4	9
		4						
			8	1		6		
		1				3		
1						9		
			4	3				
7								
				2				
			3				5	

HARD #262

							8	
3								6
								9
			3	2				
		1		9		6		8
				8		3		
	7				5			
						8		
	6		7			1		

HARD #263

					2			
4			5	2	6	1		8
		1		7				2
		7	1			2		
				4				
2						4	6	
	7					6		
	5							9

HARD #264

	3			4				
					7	4		
		6						
			1				9	5
			4			2		
				7		9	5	
	6							
9								4
				2	1		7	

Solutions on Page 207

HARD #265

6			1	5		7		9
				8				
9			3					
3			2		6		7	
4	6			1	2			
						5		
	1						2	7

HARD #266

	1		2		6		9	5
	9							
	5					8		
							4	2
			5					
	3				1			
4	2	1			9			
3								
				6	5			

HARD #267

8				6		1		
		1			7	3		
						4		
				1				
9				8				
1	2			7				5
	4	2						
	8			3		2		
6					5			

HARD #268

2	7				8	3		
			5	8				
	6						7	
	1							
			3		2			
	5		2				8	
			4					
		8		2		9		3
						8		

HARD #269

		2	1					
	5	3						2
4		8					2	
	7						8	
		4			6	2	5	
	8						7	1
							6	
2			6		8			

HARD #270

	6	4					7	
		5		7				
						6		
	3	1						
					6		8	
			2	1			4	
		8						
	2			9				4
			7	4				

Solutions on Page 208

HARD #271

		5		3		9		
				6				
	7		2		1			
8		7	9				4	
			8					
	6		1	8				3
				1	5		9	
			7	4				1

HARD #272

				6				
	2					7		
		7						
				1	5	4		
2		6			7			
		1			8			2
								4
	4						6	
						1	9	

HARD #273

				3				
	3					7		
							2	
	1		8	7				
					5	1		
					4			
3	4						5	
	6					4	3	9
	7						1	

HARD #274

8	1							
		3						
			3			7		
1				4				
		1	7	3				
	2		9			3		
		4		8			5	
	6			1			2	7

HARD #275

3							1	
		4	2		6			
	3		4					7
							5	2
	4		9					
	9							
	6			8				
				5	3	4		

HARD #276

9			5					
		5				3	1	
3	4						8	
			2					
		1						
2		9						
						4		
				3	4			
		2	1		7	6	5	

Solutions on Page 208

HARD #277

						2	7	
							3	
						7	4	6
			6					
5					8	9	2	
3								
	3					1		4
	4		9	3				

HARD #278

9			7				3	8
		6						
		4				8	1	
			6		2			
		3						5
					3			
8						1		
4			8			9		
					7			6

HARD #279

	9		4			3	6	
	1		6				3	
8			5					
	7							2
6								
			1			9	5	
1								6
3						5		1

HARD #280

	1				4		2	5
		7	3				4	
	7					4		3
	4	5	8	1				
		6						
	2	1		6			7	8
				8				

HARD #281

			7				2	
			4				3	6
9	4		6					
						1	7	8
8								
				9				3
		6		7			8	
	5	9			7			
	7						4	

HARD #282

		6						
					6			3
						7		
			2		4		7	
4						3	9	
					3			
2	7			8				6
	3	2						
							5	

Solutions on Page 208

HARD #283

				8				
2			3		1		8	
						1		3
	3			5				
							6	
		7				4		
			8		9		1	
	1				6			
	5				3			7

HARD #284

2	7				6			
			5			6		
	3	9		8				
		3						7
		1		3	2	5		
				5	1		6	
						9		5
5	2		6					4

HARD #285

2								
3		4						
						1		4
9								
	7						4	
4	5	8				7		
7				8		5		9
8				7	9		1	
			9			2		

HARD #286

	5	4						
				6			8	
				9		6	4	
		5	2					
	4		6		3		2	
6						8		
				3		7		
	3				9			
	8	6	9		1			

HARD #287

5	7				2		1	
	6			5				
					3		5	2
					9			6
								1
		4			1			
			9			8	6	7
				3				

HARD #288

		5					8	
9						7		
				1				
5		9	4					2
	3			7				
7		4						
	2	8		3				
						6	5	

HARD #289

								2
			2		9	3		
7								
			1					
9			3	6				
4	6	3	9		8			
6	4							
2		7			4			

HARD #290

1	6	8			5			
	8					6		
		3			1			
	2					5		
2								
	7		8	5	2			
			4		8			5
				4			9	1

HARD #291

				2		8	9	
						4		6
					8			5
1		6						
						3		2
	4	2						8
2							6	
		3						
	6		8	3				

HARD #292

5	2		6			9	8	
			8			3		
			3			6		
1			9		4			
			7		9			
				3			1	
		5	1				7	2
								9

HARD #293

	2						3	
7								9
				3				
		6		8				1
	3	4		6				8
9								2
					4			
		8	3					
4					9	8		

HARD #294

1		7	6	4				
			1					
			8				2	
		4	3					8
8		6						
2	4							
	9	1					7	6
					5	2		

Solutions on Page 209

HARD #295

								2
	7	2						
1			2				7	
					8			4
		3						5
		4	8	1	5			
9								
		9						
						4		

HARD #296

				9		5		
						1	4	8
							7	2
				5	9	3		4
			5					
8		3					2	
5			4	8				9

HARD #297

3							2	
	4		5					8
					2	1		
								9
		4				2		
			1					
	2	7		6				5
6								
7					8			

HARD #298

			1					3
	8							5
					9		7	6
4	7		3		2			
	5							
			7			8		
	6			3				
		1	2	6			8	
					3		6	

HARD #299

6	1		7			4		
5		4		8		6		
	7							
			8	1				
		3					1	
					3			
				6			9	
3		8			4			
		5						

HARD #300

2	7						3	
				5				
6								1
9	1							
		2				6		
8		5						
	2				3	4		
			7					2
		4	1			3		

Solutions on Page 209

HARD #301

	1		3				6	8
							5	1
				7				
2		4		5				
					1			
		5					3	6
	3		9					7
7	4							
5		3		9	8		7	

HARD #302

			5	3	7			
		7	6			1		
	2	4						
	8							5
				1				
				7				6
				6				
8			1				3	
						9		1

HARD #303

		1		2		8		
		6		3			4	
								3
	6		9		7			
	8		7					1
2								
		9						
5		4						

HARD #304

		5						2
	1			6		2		
	7			2				1
9	3			8				
					6			8
					1			
	2	9						3
		3				1		

HARD #305

			4	1	6		9	
		6						7
						6		8
					4			
2	5							
			7					
			9					
			6			4	3	1
6	4		5		8			

HARD #306

				6				4
					9			1
7								
	1							
6		4			2		1	
		5		8				
	8			7	6	9	3	
						3		

Solutions on Page 209

HARD #307

							7	
2							6	
	8	9			1		5	
3	1						8	
			3			4		
				1	5			
						7		9
		2						

HARD #308

	1		6	5				
9							7	
5				3	8	6		
		1			3			5
			2					
			3					
8	5		4		6			
								3
2						8		

HARD #309

		8	9			7		1
1	6							
	7		5		1	3		
						4		
				5		9		8
								2
					7			
6								
		9		3	2			

HARD #310

2	7					9		
	1				4			
						4	2	
					1			
		1						
							9	
	4				2	7		8
	8	5	9			6		
1					6			

HARD #311

	3	5			8	9		
	7					1		
				5				6
					9			
	6							
5					1			3
	1			9			2	
		6			3			1

HARD #312

								4
	3		4				6	
						8		7
				4				9
2	6				1			
								2
		4		2			5	
		7			9			
5	1							

Solutions on Page 209

HARD #313

4		7	3	1	8			9
								3
9			8					
	9					2		
	2		1					
								5
		1	5			7		2
5				7			3	

HARD #314

					3		7	
	8						5	
					8			
4						9		3
						3	4	
	9			1			2	
						4	8	
		8	7		9			
	5							

HARD #315

								1
9					6			
6			1				5	
		9		7				
3	7				8	6		
			6					2
					3			
7								6

HARD #316

			4					
				7		2	8	
				5				3
				1				
							3	
	8		6			4		5
5	6				2	7		
							1	

HARD #317

		5	1	7				
		7				4	1	
		2					7	
			9	8	6			
6	8							
			7				5	
3		8						6
7						2		

HARD #318

	8	5	2					
				4		7		2
		6	4				3	
				1				
4		2						
					6			8
			5					
		1			5			
	4					2	8	

Solutions on Page 210

HARD #319

				2				
5	6		9				1	
			8	7	3			
8				5				7
	8			6				
3			4					
				3				
				1				
	3							5

HARD #320

	1					8		9
		7	2			3		6
5	6				3			
				8			1	
			4			7		
					4	1	2	
	5		9					

HARD #321

				7				
	8						1	4
1	3							
2		8			3		4	9
							5	
	1	7				8		
		1		6	2			

HARD #322

	1	9				3		
	7	4						
				4	6	9		5
8								
7			2	8		4	9	
						5		
				6	2		4	3
	2			7	4			

HARD #323

	5					7	4	
	7							
	1	2						
					9		8	
6		5		3			2	
					2	1	3	
3	2				4			
			3	1				6

HARD #324

5		1						
		4				6	1	
8							6	
2					4	9	7	
4			6					
			8	9				
	6							
			5		3	2		

Solutions on Page 210

HARD #325

	3	5						
				7				3
	7			8				9
				6			2	5
							8	
			1					
9						8		
3					7	4		
	5	6			3			

HARD #326

								2
				5				7
					6			
	7			2				
3		2			7			8
	6		2			5		
4			8					
7					8		2	9

HARD #327

		1					7	
4	5						9	
	3	9	2					
			5	9	6			
	4	3			7			
	7							
6				7				
	9			6				
		2					4	

HARD #328

								6
				7		4		
	3							2
	4			8				9
6		3			1		4	
4						9		
		5		2				
	7						2	

HARD #329

		4	9					
2				5				
					9	8	5	
8		2			6			
	3						2	
	1	5	2	9				
7						6		
3			6					
			5					

HARD #330

				8				
1					3		2	
	2		7			4	1	9
		4	6					
		7	4					
			9					
3	7					5	4	
			2	5		3		

Solutions on Page 210

HARD #331

	8	3			4			
				4	5	9		
				2	8	1	3	5
		6					1	
1								9
2							7	1
							4	

HARD #332

8				7	2		9	
			5		7			3
6				5	1			
			1					
		8	9					
						7		1
		7			8			
				2	3			

HARD #333

			5	7			9	
7		9						
6					8			
	9	8						
4		1	9			5		
1								
				4	2	7		
		4						
2		6						5

HARD #334

5	8	4					9	
			1					
			7			5		
					6			
8					9		3	
	2			5		8		
		1					6	
		7	8		4			1

HARD #335

	1	8			9		6	
		3						
6								9
		7	4				1	
						4		
5								6
	2						7	
	3	5		8				
					5			

HARD #336

7	2							8
						8		6
	7				9		5	
5		2				9		
	4			2	8			5
			6	9				7
		3				7		4

Solutions on Page 210

HARD #337

					7		3	5
	3	1					4	
		2	4	5				
			8	6	3			9
	2		5					
				3				
		8				6		

HARD #338

					7	9	5	
		2	9					
		5	3					7
	1				6	3		
							4	
	7		1	9				
		9			3	4		

HARD #339

3					4			6
			7					
			2	6				
			4			8		
					1		5	
	3					4		5
			6		9			
				2				
8			5			6		

HARD #340

	9				7			
						9		4
				2	4			
						1		9
	6	9						
	7							
4			5	7		3		
2							1	
	1	2		5	9			

HARD #341

	2		3			7	8	
				9				
			4					3
6		4		2		3		8
						1	7	
		1						
9								6
			5					
		8						

HARD #342

	3		2	4				
	5		9					7
	4							
2						4		
9	6				2			1
				6				
	1	3						4
				1	3			

Solutions on Page 211

HARD #343

7								
	2				5	1		
	8					4		
	3		9		7			
9				7				
		9			1	8		2
	4							
		6						

HARD #344

					9			
							2	3
					4	3		7
1					5		8	
	6							1
4	5	9	6	2				
		3		5	7	2		

HARD #345

		7				4	2	9
2	5				3		1	
4				7				
8								5
6		8	2				7	
5		9				2		
							9	
				4				

HARD #346

6	5			4				
			7			6		
	7						4	
				1				
			2	8	1			
								9
		3						
			9			5		1

HARD #347

	9		4				5	
		2	5					8
	3	7		5				
	5		7			6		3
				7		2		5
			2		4			
					9			
		8	9			3		
				9				

HARD #348

1	5		2					8
	8			2				
							9	
9				8				3
						6		1
		6						
	6	5	4	3				
				5				

Solutions on Page 211

HARD #349

		8	4	3	6			
			3					
4		3		7		2		
		1	5				3	
					9		8	
					7	6	9	5
	6							3
						1		

HARD #350

	4						3	
			3					
5								
	8			9				7
		9			5		2	3
				1				
			1				6	4
	6	1				5		

HARD #351

3								9
2	1			8		3	6	
4		1						
		3				4		
						2		
			3					
8	5						9	
				6		8	1	3

HARD #352

					5			
8	4	9						
			3				8	
						4		8
	3		1	2				
	7				2		3	
			6			2		
		4		5		8		1

HARD #353

			9					
	8	7	6					
				3			6	8
							9	
	4					3	1	2
1			5		4			
	6							
				2			5	
	3			9		4		

HARD #354

		6					5	9
7	6							3
2							7	
	8							
							3	
9			4		7			1
			2		3	7	9	

Solutions on Page 211

HARD #355

		2	8			9	3	
							2	
			6				5	
		3	4					
				3				6
			9		8		4	
				1			6	
2						1		
4		5		8			9	

HARD #356

	5		8		6			
					3			7
			4			9		
			9					
9	1				4	5	2	6
2								
		2						
			3		2			
		3				1	8	4

HARD #357

				8	2	6	1	
7								
		8				9		
1			7		9			
	5							
		5			4	7		2
							4	
9						5		
5					7			

HARD #358

		7		2	5	3		8
			9			7		
3		6						
			7				8	6
			8				5	4
				3				
			6	8	7			3

HARD #359

	7		6					9
							5	
								4
	2					1		3
					5	9		
3			5	6		7		8
	1							6
		4			9			

HARD #360

6								
			6	2		3		
2				3				
	7		4					
5		1		6		8		
4								
	6				3			
						6		
				1		2		7

HARD #361

						1	8	3
		1			6	2		
		3	9			8		
	9				1			
					2	5		
		8		3				1
4						7		2
				2		9		5
	1		6					

HARD #362

		7		2		6		
		1	3	7				
	1		5					
			8			2		
				9				
2		6		1				
					5		7	1
5	4				9			
						9		

HARD #363

							4	
				3			5	
3					8			
			4					
	1			7			8	3
								7
1				2	7			
9							1	
					5			

HARD #364

				8	9			
						3	6	
				6				9
							1	
8		6		1	3		4	7
		5						6
4						8		1
	9							
			2	5				

HARD #365

	6					1		
					1	6	5	
3				6	4			
4							2	
9								6
	8			2				
	4					8		
6		3						
	1				7			

HARD #366

	9	8				3		5
						5		
						2		
		3						
			9	4				
	8				5			3
				1				
5			7					
	2		4					

Solutions on Page 212

HARD #367

9		2						
							1	
			5					8
	6							
			4	6		5	9	
				2	3			
					9			
	8	2				4		6
	5						6	

HARD #368

2					4			
						8	5	7
		5		8				1
	9					7		2
8								5
					1	4	7	
				9				8
	5		4				3	
						2		

HARD #369

	6						3	
		1	8	3		9		7
								8
			4	5				
3					9			
					4		5	
1								
	2				7			
								9

HARD #370

					8			
			6	8				5
2							1	
3		5		4				2
9				5				7
	2			1				
		9						
	7		4	2				
	1				7		8	

HARD #371

							1	
						5		
			9		8	4		
		5		8			2	
		8	5		6			2
	4						3	
								4
	2					9		6
8							7	

HARD #372

		7					6	
3	5							
	2				4			
	1	3	6				9	
				9	2			
	4			3				
2					9		7	
	3							
							4	

Solutions on Page 212

HARD #373

1							6	9
		7		5			1	
	4				6			
								3
		2	9				7	
4	6							
	7	3	5			2		

HARD #374

			3	1				
					6		3	
7				8				
				9				4
6							5	
	5			3	2			
			8			6		
2						9		
	2	7			5			

HARD #375

6		5						
					1	6		3
			8	5				
							4	
	7		6			8		
		2				7		
7		1			5			
					6			2
			5					6

HARD #376

				7	8		9	
8	4							3
			1					4
		2						
			9			4		5
							1	
							3	1
3				4			6	
6		9	8		5			

HARD #377

5								
					2			
				4				
	6				7	8	1	
			9		5	1	2	
			2	9				
					8			
1				2				
	9		6					8

HARD #378

		8			1			
		7						3
1	8			9	4		7	
4			7				6	
2	9	6						
	4							
	5						8	
				6			1	8

Solutions on Page 212

HARD #379

		1	4	7				
	3				2			5
			8	6				
9								
							2	
	4		2	8	7	5		
		3	1		5		4	
								4

HARD #380

				6		5		
		6						
1			5					
		2		4		9		
	9							
	7			5				
					4		5	
	6	3					8	2
								4

HARD #381

						9		
			6	5				
7					2	8		
			2				9	1
9		1			7			2
1								4
	2		8			7		

HARD #382

								2
	7		6	5				
				8				
6								
	9					2		1
3	1							
	2	3					6	9
					7	5		
			7	1	9			

HARD #383

			2			7		
1	9					3		
	5		3		6	8		
				1			4	
5		7		8				
		3						
		9			3			
		6			8			
					1		7	

HARD #384

	4							
				5		8	7	
7			8					
					2	3	9	
		9	4				3	
								8
				9			1	5
2								
		7	1					

Solutions on Page 212

HARD #385

9	4			5			7	
						3		
					9			
		6						
4	9					6		
2								
6			9				2	3
					7	8		5
7		2						

HARD #386

1		7		9				
								5
					6		7	
		4					3	
		6				4		
9	3				4			2
			2					6
			4		8			
						1		9

HARD #387

			9	6			8	
				1	8	4	9	
	7							
	3					8	6	
1	8							3
				2	3			5
4		1		7				9

HARD #388

	2						1	
						7		
			1					
		4	2	6				3
					9	6		
						5	6	
						3		8
		7						
	4	6	3				8	

HARD #389

							1	
6								
				7			2	
		3						
			9		7		8	
		2		9			6	
5					4			
						9		8
8				6		5	3	1

HARD #390

1	3							
9	2			8				7
		7						
					1			
	1	4		3				
						7	4	
2		1						
5		6	4		9			

Solutions on Page 213

HARD #391

		4		2		9	3	
	2			3				5
		7			9			
								1
						4		6
				9		2		
		8	5			1		
						5	2	7
				7				

HARD #392

6	5							
		8	7					
					4			
7			6	2				
	3	1			9		2	
8		3		4		6		
				9				
					1	4		
5				6				9

HARD #393

	1	8						
	2				5			
			5	7		4	6	
8					9		1	
						9		
			1	3				2
		4	3	5			9	
	4							

HARD #394

				3				
	4				8		6	
	3							5
2			5					
		3			5		1	
	1	5		9			4	
					1			
1	5			2				

HARD #395

6					8	5		
				5				
3	9						2	
4	8							
		7						
			6		5			8
	7					2		
		8		2		7		5

HARD #396

	4	9	3		7			
		1	8	9			6	
					2		7	
	7		4					
9							3	
1				6			2	
				4				
		2						
							9	

Solutions on Page 213

HARD #397

				6			2	
8	4			2				
	3							
6				1				5
	8	2			7			
			9					
		6		7		2		
	7							

HARD #398

4		9	5	8		1	6	
								1
1	9			5		2		
					2			7
			8					
		7					3	
					3			
	4				5			

HARD #399

					4			7
4		3			7			
	1		7					
	3		1		2			
		2					8	
					6	4		
	2				8			
	4	5						
6								

HARD #400

	4	6	9					3
		7			1	5		
	3	8					2	
4	7					2		
			8		6			
			2	7		8		
					5	6	8	

HARD #401

	5			9		2		1
7	8				3			
						5		3
	3			2		7		
1		5						
		6			4	3		
		8	9		5	1		
8				3				
					1			

HARD #402

				1			2	
				8				
	8							
		9				5		
							8	
				6				7
	6	4					7	
2		5					1	
4		1			5			

Solutions on Page 213

HARD #403

1			8			5		
	8							
	9	7				6		
	3			4				
								2
			6		9			1
7		4			6	3		9

HARD #404

						7		4
		1						5
		8	7		3		2	
			1				9	
1	3					2		8
						8		
8		6	2	7		3		
	9			3				

HARD #405

			3		1	4		
					5		3	
8	7					2		
	3	1						
						3		
	5		2			7	9	
3								
	6	9						3

HARD #406

								3
		8			9	6	7	
			7			2		5
5	9							
			4		6			
		3						
7						9		
9								

HARD #407

6	3							1
					5			
		2		8	7			
3	8			2				
			9		2			6
9		4	7					
	7				1			

HARD #408

				3				1
9					4			
2		1		8				
					7			2
				9				5
		8	4	7				
								8
		9	3				8	
	5			6				

Solutions on Page 213

EASY #1

3	6	1	2	4	5	8	7	9
5	7	9	4	8	3	6	2	1
8	2	5	1	9	6	7	3	4
7	4	6	3	1	2	9	8	5
1	9	3	7	6	8	5	4	2
2	8	4	9	5	7	1	6	3
6	5	2	8	3	1	4	9	7
9	3	8	5	7	4	2	1	6
4	1	7	6	2	9	3	5	8

EASY #2

4	5	3	8	2	1	9	7	6
1	2	7	6	9	8	3	4	5
9	6	8	3	7	4	5	1	2
7	9	2	1	5	6	4	3	8
6	3	5	2	1	7	8	9	4
8	1	4	5	3	9	2	6	7
3	8	9	4	6	2	7	5	1
5	4	6	7	8	3	1	2	9
2	7	1	9	4	5	6	8	3

EASY #3

1	3	9	2	6	4	8	5	7
6	2	7	3	1	8	5	9	4
5	4	8	9	7	3	1	2	6
7	8	1	6	4	5	9	3	2
2	6	5	7	9	1	4	8	3
4	9	3	8	5	2	6	7	1
9	1	6	5	2	7	3	4	8
3	5	2	4	8	6	7	1	9
8	7	4	1	3	9	2	6	5

EASY #4

8	7	2	9	4	6	5	1	3
5	3	8	1	7	2	6	9	4
2	6	1	5	3	7	8	4	9
4	1	9	3	5	8	7	2	6
3	9	4	8	6	1	2	5	7
7	8	5	6	9	4	1	3	2
6	2	7	4	1	3	9	8	5
9	4	6	2	8	5	3	7	1
1	5	3	7	2	9	4	6	8

EASY #5

5	2	1	6	9	8	3	7	4
1	6	4	7	3	5	2	8	9
8	7	2	4	6	3	9	5	1
9	4	3	5	7	2	8	1	6
3	1	9	8	5	6	4	2	7
2	8	7	9	1	4	5	6	3
4	5	6	3	8	7	1	9	2
7	9	5	2	4	1	6	3	8
6	3	8	1	2	9	7	4	5

EASY #6

7	3	9	5	6	1	8	4	2
5	2	4	8	9	6	7	3	1
1	6	7	4	5	2	3	9	8
8	9	3	2	1	4	6	7	5
3	4	1	9	2	7	5	8	6
6	5	8	7	4	9	2	1	3
4	8	2	1	3	5	9	6	7
2	1	6	3	7	8	4	5	9
9	7	5	6	8	3	1	2	4

EASY #7

9	1	6	8	3	5	7	4	2
7	6	2	5	4	3	8	9	1
4	3	8	9	7	2	5	1	6
2	9	5	1	8	7	6	3	4
6	7	4	3	5	1	9	2	8
3	5	1	2	6	8	4	7	9
8	2	9	6	1	4	3	5	7
1	4	3	7	9	6	2	8	5
5	8	7	4	2	9	1	6	3

EASY #8

4	8	2	3	7	1	6	9	5
5	9	7	4	1	3	2	8	6
8	3	6	5	9	2	1	7	4
1	2	4	8	6	7	9	5	3
3	6	5	2	4	9	8	1	7
9	1	3	7	5	8	4	6	2
7	4	9	6	8	5	3	2	1
2	7	8	1	3	6	5	4	9
6	5	1	9	2	4	7	3	8

EASY #9

9	2	8	1	7	5	4	6	3
2	7	4	9	6	3	1	5	8
6	1	5	3	8	4	9	2	7
7	4	2	6	1	9	3	8	5
1	8	9	5	4	6	7	3	2
4	3	7	2	5	1	8	9	6
5	6	3	8	9	7	2	1	4
3	5	1	4	2	8	6	7	9
8	9	6	7	3	2	5	4	1

EASY #10

6	7	9	4	3	8	2	1	5
1	6	3	2	5	9	8	7	4
8	3	4	1	7	2	5	6	9
4	8	5	7	9	6	1	3	2
9	2	6	5	1	3	4	8	7
5	4	1	9	8	7	3	2	6
3	9	8	6	2	4	7	5	1
2	1	7	3	6	5	9	4	8
7	5	2	8	4	1	6	9	3

EASY #11

1	6	9	8	2	3	5	7	4
4	8	7	5	3	2	9	6	1
9	7	5	2	1	8	3	4	6
6	3	8	9	7	4	1	5	2
8	2	3	4	6	9	7	1	5
7	4	2	1	5	6	8	9	3
5	9	6	3	4	1	2	8	7
2	5	1	6	9	7	4	3	8
3	1	4	7	8	5	6	2	9

EASY #12

6	4	1	8	3	2	7	9	5
7	9	2	1	8	6	3	5	4
8	3	5	7	4	1	9	2	6
2	5	7	3	6	9	4	1	8
9	8	6	2	1	4	5	7	3
3	1	9	4	2	5	6	8	7
4	6	8	9	5	7	2	3	1
5	7	3	6	9	8	1	4	2
1	2	4	5	7	3	8	6	9

EASY #13

4	8	2	3	9	6	1	7	5
5	1	3	7	8	9	6	4	2
7	6	4	2	5	8	3	1	9
9	3	7	4	6	5	2	8	1
6	9	5	8	1	3	7	2	4
1	2	6	5	3	4	8	9	7
8	7	1	9	4	2	5	3	6
2	4	8	6	7	1	9	5	3
3	5	9	1	2	7	4	6	8

EASY #14

9	8	5	7	6	1	3	4	2
5	7	8	1	4	3	2	9	6
1	6	9	3	2	4	7	5	8
4	2	3	8	9	6	5	7	1
2	3	7	5	1	8	9	6	4
3	9	6	4	8	7	1	2	5
6	4	1	2	7	5	8	3	9
8	5	2	6	3	9	4	1	7
7	1	4	9	5	2	6	8	3

EASY #15

8	7	2	4	1	6	3	5	9
6	4	5	1	7	8	9	3	2
9	8	3	6	5	2	1	7	4
2	5	1	3	4	9	6	8	7
1	6	9	7	2	3	5	4	8
7	3	4	8	9	5	2	1	6
3	1	8	2	6	7	4	9	5
4	9	6	5	8	1	7	2	3
5	2	7	9	3	4	8	6	1

EASY #16

7	9	6	8	2	1	3	5	4
1	5	3	4	7	8	2	6	9
3	8	9	5	1	6	4	2	7
6	4	2	7	3	5	1	9	8
2	3	1	9	8	4	6	7	5
8	7	4	2	9	3	5	1	6
9	6	8	3	5	2	7	4	1
5	1	7	6	4	9	8	3	2
4	2	5	1	6	7	9	8	3

EASY #17

3	9	4	6	1	5	7	8	2
2	3	6	8	5	4	1	7	9
6	2	8	7	4	3	5	9	1
8	7	3	1	2	9	4	6	5
9	1	7	5	8	2	6	3	4
5	4	1	9	6	8	3	2	7
1	8	2	4	3	7	9	5	6
4	5	9	3	7	6	2	1	8
7	6	5	2	9	1	8	4	3

EASY #18

5	8	9	3	1	4	7	2	6
4	1	7	2	6	5	8	9	3
8	9	2	6	7	3	5	1	4
6	3	1	7	4	9	2	8	5
2	5	4	8	9	6	3	7	1
7	4	6	5	8	1	9	3	2
9	2	5	1	3	7	6	4	8
3	7	8	4	5	2	1	6	9
1	6	3	9	2	8	4	5	7

EASY #19

6	7	3	9	1	8	5	2	4
3	1	7	4	8	9	2	6	5
9	4	1	5	6	2	7	3	8
5	2	8	6	9	3	4	1	7
4	6	5	2	3	7	9	8	1
2	3	4	8	5	1	6	7	9
7	8	2	1	4	5	3	9	6
1	5	9	3	7	6	8	4	2
8	9	6	7	2	4	1	5	3

EASY #20

9	2	8	5	6	4	3	7	1
5	7	3	6	1	2	9	4	8
7	3	1	4	9	8	5	2	6
4	6	2	9	7	5	1	8	3
8	4	7	1	3	9	6	5	2
1	5	9	2	8	3	7	6	4
3	8	5	7	2	6	4	1	9
6	9	4	8	5	1	2	3	7
2	1	6	3	4	7	8	9	5

EASY #21

9	7	1	3	5	2	8	4	6
2	3	4	5	9	7	6	8	1
6	4	5	1	7	8	2	3	9
8	1	9	6	2	3	4	5	7
4	5	2	9	6	1	3	7	8
7	8	6	2	4	5	1	9	3
5	6	3	8	1	9	7	2	4
3	9	7	4	8	6	5	1	2
1	2	8	7	3	4	9	6	5

EASY #22

1	3	7	6	9	4	2	5	8
2	6	4	9	3	5	8	1	7
5	8	6	7	1	2	4	9	3
4	5	2	3	8	1	7	6	9
8	2	1	5	4	3	9	7	6
6	7	9	2	5	8	3	4	1
9	1	8	4	6	7	5	3	2
7	4	3	1	2	9	6	8	5
3	9	5	8	7	6	1	2	4

EASY #23

1	4	2	8	5	9	7	6	3
5	9	7	3	6	1	8	2	4
3	6	9	4	1	7	5	8	2
6	8	1	9	2	5	4	3	7
7	2	8	1	4	3	6	5	9
4	3	6	2	7	8	9	1	5
2	5	4	7	8	6	3	9	1
8	1	3	5	9	4	2	7	6
9	7	5	6	3	2	1	4	8

EASY #24

5	6	8	9	1	2	4	7	3
9	3	6	2	4	7	1	8	5
1	8	3	7	9	5	2	4	6
3	7	5	1	2	4	8	6	9
6	4	2	8	5	1	9	3	7
4	9	1	3	7	6	5	2	8
8	2	7	5	3	9	6	1	4
2	5	4	6	8	3	7	9	1
7	1	9	4	6	8	3	5	2

EASY #25

2	6	9	4	1	3	8	5	7
9	3	8	7	2	5	4	6	1
8	4	5	6	7	1	3	9	2
5	8	7	1	3	6	2	4	9
4	2	6	9	5	8	1	7	3
3	7	4	2	8	9	5	1	6
7	1	3	8	6	4	9	2	5
1	9	2	5	4	7	6	3	8
6	5	1	3	9	2	7	8	4

EASY #26

3	9	6	2	4	7	8	5	1
5	8	7	1	3	2	9	4	6
2	7	3	6	1	5	4	8	9
6	1	9	3	2	8	5	7	4
8	5	4	7	6	1	3	9	2
1	4	8	5	9	6	7	2	3
9	3	1	8	5	4	2	6	7
7	6	2	4	8	9	1	3	5
4	2	5	9	7	3	6	1	8

EASY #27

9	8	6	7	2	4	3	1	5
5	9	1	6	3	8	4	2	7
1	4	3	8	5	6	2	7	9
6	7	2	5	4	9	1	8	3
3	2	5	9	7	1	6	4	8
8	3	4	2	9	5	7	6	1
7	6	8	4	1	3	5	9	2
4	1	7	3	8	2	9	5	6
2	5	9	1	6	7	8	3	4

EASY #28

1	7	8	9	6	2	5	4	3
3	6	7	1	4	5	2	8	9
2	5	4	3	9	1	7	6	8
4	3	1	8	2	9	6	5	7
8	9	5	6	7	4	3	1	2
9	1	3	5	8	7	4	2	6
7	4	6	2	3	8	1	9	5
6	8	2	4	5	3	9	7	1
5	2	9	7	1	6	8	3	4

EASY #29

2	7	6	5	1	3	4	8	9
4	3	9	8	6	1	7	2	5
1	2	7	9	5	6	8	3	4
5	8	4	2	3	9	1	7	6
7	6	5	4	2	8	9	1	3
8	9	3	1	4	7	5	6	2
9	4	8	6	7	2	3	5	1
3	1	2	7	9	5	6	4	8
6	5	1	3	8	4	2	9	7

EASY #30

9	3	6	2	8	5	1	4	7
5	9	1	7	3	8	4	2	6
2	6	4	1	5	3	7	8	9
4	1	7	8	2	9	6	5	3
3	8	5	6	9	7	2	1	4
8	5	3	4	6	2	9	7	1
7	2	9	3	1	4	8	6	5
1	7	8	5	4	6	3	9	2
6	4	2	9	7	1	5	3	8

EASY #31

9	2	6	8	5	7	1	4	3
5	1	8	2	3	9	4	6	7
2	8	3	6	4	5	7	9	1
6	4	7	3	9	1	5	8	2
1	3	9	5	6	2	8	7	4
3	9	5	4	7	8	2	1	6
8	7	4	1	2	6	9	3	5
7	6	2	9	1	4	3	5	8
4	5	1	7	8	3	6	2	9

EASY #32

9	2	6	7	3	8	4	1	5
6	4	8	5	7	3	1	2	9
2	9	5	8	4	7	6	3	1
1	5	3	4	9	6	8	7	2
3	7	4	1	2	9	5	8	6
7	8	1	9	5	4	2	6	3
8	6	2	3	1	5	9	4	7
5	1	7	6	8	2	3	9	4
4	3	9	2	6	1	7	5	8

EASY #33

7	3	1	4	9	6	5	2	8
5	2	4	8	6	7	3	1	9
9	8	6	5	3	2	1	7	4
2	4	5	7	1	8	9	6	3
6	1	9	2	7	3	4	8	5
1	9	3	6	2	4	8	5	7
3	7	8	1	5	9	6	4	2
8	6	2	9	4	5	7	3	1
4	5	7	3	8	1	2	9	6

EASY #34

2	1	9	7	8	5	3	6	4
7	3	6	1	9	4	8	5	2
3	2	4	8	5	6	7	1	9
4	8	5	6	7	2	9	3	1
1	9	8	5	4	3	2	7	6
9	7	3	2	6	1	4	8	5
5	6	2	9	3	7	1	4	8
6	4	1	3	2	8	5	9	7
8	5	7	4	1	9	6	2	3

EASY #35

1	8	4	7	3	6	9	2	5
2	3	9	1	5	8	7	4	6
5	9	6	2	4	3	1	8	7
6	4	7	3	2	9	8	5	1
7	5	1	8	6	2	4	9	3
3	1	5	4	8	7	2	6	9
8	7	2	6	9	1	5	3	4
9	6	8	5	7	4	3	1	2
4	2	3	9	1	5	6	7	8

EASY #36

5	1	6	4	3	8	9	7	2
8	6	9	2	7	3	4	1	5
9	7	5	1	8	2	6	3	4
3	4	2	8	1	5	7	6	9
2	8	1	5	6	9	3	4	7
6	9	3	7	4	1	5	2	8
4	3	7	9	5	6	2	8	1
7	5	8	6	2	4	1	9	3
1	2	4	3	9	7	8	5	6

EASY #37

7	3	9	1	5	8	6	2	4
8	1	4	2	7	6	3	5	9
1	8	2	5	6	4	9	3	7
3	4	6	9	2	7	5	1	8
5	9	7	8	4	3	2	6	1
2	6	5	4	1	9	8	7	3
9	5	3	6	8	1	7	4	2
6	7	1	3	9	2	4	8	5
4	2	8	7	3	5	1	9	6

EASY #38

4	5	3	9	7	2	1	6	8
6	1	5	3	8	9	2	4	7
8	2	6	4	9	3	5	7	1
5	9	8	7	1	6	4	2	3
7	4	1	2	6	8	3	9	5
3	7	2	5	4	1	9	8	6
1	3	9	6	2	7	8	5	4
2	6	4	8	3	5	7	1	9
9	8	7	1	5	4	6	3	2

EASY #39

2	3	5	7	8	6	1	4	9
9	4	6	2	5	1	7	3	8
1	8	3	9	4	5	6	7	2
7	9	8	3	1	4	2	6	5
5	6	7	1	2	9	3	8	4
3	7	2	4	9	8	5	1	6
8	2	1	5	6	3	4	9	7
4	5	9	6	3	7	8	2	1
6	1	4	8	7	2	9	5	3

EASY #40

3	9	1	4	8	7	2	5	6
1	7	2	6	5	8	3	4	9
8	3	4	5	7	1	9	6	2
9	4	7	3	2	6	1	8	5
2	5	6	8	9	3	7	1	4
5	6	8	2	1	9	4	7	3
7	1	3	9	6	4	5	2	8
4	8	5	1	3	2	6	9	7
6	2	9	7	4	5	8	3	1

EASY #41

6	3	9	8	4	7	5	2	1
9	8	3	1	7	2	6	4	5
1	7	5	2	9	6	8	3	4
5	4	2	9	8	1	7	6	3
2	9	1	7	6	4	3	5	8
3	6	4	5	2	8	1	7	9
8	5	6	4	3	9	2	1	7
7	1	8	6	5	3	4	9	2
4	2	7	3	1	5	9	8	6

EASY #42

1	3	9	7	2	5	4	8	6
8	5	6	2	9	4	7	3	1
2	6	1	3	5	8	9	4	7
4	7	5	8	1	3	6	9	2
6	9	2	4	8	7	5	1	3
9	4	3	5	7	6	1	2	8
5	8	7	1	3	9	2	6	4
3	2	4	9	6	1	8	7	5
7	1	8	6	4	2	3	5	9

EASY #43

7	4	6	3	1	9	5	2	8
5	9	8	2	6	4	7	1	3
1	7	3	9	8	5	6	4	2
4	3	5	7	2	1	8	9	6
9	1	2	6	5	7	3	8	4
6	8	1	4	9	3	2	7	5
2	5	4	8	7	6	9	3	1
8	6	7	1	3	2	4	5	9
3	2	9	5	4	8	1	6	7

EASY #44

6	2	7	1	4	5	8	3	9
7	8	2	3	6	1	4	9	5
1	4	8	9	5	6	3	2	7
4	9	6	5	3	2	1	7	8
3	6	9	8	1	7	5	4	2
9	5	4	7	2	3	6	8	1
5	1	3	2	8	9	7	6	4
8	7	5	6	9	4	2	1	3
2	3	1	4	7	8	9	5	6

EASY #45

5	7	3	2	1	9	4	8	6
4	8	6	9	3	2	7	5	1
6	5	1	8	7	3	9	2	4
3	4	2	7	9	6	5	1	8
2	3	7	1	4	5	8	6	9
7	2	9	6	5	8	1	4	3
9	6	4	5	8	1	3	7	2
8	1	5	3	6	4	2	9	7
1	9	8	4	2	7	6	3	5

EASY #46

9	1	8	2	4	7	6	5	3
6	3	4	5	1	9	8	2	7
7	5	2	3	6	1	4	9	8
1	8	9	7	5	2	3	6	4
2	7	3	6	9	8	5	4	1
8	4	5	9	2	3	1	7	6
4	2	7	8	3	6	9	1	5
5	9	6	1	8	4	7	3	2
3	6	1	4	7	5	2	8	9

EASY #47

4	5	2	9	1	3	7	8	6
7	3	6	1	8	9	2	5	4
5	8	7	6	4	1	3	2	9
2	4	3	5	7	6	1	9	8
9	6	1	8	3	2	5	4	7
8	2	9	7	5	4	6	1	3
3	1	8	4	2	7	9	6	5
6	7	5	2	9	8	4	3	1
1	9	4	3	6	5	8	7	2

EASY #48

1	4	7	8	5	9	2	3	6
5	3	6	9	1	4	7	2	8
2	6	8	1	4	5	3	9	7
7	2	1	6	9	3	8	5	4
9	8	3	5	2	7	6	4	1
6	9	2	4	7	8	5	1	3
8	1	9	7	3	2	4	6	5
4	7	5	3	6	1	9	8	2
3	5	4	2	8	6	1	7	9

EASY #49

8	6	1	7	3	4	9	2	5
9	4	2	5	8	7	6	3	1
6	9	3	2	5	1	7	8	4
3	5	7	1	4	8	2	6	9
2	8	6	4	9	5	3	1	7
4	7	5	3	1	6	8	9	2
7	1	8	9	2	3	4	5	6
5	3	9	6	7	2	1	4	8
1	2	4	8	6	9	5	7	3

EASY #50

4	8	1	7	9	3	2	5	6
2	7	4	1	3	6	5	9	8
3	5	2	8	6	9	7	1	4
6	9	8	4	5	7	1	2	3
9	6	3	2	7	1	4	8	5
1	3	7	9	8	5	6	4	2
7	2	6	5	1	4	8	3	9
5	4	9	6	2	8	3	7	1
8	1	5	3	4	2	9	6	7

EASY #51

8	1	9	6	2	7	3	5	4
4	5	1	7	9	6	2	8	3
9	7	3	5	4	1	6	2	8
1	6	5	3	8	9	4	7	2
5	4	8	9	3	2	7	6	1
2	8	7	4	1	5	9	3	6
6	3	2	1	7	8	5	4	9
7	9	4	2	6	3	8	1	5
3	2	6	8	5	4	1	9	7

EASY #52

5	4	9	2	8	7	6	3	1
3	8	1	4	5	2	9	6	7
6	7	2	9	3	4	1	5	8
2	6	5	7	9	1	3	8	4
7	9	4	3	2	5	8	1	6
8	5	6	1	4	3	2	7	9
1	3	8	6	7	9	4	2	5
9	1	3	5	6	8	7	4	2
4	2	7	8	1	6	5	9	3

EASY #53

3	4	6	5	7	1	8	9	2
9	8	5	3	2	6	1	7	4
2	6	9	7	1	5	4	8	3
8	1	7	9	4	3	2	6	5
4	5	3	1	6	7	9	2	8
7	2	8	6	5	4	3	1	9
1	3	2	4	8	9	7	5	6
6	9	1	2	3	8	5	4	7
5	7	4	8	9	2	6	3	1

EASY #54

9	8	6	4	3	2	5	1	7
5	1	4	3	2	7	6	9	8
2	6	5	7	1	9	8	3	4
4	3	1	2	5	8	7	6	9
7	2	3	8	9	6	4	5	1
1	9	7	6	8	4	3	2	5
3	5	8	9	7	1	2	4	6
8	4	9	5	6	3	1	7	2
6	7	2	1	4	5	9	8	3

EASY #55

6	5	2	1	4	8	7	3	9
7	3	8	2	6	1	4	9	5
8	1	5	6	7	3	9	2	4
2	9	3	5	1	7	8	4	6
3	4	6	9	5	2	1	7	8
5	8	1	7	9	4	2	6	3
4	2	9	8	3	5	6	1	7
1	6	7	4	8	9	3	5	2
9	7	4	3	2	6	5	8	1

EASY #56

3	6	7	2	8	1	4	5	9
2	1	5	3	9	4	7	8	6
8	9	4	5	6	2	1	7	3
6	4	3	9	1	8	5	2	7
7	8	2	1	3	9	6	4	5
9	7	6	8	4	5	3	1	2
5	3	1	4	7	6	2	9	8
1	2	8	6	5	7	9	3	4
4	5	9	7	2	3	8	6	1

EASY #57

2	8	7	4	5	6	3	1	9
8	6	1	5	3	9	2	7	4
3	9	2	7	6	4	1	8	5
1	7	9	3	4	2	8	5	6
5	4	8	9	2	7	6	3	1
6	1	5	2	9	8	7	4	3
7	3	4	6	8	1	5	9	2
9	5	6	1	7	3	4	2	8
4	2	3	8	1	5	9	6	7

EASY #58

4	1	7	6	9	8	5	3	2
3	6	2	9	5	4	8	1	7
5	2	9	7	1	3	6	4	8
6	9	3	8	2	7	4	5	1
8	4	5	1	7	9	2	6	3
7	8	4	3	6	5	1	2	9
1	5	8	4	3	2	7	9	6
9	7	6	2	4	1	3	8	5
2	3	1	5	8	6	9	7	4

EASY #59

8	9	2	1	3	5	4	7	6
3	6	4	7	1	9	5	8	2
7	8	6	2	5	4	1	9	3
6	3	1	4	9	8	2	5	7
4	5	9	3	7	6	8	2	1
2	1	8	5	6	7	9	3	4
1	7	5	9	2	3	6	4	8
5	2	7	8	4	1	3	6	9
9	4	3	6	8	2	7	1	5

EASY #60

9	5	1	2	7	3	4	8	6
3	4	8	6	2	5	7	1	9
2	1	3	5	9	7	8	6	4
5	3	9	4	1	2	6	7	8
6	8	7	1	3	4	2	9	5
4	7	5	9	8	6	1	2	3
7	9	6	8	4	1	5	3	2
8	6	2	7	5	9	3	4	1
1	2	4	3	6	8	9	5	7

EASY #61

5	6	2	7	8	3	4	9	1
1	9	7	4	3	8	5	6	2
9	4	3	8	6	2	1	5	7
2	8	4	5	1	9	3	7	6
6	5	1	9	2	4	7	8	3
7	3	5	1	4	6	8	2	9
3	7	8	6	9	1	2	4	5
8	2	9	3	5	7	6	1	4
4	1	6	2	7	5	9	3	8

EASY #62

1	8	2	9	6	7	5	3	4
7	5	6	4	1	9	2	8	3
5	2	3	8	7	4	1	9	6
3	6	9	1	4	5	8	7	2
4	9	5	7	3	1	6	2	8
8	4	1	6	9	2	3	5	7
6	7	8	2	5	3	9	4	1
2	3	7	5	8	6	4	1	9
9	1	4	3	2	8	7	6	5

EASY #63

5	8	2	3	4	9	7	1	6
9	6	1	4	7	2	3	5	8
7	3	6	5	1	8	9	4	2
4	1	8	9	3	7	6	2	5
6	2	4	7	5	1	8	9	3
8	7	5	2	9	6	4	3	1
1	5	3	6	8	4	2	7	9
3	9	7	8	2	5	1	6	4
2	4	9	1	6	3	5	8	7

EASY #64

3	8	1	9	4	6	5	7	2
9	2	4	8	6	5	7	3	1
2	9	5	3	1	7	8	6	4
6	3	7	1	8	4	9	2	5
4	6	8	5	2	3	1	9	7
7	1	3	4	5	2	6	8	9
8	5	2	7	9	1	3	4	6
5	4	9	6	7	8	2	1	3
1	7	6	2	3	9	4	5	8

EASY #65

3	1	8	4	2	5	9	6	7
4	5	7	9	3	6	8	1	2
8	6	9	1	7	2	3	4	5
2	9	4	8	5	7	6	3	1
1	2	6	3	4	8	5	7	9
5	7	3	6	9	4	1	2	8
9	4	1	7	8	3	2	5	6
7	8	2	5	6	1	4	9	3
6	3	5	2	1	9	7	8	4

EASY #66

7	3	2	9	6	8	1	5	4
4	8	1	5	2	9	6	7	3
5	6	3	8	1	7	4	9	2
6	5	9	4	8	3	7	2	1
2	7	6	1	9	5	3	4	8
8	1	7	6	4	2	5	3	9
1	2	5	7	3	4	9	8	6
3	9	4	2	7	6	8	1	5
9	4	8	3	5	1	2	6	7

EASY #67

3	8	7	9	6	5	2	4	1
6	7	4	2	9	1	3	8	5
1	5	3	4	2	9	6	7	8
4	6	2	1	8	7	5	3	9
2	9	8	5	1	3	4	6	7
5	3	1	7	4	2	8	9	6
8	1	5	6	7	4	9	2	3
9	2	6	3	5	8	7	1	4
7	4	9	8	3	6	1	5	2

EASY #68

2	7	9	4	1	6	8	5	3
9	3	8	1	4	5	6	7	2
8	6	3	7	5	2	9	4	1
4	1	6	5	2	3	7	9	8
5	8	2	9	7	1	4	3	6
3	9	1	6	8	7	5	2	4
6	5	4	2	3	9	1	8	7
1	4	7	3	9	8	2	6	5
7	2	5	8	6	4	3	1	9

EASY #69

2	6	9	1	5	3	7	8	4
7	1	5	2	4	6	9	3	8
3	4	8	9	6	1	5	7	2
6	8	7	3	2	5	1	4	9
5	9	3	6	8	4	2	1	7
9	7	4	5	1	8	6	2	3
8	2	1	4	7	9	3	6	5
4	5	6	7	3	2	8	9	1
1	3	2	8	9	7	4	5	6

EASY #70

7	3	9	5	8	1	4	2	6
8	4	5	3	7	6	2	1	9
6	1	3	2	9	8	5	7	4
4	9	7	1	2	3	6	5	8
2	5	1	7	6	4	8	9	3
1	6	8	9	4	2	7	3	5
9	2	6	4	5	7	3	8	1
5	8	2	6	3	9	1	4	7
3	7	4	8	1	5	9	6	2

EASY #71

2	3	7	1	4	5	8	6	9
8	4	5	2	6	9	1	3	7
5	6	9	7	8	3	4	2	1
7	9	4	3	1	6	2	5	8
3	1	8	6	2	7	9	4	5
1	8	3	5	9	2	6	7	4
4	7	2	9	5	1	3	8	6
9	5	6	8	3	4	7	1	2
6	2	1	4	7	8	5	9	3

EASY #72

3	2	1	8	7	9	4	5	6
4	1	9	6	8	3	5	7	2
9	5	3	4	2	7	8	6	1
5	6	8	3	4	2	9	1	7
8	9	7	1	3	4	6	2	5
2	7	6	5	1	8	3	9	4
7	4	2	9	6	5	1	8	3
1	3	5	2	9	6	7	4	8
6	8	4	7	5	1	2	3	9

EASY #73

3	1	7	5	2	9	6	8	4
8	4	6	7	5	2	3	9	1
1	8	9	6	3	4	5	7	2
4	2	3	8	6	7	9	1	5
2	5	1	9	8	3	7	4	6
7	3	4	1	9	6	2	5	8
9	6	5	4	7	8	1	2	3
6	9	8	2	1	5	4	3	7
5	7	2	3	4	1	8	6	9

EASY #74

7	2	9	5	1	8	4	3	6
3	6	8	1	2	4	7	5	9
1	4	5	9	6	2	3	7	8
9	1	6	8	3	7	5	2	4
4	8	3	2	7	5	6	9	1
2	3	7	6	4	9	1	8	5
8	9	1	4	5	3	2	6	7
6	5	2	7	9	1	8	4	3
5	7	4	3	8	6	9	1	2

EASY #75

1	2	6	9	5	7	3	4	8
6	4	9	3	8	1	2	5	7
8	5	7	4	2	3	9	6	1
3	1	8	6	4	2	5	7	9
7	8	3	2	9	6	4	1	5
2	7	1	5	6	9	8	3	4
5	9	4	7	3	8	1	2	6
4	6	2	8	1	5	7	9	3
9	3	5	1	7	4	6	8	2

EASY #76

7	9	5	4	2	3	8	6	1
6	8	9	2	5	1	4	7	3
2	3	1	7	8	9	5	4	6
4	6	3	5	1	7	2	8	9
8	1	4	3	9	6	7	2	5
3	7	6	1	4	2	9	5	8
9	5	2	8	6	4	3	1	7
1	2	8	9	7	5	6	3	4
5	4	7	6	3	8	1	9	2

EASY #77

5	3	4	1	7	6	2	8	9
9	8	5	6	2	7	1	3	4
7	1	6	3	9	8	4	5	2
2	4	9	8	3	1	6	7	5
8	2	1	7	4	5	3	9	6
3	5	7	2	6	9	8	4	1
4	6	8	9	5	2	7	1	3
6	7	3	5	1	4	9	2	8
1	9	2	4	8	3	5	6	7

EASY #78

6	7	3	2	5	9	4	8	1
7	4	5	8	1	6	2	9	3
3	8	1	9	6	2	7	4	5
5	2	9	4	7	8	3	1	6
4	5	2	1	8	3	9	6	7
2	6	4	3	9	1	5	7	8
1	9	7	6	3	4	8	5	2
8	3	6	5	4	7	1	2	9
9	1	8	7	2	5	6	3	4

EASY #79

3	1	8	2	9	4	7	6	5
9	6	4	5	7	3	8	1	2
7	4	5	3	8	6	9	2	1
5	3	7	1	6	9	2	8	4
1	9	6	4	2	8	5	3	7
2	8	1	9	3	7	4	5	6
6	5	9	8	4	2	1	7	3
8	7	2	6	1	5	3	4	9
4	2	3	7	5	1	6	9	8

EASY #80

1	8	5	6	3	4	2	7	9
4	3	6	2	9	5	7	8	1
7	1	4	9	6	2	8	3	5
3	6	7	5	8	1	4	9	2
5	9	2	7	4	8	6	1	3
2	5	1	4	7	9	3	6	8
8	7	3	1	5	6	9	2	4
6	4	9	8	2	3	1	5	7
9	2	8	3	1	7	5	4	6

EASY #81

9	8	5	7	6	4	1	3	2
3	1	4	2	5	7	9	6	8
5	6	1	3	4	9	8	2	7
8	7	3	1	9	6	2	5	4
4	9	8	6	1	2	3	7	5
2	5	7	4	8	3	6	1	9
7	2	9	5	3	1	4	8	6
1	4	6	8	2	5	7	9	3
6	3	2	9	7	8	5	4	1

EASY #82

7	6	1	9	5	8	3	4	2
2	8	5	4	3	1	7	9	6
5	2	3	7	4	9	6	8	1
6	3	9	1	7	2	4	5	8
8	4	6	5	2	7	1	3	9
4	9	7	2	6	3	8	1	5
1	7	2	3	8	5	9	6	4
9	5	8	6	1	4	2	7	3
3	1	4	8	9	6	5	2	7

EASY #83

2	9	7	5	3	1	6	8	4
6	5	9	3	1	4	8	2	7
8	1	3	4	2	5	9	7	6
1	4	8	7	6	2	3	5	9
5	7	2	9	4	6	1	3	8
3	2	1	6	9	8	7	4	5
7	6	4	8	5	9	2	1	3
4	3	6	1	8	7	5	9	2
9	8	5	2	7	3	4	6	1

EASY #84

5	1	9	8	7	3	6	4	2
2	6	7	4	3	8	1	9	5
4	5	2	3	6	9	7	1	8
1	8	3	9	5	2	4	6	7
7	9	6	1	8	5	3	2	4
9	7	4	6	2	1	5	8	3
6	3	5	2	1	4	8	7	9
3	2	8	7	4	6	9	5	1
8	4	1	5	9	7	2	3	6

EASY #85

8	3	7	6	4	1	2	9	5
2	5	9	8	3	7	6	4	1
9	6	5	2	1	4	7	8	3
1	8	3	5	6	9	4	7	2
4	2	8	1	7	3	9	5	6
7	1	2	9	8	5	3	6	4
5	9	6	4	2	8	1	3	7
3	4	1	7	5	6	8	2	9
6	7	4	3	9	2	5	1	8

EASY #86

5	2	4	1	7	6	3	9	8
9	3	8	4	5	2	1	6	7
7	8	6	9	4	5	2	1	3
2	1	3	6	9	8	7	4	5
6	4	1	3	2	7	5	8	9
8	7	9	5	1	4	6	3	2
1	9	5	7	6	3	8	2	4
4	5	2	8	3	1	9	7	6
3	6	7	2	8	9	4	5	1

EASY #87

3	9	4	1	7	2	8	6	5
7	1	6	8	2	4	5	3	9
2	5	8	6	4	9	3	1	7
8	2	3	5	9	6	7	4	1
4	7	5	9	3	1	6	2	8
9	6	1	3	8	5	2	7	4
1	3	7	4	6	8	9	5	2
6	4	9	2	5	7	1	8	3
5	8	2	7	1	3	4	9	6

EASY #88

3	1	6	2	8	7	9	5	4
5	9	8	4	7	2	6	3	1
4	8	2	6	1	5	3	9	7
7	2	3	9	6	8	4	1	5
2	3	5	7	9	6	1	4	8
6	4	9	8	2	1	5	7	3
8	6	4	1	5	3	7	2	9
9	7	1	5	3	4	8	6	2
1	5	7	3	4	9	2	8	6

EASY #89

5	3	6	2	8	9	7	4	1
7	4	9	1	6	5	3	2	8
9	8	4	6	7	2	5	1	3
3	2	5	8	1	7	4	6	9
4	1	8	7	5	6	9	3	2
6	7	3	9	2	8	1	5	4
1	5	2	4	9	3	8	7	6
2	9	1	5	3	4	6	8	7
8	6	7	3	4	1	2	9	5

EASY #90

5	9	4	2	8	7	1	6	3
6	3	9	7	5	1	4	2	8
3	5	8	1	6	4	2	7	9
2	8	1	9	7	3	6	4	5
9	1	3	6	4	2	5	8	7
7	4	6	8	2	5	3	9	1
1	6	5	4	9	8	7	3	2
4	7	2	3	1	9	8	5	6
8	2	7	5	3	6	9	1	4

EASY #91

6	3	4	9	5	1	8	2	7
1	7	2	4	3	9	6	8	5
8	5	9	3	2	7	1	6	4
2	1	5	6	9	4	7	3	8
9	4	6	2	1	8	5	7	3
7	8	3	1	6	5	9	4	2
3	9	1	7	8	2	4	5	6
5	6	7	8	4	3	2	9	1
4	2	8	5	7	6	3	1	9

EASY #92

5	9	1	2	7	3	8	4	6
8	2	3	4	6	5	1	9	7
7	6	2	1	4	8	9	5	3
3	7	5	8	1	6	4	2	9
6	4	8	7	2	9	3	1	5
9	1	6	5	3	4	7	8	2
4	8	9	3	5	7	2	6	1
2	3	4	6	9	1	5	7	8
1	5	7	9	8	2	6	3	4

EASY #93

3	7	2	6	1	9	4	8	5
9	4	1	8	6	3	2	5	7
2	8	6	3	9	7	5	1	4
7	1	5	4	2	8	6	9	3
5	2	9	7	3	6	1	4	8
1	5	4	9	7	2	8	3	6
8	6	3	5	4	1	7	2	9
6	9	8	1	5	4	3	7	2
4	3	7	2	8	5	9	6	1

EASY #94

7	2	8	9	3	1	6	5	4
4	5	6	2	9	3	8	7	1
5	3	7	1	4	8	9	6	2
1	6	2	7	8	9	3	4	5
8	9	4	3	5	7	2	1	6
2	7	5	8	6	4	1	3	9
9	4	1	6	2	5	7	8	3
6	1	3	5	7	2	4	9	8
3	8	9	4	1	6	5	2	7

EASY #95

8	1	7	6	4	5	9	2	3
4	3	6	5	2	9	7	1	8
7	5	9	2	8	1	3	6	4
2	9	3	8	7	6	4	5	1
1	8	2	7	9	3	6	4	5
3	4	5	1	6	7	2	8	9
5	6	4	9	1	2	8	3	7
6	7	1	4	3	8	5	9	2
9	2	8	3	5	4	1	7	6

EASY #96

2	1	6	5	9	7	8	3	4
9	3	4	6	7	1	5	8	2
8	5	7	1	4	2	6	9	3
5	2	3	9	8	6	4	7	1
1	6	9	3	2	8	7	4	5
7	4	5	8	3	9	1	2	6
3	7	2	4	6	5	9	1	8
4	8	1	7	5	3	2	6	9
6	9	8	2	1	4	3	5	7

EASY #97

8	6	3	9	4	5	1	2	7
4	1	8	7	3	6	2	9	5
3	2	5	4	7	9	6	1	8
5	7	2	8	6	1	3	4	9
9	3	7	5	1	2	4	8	6
1	8	9	6	2	7	5	3	4
6	9	4	1	5	3	8	7	2
2	4	6	3	9	8	7	5	1
7	5	1	2	8	4	9	6	3

EASY #98

1	9	7	2	5	6	8	4	3
6	7	4	5	9	8	1	3	2
5	8	2	3	6	4	7	1	9
9	4	3	1	8	2	5	6	7
3	6	1	4	2	7	9	5	8
8	5	9	7	3	1	4	2	6
2	1	5	9	7	3	6	8	4
7	2	8	6	4	5	3	9	1
4	3	6	8	1	9	2	7	5

EASY #99

7	1	6	9	5	3	8	2	4
9	2	3	1	8	4	6	7	5
8	6	7	5	4	2	3	1	9
3	5	4	7	9	6	1	8	2
5	4	9	2	1	8	7	3	6
4	7	2	3	6	1	5	9	8
1	9	5	8	2	7	4	6	3
6	3	8	4	7	9	2	5	1
2	8	1	6	3	5	9	4	7

EASY #100

8	2	1	7	5	6	3	4	9
9	5	3	4	7	8	2	1	6
6	1	9	3	4	2	5	8	7
2	8	7	6	9	1	4	5	3
5	7	6	2	3	4	8	9	1
4	3	8	5	1	9	7	6	2
7	4	5	9	6	3	1	2	8
3	6	2	1	8	5	9	7	4
1	9	4	8	2	7	6	3	5

EASY #101

8	3	6	7	4	5	1	9	2
9	1	5	4	2	8	6	7	3
6	7	9	8	1	2	3	5	4
5	2	1	3	8	7	9	4	6
2	4	8	1	6	9	5	3	7
1	5	7	9	3	4	2	6	8
4	8	3	6	5	1	7	2	9
3	9	4	2	7	6	8	1	5
7	6	2	5	9	3	4	8	1

EASY #102

3	9	1	8	7	6	2	4	5
4	7	6	9	1	3	5	8	2
8	5	3	6	2	1	4	9	7
6	1	7	2	4	9	8	5	3
5	4	2	3	6	8	9	7	1
2	8	9	7	5	4	3	1	6
1	6	5	4	8	2	7	3	9
9	2	4	5	3	7	1	6	8
7	3	8	1	9	5	6	2	4

EASY #103

5	2	8	9	6	4	1	7	3
8	7	5	2	1	3	4	6	9
1	9	4	3	7	2	6	5	8
9	5	7	6	3	1	8	2	4
3	6	2	7	4	8	5	9	1
6	8	1	4	5	9	7	3	2
2	3	6	1	8	5	9	4	7
7	4	3	8	9	6	2	1	5
4	1	9	5	2	7	3	8	6

EASY #104

7	1	5	8	6	3	9	4	2
3	2	7	1	9	4	5	6	8
6	3	1	4	8	2	7	9	5
2	6	8	9	7	5	1	3	4
8	9	4	6	5	1	3	2	7
4	5	9	2	3	8	6	7	1
1	7	3	5	4	6	2	8	9
9	4	2	3	1	7	8	5	6
5	8	6	7	2	9	4	1	3

EASY #105

8	2	3	7	1	6	9	4	5
5	1	9	4	6	3	2	8	7
9	5	6	8	4	1	7	3	2
2	6	1	3	7	4	5	9	8
4	8	7	5	2	9	3	1	6
1	9	4	2	8	5	6	7	3
6	7	2	1	3	8	4	5	9
7	3	8	9	5	2	1	6	4
3	4	5	6	9	7	8	2	1

EASY #106

3	6	9	4	5	2	8	1	7
4	7	8	5	9	3	1	2	6
2	8	1	9	3	7	6	4	5
9	3	2	7	6	5	4	8	1
6	5	4	1	7	8	2	3	9
8	9	3	6	2	1	7	5	4
5	1	7	2	8	4	9	6	3
7	4	5	8	1	6	3	9	2
1	2	6	3	4	9	5	7	8

EASY #107

6	9	2	1	7	8	3	5	4
7	2	5	3	4	9	6	1	8
1	3	4	8	5	6	2	7	9
4	1	7	6	2	3	9	8	5
9	8	3	4	1	5	7	2	6
5	6	8	7	9	2	1	4	3
8	7	1	9	6	4	5	3	2
3	5	9	2	8	1	4	6	7
2	4	6	5	3	7	8	9	1

EASY #108

1	6	3	8	7	5	4	2	9
6	5	9	1	4	2	7	8	3
9	8	2	7	3	1	6	5	4
5	4	7	2	9	3	8	1	6
2	9	6	3	8	7	5	4	1
4	2	1	9	5	6	3	7	8
8	7	4	6	1	9	2	3	5
3	1	5	4	2	8	9	6	7
7	3	8	5	6	4	1	9	2

EASY #109

9	6	8	1	2	7	4	3	5
4	7	3	5	9	1	2	8	6
1	2	6	4	3	8	5	7	9
5	8	7	9	4	6	1	2	3
2	5	1	6	8	9	3	4	7
3	9	5	7	6	4	8	1	2
7	3	2	8	1	5	9	6	4
8	4	9	2	7	3	6	5	1
6	1	4	3	5	2	7	9	8

EASY #110

1	9	5	2	8	4	6	7	3
4	6	8	3	7	2	1	5	9
8	2	4	9	6	1	5	3	7
3	1	7	5	4	9	2	8	6
6	7	9	8	3	5	4	1	2
5	3	2	1	9	8	7	6	4
9	8	1	6	2	7	3	4	5
7	5	3	4	1	6	9	2	8
2	4	6	7	5	3	8	9	1

EASY #111

3	2	4	5	9	1	7	8	6
6	7	9	8	5	3	2	1	4
1	8	6	2	7	4	3	5	9
5	4	3	7	2	6	8	9	1
4	9	8	1	3	2	5	6	7
2	1	7	6	4	8	9	3	5
9	5	2	3	1	7	6	4	8
8	3	5	4	6	9	1	7	2
7	6	1	9	8	5	4	2	3

EASY #112

1	8	9	4	7	5	2	6	3
7	2	3	5	6	1	8	9	4
2	4	7	6	9	8	5	3	1
8	9	6	2	4	7	3	1	5
5	1	8	3	2	6	9	4	7
3	6	5	9	1	4	7	8	2
6	7	2	1	3	9	4	5	8
9	5	4	7	8	3	1	2	6
4	3	1	8	5	2	6	7	9

EASY #113

7	9	4	2	3	8	6	5	1
4	2	7	9	1	5	3	8	6
1	3	8	6	5	9	4	7	2
6	8	3	5	7	1	2	4	9
3	5	6	8	2	7	1	9	4
2	7	1	4	9	6	5	3	8
8	4	5	1	6	3	9	2	7
5	6	9	7	4	2	8	1	3
9	1	2	3	8	4	7	6	5

EASY #114

5	4	7	6	9	2	1	8	3
2	1	8	3	7	6	5	9	4
3	2	9	8	1	7	4	6	5
1	5	6	4	2	9	8	3	7
9	6	3	5	4	1	7	2	8
7	8	5	1	6	3	2	4	9
8	9	2	7	3	4	6	5	1
4	3	1	2	8	5	9	7	6
6	7	4	9	5	8	3	1	2

EASY #115

8	1	3	6	2	7	5	9	4
5	7	4	9	6	2	1	3	8
3	2	1	7	5	6	8	4	9
4	8	2	5	9	1	6	7	3
6	9	8	1	3	4	7	2	5
7	4	6	8	1	3	9	5	2
2	5	7	4	8	9	3	6	1
1	3	9	2	7	5	4	8	6
9	6	5	3	4	8	2	1	7

EASY #116

8	5	2	3	7	1	9	6	4
2	4	6	5	1	9	7	3	8
3	7	9	6	8	4	2	5	1
1	6	5	7	4	2	3	8	9
5	9	4	8	3	6	1	2	7
4	8	7	1	2	5	6	9	3
9	3	1	2	6	7	8	4	5
6	1	8	4	9	3	5	7	2
7	2	3	9	5	8	4	1	6

EASY #117

6	3	4	5	9	8	2	7	1
1	7	9	2	6	3	5	8	4
7	5	8	4	2	6	1	3	9
3	9	7	1	4	5	8	6	2
4	8	1	6	5	9	7	2	3
8	2	5	9	7	4	3	1	6
2	1	6	3	8	7	4	9	5
5	6	3	7	1	2	9	4	8
9	4	2	8	3	1	6	5	7

EASY #118

2	1	3	6	7	9	4	5	8
4	2	1	9	6	7	5	8	3
8	5	6	1	2	3	7	9	4
3	9	7	8	5	4	1	2	6
7	6	2	5	4	8	9	3	1
9	3	5	7	8	1	6	4	2
1	8	4	2	9	5	3	6	7
5	7	8	4	3	6	2	1	9
6	4	9	3	1	2	8	7	5

EASY #119

4	9	8	3	6	7	2	1	5
5	8	3	9	4	2	1	6	7
1	2	9	4	5	6	7	3	8
3	7	6	8	2	1	5	4	9
6	4	2	7	8	3	9	5	1
9	3	4	1	7	5	8	2	6
8	5	7	2	1	4	6	9	3
2	1	5	6	9	8	3	7	4
7	6	1	5	3	9	4	8	2

EASY #120

5	4	1	8	3	7	6	2	9
1	9	3	2	4	5	8	7	6
8	6	4	7	9	2	3	5	1
7	2	6	1	5	4	9	8	3
9	5	8	3	6	1	7	4	2
6	7	9	4	8	3	2	1	5
3	1	2	5	7	9	4	6	8
4	8	5	9	2	6	1	3	7
2	3	7	6	1	8	5	9	4

EASY #121

1	4	3	8	5	7	9	2	6
7	2	6	9	1	5	3	8	4
2	5	1	3	4	9	6	7	8
6	8	7	4	9	3	1	5	2
8	9	5	7	6	2	4	3	1
9	3	4	1	2	8	5	6	7
3	1	2	5	7	6	8	4	9
5	7	9	6	8	4	2	1	3
4	6	8	2	3	1	7	9	5

EASY #122

6	4	1	8	7	3	5	2	9
8	5	7	2	1	4	6	9	3
1	2	5	6	3	9	4	8	7
7	9	2	4	5	6	1	3	8
3	8	9	7	6	5	2	4	1
9	6	8	3	4	2	7	1	5
2	3	4	1	8	7	9	5	6
5	7	3	9	2	1	8	6	4
4	1	6	5	9	8	3	7	2

EASY #123

7	8	9	3	2	4	1	6	5
6	3	2	1	4	9	5	7	8
2	6	7	4	5	1	8	9	3
4	5	8	2	1	7	9	3	6
8	9	1	5	3	6	2	4	7
3	2	6	9	7	8	4	5	1
5	1	4	7	9	3	6	8	2
9	7	5	8	6	2	3	1	4
1	4	3	6	8	5	7	2	9

EASY #124

7	5	1	4	6	2	8	3	9
8	1	4	9	2	7	6	5	3
9	2	6	3	5	1	7	4	8
4	9	3	2	7	8	5	1	6
6	7	8	1	3	4	9	2	5
1	3	5	8	4	9	2	6	7
3	4	7	6	8	5	1	9	2
2	8	9	5	1	6	3	7	4
5	6	2	7	9	3	4	8	1

EASY #125

9	4	6	3	5	1	2	7	8
8	7	2	1	4	6	3	9	5
3	5	7	9	8	4	1	6	2
1	6	3	2	7	8	9	5	4
2	9	8	5	6	7	4	3	1
6	8	4	7	2	9	5	1	3
7	3	5	6	1	2	8	4	9
4	1	9	8	3	5	7	2	6
5	2	1	4	9	3	6	8	7

EASY #126

1	8	2	3	4	7	6	9	5
3	5	1	2	8	6	4	7	9
4	7	6	9	1	2	5	3	8
7	9	4	8	6	5	3	2	1
9	3	5	4	2	1	8	6	7
8	4	7	5	3	9	2	1	6
6	2	8	1	7	4	9	5	3
2	1	9	6	5	3	7	8	4
5	6	3	7	9	8	1	4	2

EASY #127

3	8	6	9	1	4	5	2	7
7	9	1	2	5	3	4	8	6
5	6	4	8	7	2	1	9	3
9	1	2	6	3	5	8	7	4
2	4	8	7	6	9	3	1	5
4	3	5	1	8	7	9	6	2
6	7	3	5	9	8	2	4	1
8	5	7	4	2	1	6	3	9
1	2	9	3	4	6	7	5	8

EASY #128

1	2	6	3	9	7	8	4	5
4	7	3	5	1	8	9	6	2
6	8	9	1	7	4	5	2	3
2	5	4	7	6	1	3	8	9
9	4	5	8	3	2	6	1	7
7	6	8	2	5	9	1	3	4
5	1	7	6	2	3	4	9	8
8	3	1	9	4	5	2	7	6
3	9	2	4	8	6	7	5	1

EASY #129

1	5	6	8	9	3	7	4	2
8	2	4	6	1	5	9	7	3
9	7	3	4	2	8	1	6	5
4	9	2	5	7	1	6	3	8
3	8	1	7	5	6	2	9	4
7	1	8	3	4	9	5	2	6
2	6	5	9	3	7	4	8	1
5	3	7	2	6	4	8	1	9
6	4	9	1	8	2	3	5	7

EASY #130

8	1	9	5	3	7	2	6	4
5	8	4	6	9	3	7	1	2
6	4	2	9	7	1	5	3	8
2	9	3	4	5	8	6	7	1
7	3	1	2	8	5	9	4	6
1	2	5	8	6	4	3	9	7
9	7	6	3	4	2	1	8	5
3	5	8	7	1	6	4	2	9
4	6	7	1	2	9	8	5	3

EASY #131

6	9	7	1	3	5	8	4	2
9	4	8	2	5	6	3	7	1
4	5	1	7	2	3	9	6	8
7	3	2	9	4	8	6	1	5
1	8	5	6	7	4	2	9	3
8	6	3	4	9	1	5	2	7
5	2	6	3	1	7	4	8	9
2	7	4	5	8	9	1	3	6
3	1	9	8	6	2	7	5	4

EASY #132

5	8	1	4	7	9	3	6	2
2	9	6	3	8	4	5	7	1
8	3	2	1	5	7	6	4	9
9	7	4	6	1	5	2	3	8
6	1	7	9	3	2	4	8	5
4	5	3	2	6	8	9	1	7
1	4	5	7	2	6	8	9	3
7	6	8	5	9	3	1	2	4
3	2	9	8	4	1	7	5	6

EASY #133

9	5	8	3	1	4	6	7	2
6	7	4	8	9	2	5	1	3
4	2	3	1	7	5	8	6	9
3	1	6	7	4	9	2	8	5
5	8	9	2	6	7	4	3	1
2	6	5	9	3	1	7	4	8
8	3	7	5	2	6	1	9	4
7	9	1	4	5	8	3	2	6
1	4	2	6	8	3	9	5	7

EASY #134

5	7	4	3	1	2	9	8	6
6	9	2	8	3	5	7	1	4
1	3	6	9	8	7	4	5	2
8	4	9	2	7	6	5	3	1
7	5	1	6	9	8	2	4	3
2	1	7	5	6	4	3	9	8
3	2	5	1	4	9	8	6	7
4	6	8	7	5	3	1	2	9
9	8	3	4	2	1	6	7	5

EASY #135

7	8	6	2	4	1	9	3	5
1	9	7	5	8	2	4	6	3
6	3	2	7	5	4	1	8	9
3	2	1	6	7	9	5	4	8
5	4	9	8	3	7	6	1	2
8	1	4	3	9	6	2	5	7
4	6	5	9	2	8	3	7	1
9	7	3	1	6	5	8	2	4
2	5	8	4	1	3	7	9	6

EASY #136

1	8	9	4	6	7	5	2	3
3	2	4	7	9	8	1	5	6
4	1	5	6	7	9	2	3	8
2	9	1	3	8	5	6	7	4
7	6	3	8	5	2	4	9	1
5	3	7	2	4	1	8	6	9
6	5	8	9	2	4	3	1	7
8	7	2	1	3	6	9	4	5
9	4	6	5	1	3	7	8	2

EASY #137

2	5	8	7	1	6	9	4	3
8	7	5	6	4	3	2	1	9
1	3	2	9	7	8	5	6	4
9	4	1	3	6	5	7	2	8
4	6	7	8	9	2	3	5	1
6	1	4	5	3	7	8	9	2
3	8	9	2	5	4	1	7	6
7	2	6	1	8	9	4	3	5
5	9	3	4	2	1	6	8	7

EASY #138

4	2	9	8	7	6	3	1	5
2	8	1	6	3	5	4	7	9
6	1	5	7	4	8	9	2	3
9	3	7	5	2	4	1	6	8
7	5	3	4	9	1	2	8	6
1	6	4	3	5	7	8	9	2
3	7	8	9	1	2	6	5	4
5	4	6	2	8	9	7	3	1
8	9	2	1	6	3	5	4	7

EASY #139

6	2	4	3	9	8	7	5	1
5	7	1	4	6	3	2	8	9
8	9	7	2	5	6	3	1	4
1	3	5	8	2	4	9	7	6
9	1	8	5	7	2	4	6	3
3	6	2	9	1	7	5	4	8
7	4	3	6	8	5	1	9	2
4	5	6	1	3	9	8	2	7
2	8	9	7	4	1	6	3	5

EASY #140

6	4	1	8	7	9	5	3	2
7	3	5	2	9	1	4	6	8
9	2	8	5	6	7	1	4	3
3	8	4	7	5	6	9	2	1
2	1	9	3	4	5	8	7	6
5	6	7	1	2	4	3	8	9
1	7	6	4	3	8	2	9	5
4	5	3	9	8	2	6	1	7
8	9	2	6	1	3	7	5	4

EASY #141

9	8	2	4	3	7	6	1	5
5	7	6	1	9	3	4	8	2
2	4	9	7	8	6	1	5	3
7	3	5	6	1	8	2	9	4
1	9	8	2	5	4	7	3	6
3	6	4	5	2	1	9	7	8
4	5	3	9	7	2	8	6	1
6	1	7	8	4	5	3	2	9
8	2	1	3	6	9	5	4	7

EASY #142

8	1	5	6	7	4	3	9	2
2	7	4	8	6	1	9	3	5
1	5	6	3	9	8	7	2	4
4	2	7	9	3	6	5	1	8
9	6	1	5	8	7	2	4	3
3	4	8	7	1	2	6	5	9
6	9	2	4	5	3	8	7	1
5	8	3	1	2	9	4	6	7
7	3	9	2	4	5	1	8	6

EASY #143

9	8	3	1	2	4	7	6	5
6	2	4	7	8	3	5	9	1
5	1	2	9	3	7	8	4	6
2	9	1	4	6	8	3	5	7
7	4	5	3	1	6	9	2	8
3	6	8	5	9	1	2	7	4
4	7	6	8	5	9	1	3	2
1	5	9	6	7	2	4	8	3
8	3	7	2	4	5	6	1	9

EASY #144

2	8	9	6	5	1	7	3	4
4	5	7	9	2	3	8	6	1
7	1	6	2	3	4	9	8	5
3	6	4	8	1	7	5	2	9
9	4	5	1	6	8	2	7	3
5	7	2	3	9	6	4	1	8
1	3	8	4	7	5	6	9	2
8	9	1	7	4	2	3	5	6
6	2	3	5	8	9	1	4	7

EASY #145

8	6	9	2	7	4	5	3	1
7	2	3	8	1	6	9	4	5
4	9	5	1	6	3	2	8	7
2	3	6	9	8	5	1	7	4
1	5	4	6	3	7	8	2	9
5	1	2	3	4	9	7	6	8
6	8	1	7	5	2	4	9	3
3	4	7	5	9	8	6	1	2
9	7	8	4	2	1	3	5	6

EASY #146

4	6	3	8	1	9	2	5	7
5	2	9	6	3	1	8	7	4
7	1	8	9	6	4	5	3	2
1	5	7	4	2	6	9	8	3
9	8	2	3	4	7	6	1	5
3	4	5	1	9	2	7	6	8
8	7	6	2	5	3	1	4	9
2	3	1	5	7	8	4	9	6
6	9	4	7	8	5	3	2	1

EASY #147

4	5	6	1	2	3	7	9	8
8	7	9	5	6	2	3	4	1
3	2	1	4	8	6	5	7	9
2	9	8	3	7	5	4	1	6
6	4	5	7	1	9	2	8	3
7	8	3	2	5	1	9	6	4
1	3	7	9	4	8	6	5	2
9	6	4	8	3	7	1	2	5
5	1	2	6	9	4	8	3	7

EASY #148

1	3	7	2	4	9	8	5	6
8	9	5	6	2	1	4	3	7
3	1	9	5	7	8	6	2	4
2	8	4	7	5	6	3	1	9
5	7	6	4	3	2	9	8	1
6	4	8	1	9	3	5	7	2
4	2	1	9	8	5	7	6	3
9	5	2	3	6	7	1	4	8
7	6	3	8	1	4	2	9	5

EASY #149

4	1	7	3	6	5	9	8	2
5	3	9	8	4	1	2	6	7
2	4	1	6	7	8	3	9	5
9	7	2	5	1	6	8	4	3
6	8	4	9	2	3	5	7	1
1	9	8	7	3	2	4	5	6
3	6	5	1	8	9	7	2	4
7	5	6	2	9	4	1	3	8
8	2	3	4	5	7	6	1	9

EASY #150

8	7	1	5	4	3	9	2	6
3	9	5	7	1	8	4	6	2
5	3	6	9	8	2	1	4	7
4	2	7	6	3	5	8	1	9
2	6	8	1	9	7	3	5	4
9	1	4	2	5	6	7	3	8
7	4	3	8	2	1	6	9	5
1	8	2	4	6	9	5	7	3
6	5	9	3	7	4	2	8	1

EASY #151

1	8	4	2	6	5	7	9	3
6	2	9	3	7	8	1	4	5
3	5	7	9	8	2	6	1	4
4	1	6	8	2	3	5	7	9
5	3	2	7	9	1	4	8	6
9	6	8	5	4	7	3	2	1
7	4	1	6	3	9	2	5	8
2	9	3	1	5	4	8	6	7
8	7	5	4	1	6	9	3	2

EASY #152

2	6	1	5	8	4	7	9	3
7	4	8	9	3	2	1	6	5
8	2	6	3	9	1	5	7	4
3	1	7	4	5	9	2	8	6
9	5	4	1	6	7	8	3	2
6	3	2	8	7	5	4	1	9
4	9	5	7	1	3	6	2	8
5	7	3	6	2	8	9	4	1
1	8	9	2	4	6	3	5	7

EASY #153

6	5	2	9	1	8	4	3	7
5	7	8	3	4	2	1	9	6
4	9	3	8	6	1	7	2	5
2	1	5	4	7	6	3	8	9
9	8	6	2	3	4	5	7	1
1	3	9	7	2	5	6	4	8
7	2	4	1	5	9	8	6	3
3	4	1	6	8	7	9	5	2
8	6	7	5	9	3	2	1	4

EASY #154

4	8	9	3	2	6	1	7	5
6	1	3	9	8	7	4	5	2
5	7	1	2	6	4	8	9	3
3	5	7	4	1	9	2	8	6
9	2	8	6	5	3	7	4	1
2	3	5	7	4	8	6	1	9
1	9	2	8	7	5	3	6	4
8	4	6	5	3	1	9	2	7
7	6	4	1	9	2	5	3	8

EASY #155

3	7	8	6	5	2	4	1	9
9	8	4	7	1	3	6	5	2
4	2	7	5	9	1	8	3	6
6	5	1	2	8	4	9	7	3
8	3	9	1	2	5	7	6	4
2	9	5	3	4	6	1	8	7
1	4	3	8	6	7	2	9	5
5	1	6	4	7	9	3	2	8
7	6	2	9	3	8	5	4	1

EASY #156

5	8	3	2	9	7	4	6	1
6	9	1	3	2	5	7	8	4
1	2	9	7	5	4	8	3	6
8	4	7	6	1	3	5	9	2
3	5	6	4	7	9	2	1	8
2	7	5	1	8	6	3	4	9
4	1	8	9	3	2	6	7	5
9	3	4	5	6	8	1	2	7
7	6	2	8	4	1	9	5	3

EASY #157

2	6	9	4	8	7	5	1	3
1	3	5	6	9	4	8	2	7
3	8	7	2	6	9	1	5	4
8	7	2	1	4	5	6	3	9
9	4	6	5	1	3	2	7	8
4	5	8	7	3	1	9	6	2
7	2	4	8	5	6	3	9	1
6	9	1	3	7	2	4	8	5
5	1	3	9	2	8	7	4	6

EASY #158

1	6	3	9	7	5	4	2	8
6	5	4	8	2	7	9	3	1
4	9	8	1	5	2	3	7	6
2	7	1	3	4	8	5	6	9
9	2	6	5	1	3	7	8	4
3	8	5	7	9	6	1	4	2
7	4	2	6	3	9	8	1	5
8	3	9	4	6	1	2	5	7
5	1	7	2	8	4	6	9	3

EASY #159

2	4	7	8	5	1	6	3	9
3	8	5	2	6	9	1	4	7
1	9	6	5	7	4	3	8	2
4	1	9	7	3	5	8	2	6
7	5	8	1	9	3	2	6	4
6	2	3	4	1	7	9	5	8
5	6	4	3	8	2	7	9	1
8	7	2	9	4	6	5	1	3
9	3	1	6	2	8	4	7	5

EASY #160

5	1	3	7	9	2	6	8	4
6	8	4	1	3	7	2	5	9
4	5	2	9	1	3	7	6	8
1	7	9	8	6	5	3	4	2
7	6	8	4	2	1	5	9	3
8	3	5	6	7	9	4	2	1
3	4	1	2	8	6	9	7	5
2	9	6	5	4	8	1	3	7
9	2	7	3	5	4	8	1	6

EASY #161

2	1	4	5	6	9	7	3	8
6	3	5	8	1	2	4	7	9
5	2	6	9	3	7	8	1	4
1	9	3	7	4	8	6	2	5
4	8	7	2	5	1	9	6	3
7	5	8	1	9	6	3	4	2
9	6	2	4	8	3	1	5	7
3	4	9	6	7	5	2	8	1
8	7	1	3	2	4	5	9	6

EASY #162

5	8	3	1	2	7	4	6	9
7	6	1	8	9	2	5	4	3
9	1	4	2	6	3	7	5	8
4	2	7	6	1	8	3	9	5
1	3	5	9	7	6	2	8	4
2	5	9	3	8	4	1	7	6
8	4	6	7	3	5	9	2	1
3	7	8	5	4	9	6	1	2
6	9	2	4	5	1	8	3	7

EASY #163

6	5	2	3	1	9	4	7	8
5	2	4	8	6	7	3	9	1
8	7	1	9	4	3	5	6	2
1	3	9	4	5	6	8	2	7
4	6	3	2	7	8	9	1	5
2	8	7	5	9	4	1	3	6
9	1	5	7	3	2	6	8	4
7	9	6	1	8	5	2	4	3
3	4	8	6	2	1	7	5	9

EASY #164

6	4	3	8	7	2	9	5	1
2	9	1	5	8	6	3	7	4
4	1	5	9	6	8	2	3	7
3	2	7	1	5	9	8	4	6
5	7	9	4	1	3	6	8	2
8	3	2	6	4	7	5	1	9
7	6	4	3	2	5	1	9	8
1	5	8	2	9	4	7	6	3
9	8	6	7	3	1	4	2	5

EASY #165

4	7	2	6	9	3	8	1	5
1	8	5	9	6	7	3	4	2
3	1	7	2	8	4	5	6	9
8	9	6	5	4	2	1	3	7
2	5	9	8	3	1	6	7	4
6	3	1	4	7	5	9	2	8
7	4	8	1	5	6	2	9	3
5	6	3	7	2	9	4	8	1
9	2	4	3	1	8	7	5	6

EASY #166

6	1	7	3	5	9	4	2	8
8	2	4	6	3	7	5	9	1
9	3	8	4	2	6	1	5	7
4	9	5	7	1	8	2	3	6
7	5	1	8	9	4	3	6	2
3	6	2	1	8	5	9	7	4
2	7	3	9	6	1	8	4	5
5	8	6	2	4	3	7	1	9
1	4	9	5	7	2	6	8	3

EASY #167

4	8	6	1	7	9	2	3	5
5	3	2	4	1	8	9	7	6
3	1	8	2	9	7	5	6	4
7	6	9	5	8	2	3	4	1
6	4	3	9	2	1	8	5	7
8	5	7	3	6	4	1	9	2
9	2	4	7	5	3	6	1	8
1	9	5	8	4	6	7	2	3
2	7	1	6	3	5	4	8	9

EASY #168

1	7	9	2	4	5	8	3	6
5	8	4	3	6	2	7	1	9
8	9	5	6	1	3	4	2	7
3	6	7	1	2	9	5	4	8
9	4	2	7	5	8	1	6	3
2	5	3	9	8	4	6	7	1
4	1	8	5	7	6	3	9	2
7	3	6	4	9	1	2	8	5
6	2	1	8	3	7	9	5	4

EASY #169

2	7	1	8	5	9	4	3	6
4	2	5	9	7	1	8	6	3
6	3	7	5	2	8	9	1	4
3	1	2	4	9	6	7	8	5
8	9	6	1	4	3	5	7	2
5	8	4	3	1	2	6	9	7
1	5	9	7	6	4	3	2	8
7	6	3	2	8	5	1	4	9
9	4	8	6	3	7	2	5	1

EASY #170

3	4	2	6	1	7	9	8	5
6	5	8	7	9	3	1	2	4
1	9	4	3	2	5	7	6	8
7	8	1	5	6	4	2	9	3
5	2	6	4	8	9	3	1	7
9	3	7	8	4	1	6	5	2
2	7	3	1	5	6	8	4	9
8	1	5	9	7	2	4	3	6
4	6	9	2	3	8	5	7	1

EASY #171

1	3	8	2	7	5	4	6	9
2	7	9	4	1	6	5	3	8
4	5	6	3	8	7	1	9	2
5	1	7	8	9	2	3	4	6
8	2	1	6	5	4	9	7	3
9	6	5	7	3	8	2	1	4
6	9	4	1	2	3	8	5	7
7	8	3	5	4	9	6	2	1
3	4	2	9	6	1	7	8	5

EASY #172

2	1	4	5	8	7	9	6	3
7	5	6	9	4	3	8	2	1
9	6	3	7	1	2	5	4	8
1	3	8	2	5	4	7	9	6
5	4	9	1	3	8	6	7	2
3	8	7	6	2	9	1	5	4
4	7	2	8	9	6	3	1	5
6	2	1	3	7	5	4	8	9
8	9	5	4	6	1	2	3	7

EASY #173

3	5	7	6	4	1	9	2	8
2	9	8	1	6	7	5	3	4
9	1	4	7	2	3	8	6	5
4	2	6	5	8	9	3	1	7
5	4	3	8	1	6	7	9	2
6	7	1	3	5	8	2	4	9
7	6	9	2	3	5	4	8	1
1	8	2	9	7	4	6	5	3
8	3	5	4	9	2	1	7	6

EASY #174

7	1	5	4	3	2	6	9	8
4	8	2	6	9	5	1	3	7
3	9	6	8	7	1	2	4	5
5	3	8	2	1	4	9	7	6
9	2	4	7	8	6	3	5	1
6	7	1	9	4	8	5	2	3
2	5	3	1	6	7	4	8	9
8	6	9	5	2	3	7	1	4
1	4	7	3	5	9	8	6	2

EASY #175

3	6	1	2	9	8	7	5	4
4	5	7	8	2	6	3	9	1
7	2	8	5	6	4	1	3	9
5	9	3	4	7	1	2	6	8
8	1	9	6	4	7	5	2	3
2	8	5	3	1	9	6	4	7
9	4	6	1	3	5	8	7	2
6	7	2	9	8	3	4	1	5
1	3	4	7	5	2	9	8	6

EASY #176

1	6	3	9	2	5	8	7	4
2	4	5	8	3	7	9	1	6
3	8	2	7	9	4	6	5	1
7	3	4	6	8	1	5	9	2
9	7	6	1	5	2	4	3	8
5	9	1	2	6	8	7	4	3
8	5	7	4	1	3	2	6	9
4	2	9	3	7	6	1	8	5
6	1	8	5	4	9	3	2	7

EASY #177

8	9	6	2	3	4	5	7	1
4	1	9	7	8	3	6	2	5
7	6	8	5	9	2	1	3	4
3	2	5	1	4	7	9	6	8
5	7	4	8	2	6	3	1	9
9	3	1	4	6	8	2	5	7
6	4	2	9	1	5	7	8	3
2	8	7	3	5	1	4	9	6
1	5	3	6	7	9	8	4	2

EASY #178

1	8	9	3	6	2	4	5	7
5	3	6	2	7	4	1	9	8
6	2	1	4	9	8	5	7	3
2	7	5	6	8	3	9	1	4
7	4	3	9	5	1	6	8	2
9	6	8	5	4	7	3	2	1
3	5	2	8	1	6	7	4	9
8	1	4	7	3	9	2	6	5
4	9	7	1	2	5	8	3	6

EASY #179

3	5	6	8	7	2	1	4	9
8	4	5	9	1	6	3	7	2
1	2	4	3	9	7	5	6	8
9	1	7	6	2	4	8	5	3
7	8	9	2	3	5	4	1	6
6	3	2	5	4	9	7	8	1
5	9	1	4	8	3	6	2	7
4	7	3	1	6	8	2	9	5
2	6	8	7	5	1	9	3	4

EASY #180

5	9	7	6	2	4	3	8	1
3	4	9	1	7	8	2	6	5
1	7	6	5	3	9	8	2	4
7	8	2	4	9	6	5	1	3
9	5	1	2	8	3	6	4	7
6	2	3	8	1	7	4	5	9
4	1	8	3	6	5	7	9	2
8	3	4	9	5	2	1	7	6
2	6	5	7	4	1	9	3	8

EASY #181

3	5	2	8	9	6	1	4	7
6	1	8	4	7	9	2	5	3
9	7	4	1	3	8	5	6	2
5	8	6	3	1	2	7	9	4
2	9	7	6	5	4	3	1	8
1	4	9	7	2	3	6	8	5
8	2	3	5	6	1	4	7	9
7	3	1	9	4	5	8	2	6
4	6	5	2	8	7	9	3	1

EASY #182

1	3	2	6	8	7	5	4	9
7	5	6	4	3	1	9	8	2
6	7	9	1	2	8	4	3	5
3	2	4	5	7	9	8	1	6
9	1	8	2	4	5	6	7	3
5	8	7	9	6	3	1	2	4
4	9	5	7	1	2	3	6	8
2	6	3	8	9	4	7	5	1
8	4	1	3	5	6	2	9	7

EASY #183

7	8	1	3	9	5	2	4	6
8	7	9	2	3	4	6	5	1
9	2	5	1	4	6	3	7	8
6	5	3	4	1	8	7	2	9
3	4	8	9	6	7	5	1	2
2	1	6	7	5	9	8	3	4
4	6	2	5	7	1	9	8	3
5	9	4	8	2	3	1	6	7
1	3	7	6	8	2	4	9	5

EASY #184

4	9	6	8	7	3	5	1	2
3	2	5	1	9	7	8	6	4
1	5	9	3	4	2	6	7	8
9	8	4	2	6	1	7	3	5
2	7	8	6	3	5	9	4	1
7	1	2	9	5	4	3	8	6
6	3	7	5	1	8	4	2	9
5	4	1	7	8	6	2	9	3
8	6	3	4	2	9	1	5	7

EASY #185

8	4	6	2	3	7	1	9	5
9	8	2	5	1	6	3	4	7
7	9	3	6	5	8	4	2	1
4	7	1	3	2	9	5	6	8
2	5	4	8	7	3	6	1	9
3	1	5	7	9	4	2	8	6
6	3	9	1	8	2	7	5	4
1	6	7	9	4	5	8	3	2
5	2	8	4	6	1	9	7	3

EASY #186

5	9	3	4	2	1	8	6	7
8	7	6	3	4	9	1	2	5
1	8	7	6	9	5	3	4	2
9	2	4	5	6	8	7	3	1
3	1	8	9	7	4	2	5	6
2	5	9	7	8	6	4	1	3
7	4	5	2	1	3	6	8	9
4	6	2	1	3	7	5	9	8
6	3	1	8	5	2	9	7	4

EASY #187

2	5	6	1	4	9	8	7	3
1	6	7	3	8	5	9	4	2
8	4	3	9	7	6	5	2	1
5	7	8	2	1	4	6	3	9
9	3	2	5	6	7	4	1	8
6	8	1	4	2	3	7	9	5
7	2	9	6	5	1	3	8	4
4	9	5	8	3	2	1	6	7
3	1	4	7	9	8	2	5	6

EASY #188

1	9	7	3	5	4	6	2	8
3	6	8	2	9	7	1	4	5
4	5	2	6	1	8	9	3	7
6	2	4	8	7	5	3	9	1
9	1	5	7	3	2	4	8	6
7	8	9	1	4	6	2	5	3
2	7	3	4	8	1	5	6	9
8	3	6	5	2	9	7	1	4
5	4	1	9	6	3	8	7	2

EASY #189

3	8	1	6	9	2	4	5	7
6	1	9	4	5	7	3	2	8
8	4	2	5	7	3	1	6	9
2	9	4	7	8	5	6	1	3
1	7	6	8	4	9	2	3	5
7	5	3	1	6	8	9	4	2
9	2	5	3	1	6	7	8	4
5	6	7	2	3	4	8	9	1
4	3	8	9	2	1	5	7	6

EASY #190

3	9	4	8	1	5	7	6	2
2	5	6	4	3	7	8	1	9
1	7	8	9	6	2	4	5	3
9	2	1	3	7	6	5	8	4
4	6	2	5	8	3	9	7	1
7	8	5	1	4	9	3	2	6
8	1	9	6	5	4	2	3	7
6	3	7	2	9	8	1	4	5
5	4	3	7	2	1	6	9	8

EASY #191

2	6	7	9	5	3	8	4	1
1	8	4	5	7	6	3	2	9
9	4	5	8	1	7	2	3	6
6	1	2	4	3	8	9	7	5
3	7	8	6	9	2	1	5	4
7	9	6	2	8	4	5	1	3
8	2	1	3	4	5	6	9	7
5	3	9	7	2	1	4	6	8
4	5	3	1	6	9	7	8	2

EASY #192

4	7	6	5	9	3	8	2	1
1	8	5	4	6	7	2	9	3
9	2	3	1	5	8	4	7	6
7	6	9	2	4	1	3	8	5
2	9	1	3	8	5	6	4	7
5	3	2	8	7	4	1	6	9
6	4	8	7	1	9	5	3	2
3	5	4	9	2	6	7	1	8
8	1	7	6	3	2	9	5	4

EASY #193

1	2	7	8	9	3	4	6	5
6	4	5	9	3	2	1	8	7
3	7	6	1	2	9	8	5	4
2	5	3	6	4	8	7	9	1
4	9	8	7	5	1	2	3	6
8	3	9	4	1	5	6	7	2
5	8	1	2	6	7	9	4	3
7	6	2	3	8	4	5	1	9
9	1	4	5	7	6	3	2	8

EASY #194

8	5	2	6	9	3	7	4	1
3	7	5	9	1	8	4	6	2
4	6	3	7	8	1	2	9	5
7	8	4	1	5	9	3	2	6
6	2	7	4	3	5	1	8	9
2	1	8	5	6	7	9	3	4
1	9	6	3	2	4	5	7	8
5	4	9	8	7	2	6	1	3
9	3	1	2	4	6	8	5	7

EASY #195

8	5	2	7	1	9	3	4	6
2	1	8	6	3	4	7	5	9
9	3	5	1	4	8	6	2	7
4	7	6	9	5	2	8	3	1
7	6	3	4	9	5	2	1	8
1	8	4	5	2	6	9	7	3
5	4	9	8	7	3	1	6	2
3	9	1	2	6	7	5	8	4
6	2	7	3	8	1	4	9	5

EASY #196

7	6	4	3	9	5	2	8	1
8	7	1	5	2	6	3	9	4
2	4	9	8	6	3	1	5	7
6	3	5	2	7	1	8	4	9
1	2	6	7	4	8	9	3	5
5	1	3	9	8	4	6	7	2
9	8	2	4	3	7	5	1	6
4	5	8	6	1	9	7	2	3
3	9	7	1	5	2	4	6	8

EASY #197

6	4	2	7	5	3	8	9	1
3	9	8	1	4	5	6	7	2
5	3	6	2	9	4	1	8	7
7	8	1	5	2	6	3	4	9
1	6	9	3	8	2	7	5	4
8	5	7	4	6	9	2	1	3
2	7	4	9	3	1	5	6	8
9	1	3	6	7	8	4	2	5
4	2	5	8	1	7	9	3	6

EASY #198

8	4	1	7	6	9	3	5	2
5	9	2	6	7	1	4	8	3
3	6	5	8	2	7	1	4	9
9	2	3	1	4	8	5	6	7
1	8	7	3	5	6	2	9	4
4	7	8	5	3	2	9	1	6
7	5	9	2	1	4	6	3	8
2	1	6	4	9	3	8	7	5
6	3	4	9	8	5	7	2	1

EASY #199

9	1	4	2	3	8	7	6	5
6	5	9	3	7	4	1	2	8
7	8	5	6	1	2	9	4	3
2	9	3	4	6	5	8	1	7
8	4	7	1	2	9	5	3	6
5	7	6	9	4	3	2	8	1
3	6	2	5	8	1	4	7	9
4	3	1	8	5	7	6	9	2
1	2	8	7	9	6	3	5	4

EASY #200

9	6	5	1	3	8	4	7	2
4	2	6	7	5	1	8	9	3
1	4	2	5	7	9	3	8	6
3	5	8	6	9	2	7	4	1
8	9	3	4	1	7	6	2	5
2	7	4	3	6	5	9	1	8
7	1	9	8	2	6	5	3	4
5	3	7	2	8	4	1	6	9
6	8	1	9	4	3	2	5	7

EASY #201

5	9	8	7	1	6	4	3	2
1	4	6	3	2	9	7	8	5
4	1	3	2	7	5	8	9	6
7	6	5	9	8	3	2	4	1
2	8	9	1	6	4	5	7	3
8	2	4	5	3	7	6	1	9
9	5	1	8	4	2	3	6	7
3	7	2	6	9	8	1	5	4
6	3	7	4	5	1	9	2	8

EASY #202

2	4	5	7	9	6	3	1	8
8	1	3	5	4	2	7	9	6
6	9	7	1	3	5	8	2	4
7	6	9	8	1	4	2	3	5
5	8	4	2	7	3	1	6	9
3	2	1	4	6	8	9	5	7
4	3	2	9	5	7	6	8	1
1	7	6	3	8	9	5	4	2
9	5	8	6	2	1	4	7	3

EASY #203

1	9	5	3	8	2	4	7	6
8	5	2	7	6	4	1	9	3
7	2	6	1	4	3	9	8	5
3	7	4	9	1	5	2	6	8
9	1	3	5	7	8	6	4	2
4	6	8	2	9	1	5	3	7
6	8	1	4	5	7	3	2	9
2	4	7	6	3	9	8	5	1
5	3	9	8	2	6	7	1	4

EASY #204

5	9	1	7	3	8	4	2	6
8	2	4	3	6	5	7	1	9
3	4	9	2	7	1	6	8	5
7	8	6	5	9	4	1	3	2
2	7	5	1	4	3	9	6	8
1	3	7	9	8	6	2	5	4
4	6	2	8	1	9	5	7	3
6	5	3	4	2	7	8	9	1
9	1	8	6	5	2	3	4	7

EASY #205

2	8	7	6	3	5	1	4	9
9	1	5	3	4	8	2	7	6
1	4	6	2	7	9	8	3	5
8	7	2	5	9	6	3	1	4
5	3	4	9	8	2	7	6	1
6	5	8	4	1	7	9	2	3
7	2	9	1	6	3	4	5	8
4	6	3	8	2	1	5	9	7
3	9	1	7	5	4	6	8	2

EASY #206

3	2	7	8	6	4	9	5	1
5	7	9	1	4	8	6	2	3
9	4	6	3	5	1	2	7	8
8	9	3	2	1	5	7	4	6
2	5	8	6	3	7	1	9	4
6	1	4	7	2	9	8	3	5
7	3	2	4	8	6	5	1	9
1	8	5	9	7	3	4	6	2
4	6	1	5	9	2	3	8	7

EASY #207

8	7	4	1	6	3	9	2	5
2	9	3	8	1	5	4	7	6
4	5	2	9	7	6	1	8	3
7	6	5	2	3	4	8	1	9
3	8	1	5	9	2	6	4	7
1	2	6	3	5	8	7	9	4
9	4	7	6	8	1	5	3	2
5	1	9	4	2	7	3	6	8
6	3	8	7	4	9	2	5	1

EASY #208

6	7	2	1	4	5	9	3	8
9	4	6	3	8	7	5	2	1
1	3	8	9	7	4	6	5	2
5	8	9	2	1	6	3	7	4
2	6	1	5	3	8	7	4	9
4	5	7	8	9	1	2	6	3
7	2	3	4	6	9	1	8	5
8	1	5	7	2	3	4	9	6
3	9	4	6	5	2	8	1	7

EASY #209

5	3	8	4	9	2	6	1	7
6	9	7	2	1	3	4	8	5
8	7	2	9	4	6	1	5	3
3	1	9	8	2	7	5	6	4
1	2	4	6	5	9	3	7	8
7	4	3	5	6	8	2	9	1
2	6	5	1	8	4	7	3	9
9	5	6	7	3	1	8	4	2
4	8	1	3	7	5	9	2	6

EASY #210

6	5	8	9	4	7	2	3	1
7	2	1	4	3	8	5	6	9
1	3	4	5	6	2	8	9	7
3	7	9	8	2	5	6	1	4
8	9	6	7	1	3	4	2	5
5	4	2	6	9	1	7	8	3
2	6	5	3	7	9	1	4	8
4	8	3	1	5	6	9	7	2
9	1	7	2	8	4	3	5	6

EASY #211

9	4	3	7	6	8	5	1	2
5	8	2	6	4	9	3	7	1
1	9	7	4	8	3	2	5	6
2	3	1	5	9	7	8	6	4
6	1	8	9	7	5	4	2	3
8	2	6	3	5	4	1	9	7
3	5	9	2	1	6	7	4	8
4	7	5	8	2	1	6	3	9
7	6	4	1	3	2	9	8	5

EASY #212

3	9	7	4	8	5	6	2	1
4	2	8	5	3	6	1	7	9
8	1	5	2	9	7	4	6	3
5	3	6	9	4	1	7	8	2
9	7	1	8	6	3	2	4	5
7	6	2	1	5	8	3	9	4
6	5	4	3	7	2	9	1	8
2	4	3	6	1	9	8	5	7
1	8	9	7	2	4	5	3	6

EASY #213

2	1	7	8	9	6	4	5	3
5	3	4	7	2	8	1	6	9
6	9	1	3	5	7	8	2	4
7	8	3	1	4	5	6	9	2
1	7	5	4	8	2	9	3	6
8	2	6	9	3	1	7	4	5
4	5	2	6	7	9	3	1	8
3	6	9	2	1	4	5	8	7
9	4	8	5	6	3	2	7	1

EASY #214

6	4	9	1	7	8	5	3	2
3	2	5	6	1	9	7	4	8
1	7	4	3	8	6	2	5	9
8	5	2	9	4	7	3	1	6
9	3	6	8	5	2	4	7	1
2	1	7	4	9	5	6	8	3
4	9	1	5	2	3	8	6	7
5	6	8	7	3	1	9	2	4
7	8	3	2	6	4	1	9	5

EASY #215

2	1	3	5	8	6	7	9	4
6	9	5	1	3	2	8	4	7
7	2	6	9	4	1	5	8	3
4	8	9	3	5	7	6	1	2
3	7	8	2	6	4	9	5	1
8	3	1	4	7	5	2	6	9
5	4	7	8	1	9	3	2	6
1	5	2	6	9	3	4	7	8
9	6	4	7	2	8	1	3	5

EASY #216

8	9	5	6	3	4	7	1	2
9	1	8	5	7	6	3	2	4
3	2	7	4	6	5	1	9	8
4	8	2	1	9	3	5	6	7
5	7	6	3	1	2	8	4	9
7	5	4	2	8	9	6	3	1
1	6	3	9	4	7	2	8	5
2	3	9	8	5	1	4	7	6
6	4	1	7	2	8	9	5	3

EASY #217

5	8	6	2	1	4	9	7	3
1	7	3	9	4	6	8	5	2
4	9	5	7	3	2	1	8	6
2	3	1	8	6	7	4	9	5
3	6	7	4	9	1	5	2	8
9	2	8	5	7	3	6	1	4
6	5	2	1	8	9	3	4	7
7	4	9	3	5	8	2	6	1
8	1	4	6	2	5	7	3	9

EASY #218

5	6	9	4	2	3	8	7	1
3	8	1	7	6	9	2	4	5
9	7	5	3	1	4	6	2	8
1	2	6	8	9	7	3	5	4
4	1	8	6	7	5	9	3	2
2	5	7	9	3	8	4	1	6
6	3	4	1	5	2	7	8	9
7	4	2	5	8	6	1	9	3
8	9	3	2	4	1	5	6	7

EASY #219

2	7	3	6	9	1	5	8	4
6	5	4	9	7	2	8	3	1
4	3	1	8	6	9	2	5	7
5	4	2	7	3	8	1	9	6
1	6	8	3	2	7	9	4	5
9	8	7	5	1	4	3	6	2
3	1	5	4	8	6	7	2	9
7	9	6	2	5	3	4	1	8
8	2	9	1	4	5	6	7	3

EASY #220

9	3	2	4	5	1	7	6	8
6	8	7	5	1	4	3	2	9
5	6	3	8	9	2	4	1	7
1	2	8	9	3	7	5	4	6
7	4	5	1	6	9	2	8	3
2	7	1	3	4	8	6	9	5
8	5	9	7	2	6	1	3	4
3	1	4	6	8	5	9	7	2
4	9	6	2	7	3	8	5	1

EASY #221

2	8	9	6	5	1	4	7	3
1	6	7	5	3	8	9	2	4
5	9	8	1	2	4	3	6	7
3	7	4	9	6	5	2	1	8
4	3	2	8	7	6	1	5	9
7	1	3	4	9	2	5	8	6
9	5	6	2	8	3	7	4	1
8	4	5	3	1	7	6	9	2
6	2	1	7	4	9	8	3	5

EASY #222

7	3	6	2	9	4	8	1	5
5	9	8	4	6	7	1	2	3
8	4	3	1	2	6	5	9	7
1	6	7	9	4	2	3	5	8
6	2	9	3	7	5	4	8	1
3	1	5	6	8	9	7	4	2
2	5	4	7	1	8	6	3	9
4	8	2	5	3	1	9	7	6
9	7	1	8	5	3	2	6	4

EASY #223

4	3	8	1	2	7	9	5	6
6	8	2	3	5	4	1	7	9
1	7	9	4	6	8	5	3	2
7	2	4	5	9	1	8	6	3
8	5	1	2	3	6	7	9	4
3	9	6	7	4	5	2	8	1
9	1	5	6	8	2	3	4	7
5	4	7	9	1	3	6	2	8
2	6	3	8	7	9	4	1	5

EASY #224

1	9	7	8	4	5	3	2	6
5	4	2	3	6	9	1	8	7
9	2	3	6	7	4	8	5	1
4	1	6	7	5	3	2	9	8
2	6	9	1	8	7	5	4	3
7	3	8	5	9	6	4	1	2
6	7	1	4	2	8	9	3	5
3	8	5	9	1	2	7	6	4
8	5	4	2	3	1	6	7	9

EASY #225

1	6	9	2	4	3	7	8	5
7	5	3	8	9	4	2	1	6
3	7	6	4	2	8	1	5	9
5	8	2	9	7	1	6	4	3
9	4	8	1	6	2	5	3	7
6	9	4	5	1	7	3	2	8
4	3	1	7	8	5	9	6	2
8	2	5	6	3	9	4	7	1
2	1	7	3	5	6	8	9	4

EASY #226

3	8	1	6	7	5	2	4	9
9	7	4	5	8	2	1	3	6
2	6	5	9	4	3	7	1	8
4	9	6	1	3	7	5	8	2
6	4	9	8	2	1	3	5	7
5	1	2	4	6	8	9	7	3
8	5	3	7	9	4	6	2	1
7	3	8	2	1	9	4	6	5
1	2	7	3	5	6	8	9	4

EASY #227

5	4	2	6	1	8	3	7	9
2	1	4	3	7	6	8	9	5
3	7	1	9	6	2	4	5	8
7	6	9	4	8	5	2	1	3
6	5	8	2	9	1	7	3	4
9	2	5	7	3	4	6	8	1
4	3	6	8	5	9	1	2	7
1	8	7	5	4	3	9	6	2
8	9	3	1	2	7	5	4	6

EASY #228

3	7	5	6	4	2	1	9	8
2	9	8	1	7	5	4	6	3
1	8	7	9	5	6	3	2	4
5	6	4	3	9	1	7	8	2
8	1	2	4	6	7	9	3	5
4	3	1	8	2	9	6	5	7
7	5	9	2	3	4	8	1	6
6	2	3	7	1	8	5	4	9
9	4	6	5	8	3	2	7	1

EASY #229

9	2	6	1	8	5	3	4	7
3	8	5	7	9	6	1	2	4
4	7	2	9	1	3	5	8	6
1	9	7	4	3	8	6	5	2
5	6	1	8	4	2	9	7	3
2	5	8	3	6	7	4	9	1
6	4	3	2	5	9	7	1	8
8	3	4	5	7	1	2	6	9
7	1	9	6	2	4	8	3	5

EASY #230

1	5	3	7	2	9	8	4	6
3	8	6	4	9	1	7	2	5
8	7	9	1	6	2	3	5	4
4	6	7	5	8	3	2	1	9
5	1	2	3	4	7	9	6	8
9	2	4	8	1	6	5	7	3
2	3	5	9	7	4	6	8	1
6	9	1	2	5	8	4	3	7
7	4	8	6	3	5	1	9	2

EASY #231

4	8	7	6	1	9	3	2	5
9	1	5	2	3	8	4	7	6
6	9	8	3	5	2	1	4	7
7	3	4	8	2	1	6	5	9
5	2	1	4	9	6	7	8	3
2	4	3	7	6	5	8	9	1
1	5	6	9	8	7	2	3	4
8	7	9	1	4	3	5	6	2
3	6	2	5	7	4	9	1	8

EASY #232

3	4	5	7	6	1	2	8	9
9	8	6	2	1	3	5	7	4
8	2	3	9	4	5	1	6	7
5	1	8	4	3	7	6	9	2
1	7	9	6	8	2	3	4	5
4	5	2	1	9	8	7	3	6
6	3	7	8	5	4	9	2	1
7	6	1	3	2	9	4	5	8
2	9	4	5	7	6	8	1	3

EASY #233

4	2	5	3	6	1	7	8	9
9	1	7	8	2	6	3	4	5
6	3	4	9	1	5	8	2	7
2	8	9	7	5	3	1	6	4
5	4	6	1	8	9	2	7	3
7	6	2	5	3	8	4	9	1
1	7	8	6	9	4	5	3	2
8	5	3	2	4	7	9	1	6
3	9	1	4	7	2	6	5	8

EASY #234

4	9	7	1	2	3	5	8	6
6	1	4	7	3	8	2	5	9
5	6	9	8	1	2	3	4	7
8	4	6	9	7	5	1	3	2
9	3	2	5	8	4	7	6	1
1	2	3	6	5	7	8	9	4
2	5	1	3	9	6	4	7	8
3	7	8	4	6	1	9	2	5
7	8	5	2	4	9	6	1	3

EASY #235

1	7	2	4	6	8	5	3	9
3	8	9	6	1	7	4	5	2
5	4	8	1	9	3	2	6	7
8	6	5	7	2	9	1	4	3
7	5	3	2	4	1	8	9	6
4	9	1	8	3	6	7	2	5
6	2	4	3	7	5	9	1	8
2	3	7	9	5	4	6	8	1
9	1	6	5	8	2	3	7	4

EASY #236

9	5	2	3	6	4	1	8	7
7	4	6	8	1	3	2	5	9
8	2	1	4	7	6	5	9	3
1	8	3	9	5	7	4	6	2
2	6	7	5	8	1	9	3	4
3	9	5	2	4	8	7	1	6
4	3	8	1	2	9	6	7	5
5	7	9	6	3	2	8	4	1
6	1	4	7	9	5	3	2	8

EASY #237

1	5	6	3	9	4	7	8	2
6	9	5	4	7	8	2	1	3
7	4	1	8	2	3	9	5	6
3	8	4	1	5	2	6	7	9
2	3	9	5	6	7	1	4	8
9	7	2	6	8	1	4	3	5
8	1	7	2	3	9	5	6	4
5	2	3	7	4	6	8	9	1
4	6	8	9	1	5	3	2	7

EASY #238

9	3	7	5	2	4	8	1	6
8	4	1	9	7	6	5	2	3
2	5	6	1	8	3	4	7	9
5	6	8	7	4	9	2	3	1
4	7	2	6	1	5	3	9	8
1	8	3	4	5	2	9	6	7
7	2	9	3	6	8	1	4	5
3	1	4	8	9	7	6	5	2
6	9	5	2	3	1	7	8	4

EASY #239

8	3	1	9	4	5	6	2	7
2	8	7	5	6	1	9	4	3
7	4	8	2	3	9	1	5	6
3	5	6	7	9	8	4	1	2
1	9	4	6	2	3	5	7	8
9	7	3	1	5	2	8	6	4
5	6	2	8	1	4	7	3	9
4	1	9	3	7	6	2	8	5
6	2	5	4	8	7	3	9	1

EASY #240

5	6	7	8	4	1	3	9	2
6	2	3	1	8	9	7	5	4
2	7	1	5	9	4	8	6	3
1	3	9	4	7	5	6	2	8
9	4	8	6	5	3	2	1	7
8	1	5	9	2	7	4	3	6
4	9	2	3	6	8	1	7	5
7	5	4	2	3	6	9	8	1
3	8	6	7	1	2	5	4	9

EASY #241

5	6	4	3	2	7	8	1	9
8	3	2	7	4	9	5	6	1
3	8	6	9	1	2	4	7	5
9	5	1	2	7	8	6	3	4
7	9	5	8	6	4	1	2	3
4	2	8	1	9	3	7	5	6
2	4	3	6	5	1	9	8	7
6	1	7	4	8	5	3	9	2
1	7	9	5	3	6	2	4	8

EASY #242

4	5	3	2	6	1	9	7	8
7	6	9	4	5	2	3	8	1
2	8	1	6	3	9	7	5	4
9	4	8	7	1	5	2	6	3
3	2	6	5	9	4	8	1	7
8	1	7	9	4	6	5	3	2
1	7	5	8	2	3	4	9	6
5	3	2	1	7	8	6	4	9
6	9	4	3	8	7	1	2	5

EASY #243

7	6	3	5	2	9	1	4	8
8	1	4	9	7	2	6	5	3
3	5	1	2	8	4	9	6	7
9	3	7	4	6	5	8	1	2
2	8	6	1	3	7	5	9	4
5	7	8	6	1	3	4	2	9
4	2	9	8	5	1	7	3	6
1	9	2	7	4	6	3	8	5
6	4	5	3	9	8	2	7	1

EASY #244

2	3	4	8	7	1	9	6	5
9	7	1	5	6	4	3	8	2
5	2	7	6	3	9	8	4	1
1	6	8	9	4	5	7	2	3
8	9	2	7	1	3	4	5	6
4	5	3	1	2	8	6	9	7
6	4	5	3	9	7	2	1	8
3	8	6	4	5	2	1	7	9
7	1	9	2	8	6	5	3	4

EASY #245

3	8	7	5	9	4	1	6	2
4	2	3	9	7	6	5	8	1
1	6	8	2	4	7	9	5	3
2	1	5	3	6	9	7	4	8
7	3	2	1	8	5	6	9	4
8	9	1	4	5	2	3	7	6
9	7	6	8	3	1	4	2	5
5	4	9	6	1	8	2	3	7
6	5	4	7	2	3	8	1	9

EASY #246

1	3	2	5	9	8	4	7	6
7	4	6	8	1	5	2	9	3
3	9	8	6	7	4	5	1	2
6	8	9	4	3	2	1	5	7
9	2	4	1	5	7	3	6	8
4	5	1	7	2	3	6	8	9
5	6	3	9	8	1	7	2	4
2	7	5	3	6	9	8	4	1
8	1	7	2	4	6	9	3	5

EASY #247

6	8	7	1	5	3	2	4	9
9	3	2	5	6	4	7	1	8
7	1	4	2	9	8	3	5	6
4	2	8	9	1	6	5	3	7
8	4	5	7	3	1	9	6	2
2	7	6	3	4	5	8	9	1
1	9	3	6	2	7	4	8	5
3	5	1	8	7	9	6	2	4
5	6	9	4	8	2	1	7	3

EASY #248

2	5	6	4	9	7	1	8	3
3	6	7	9	8	4	2	1	5
8	9	4	5	2	1	7	3	6
7	3	8	1	4	9	6	5	2
1	7	9	2	3	8	5	6	4
4	1	5	3	6	2	8	7	9
9	4	1	7	5	6	3	2	8
6	2	3	8	1	5	9	4	7
5	8	2	6	7	3	4	9	1

EASY #249

2	7	3	6	8	4	9	1	5
8	1	6	3	2	7	5	9	4
9	5	2	4	3	1	8	6	7
7	4	5	9	6	2	3	8	1
1	6	8	7	9	5	4	3	2
5	2	9	1	4	8	6	7	3
6	8	4	5	7	3	1	2	9
4	3	7	8	1	9	2	5	6
3	9	1	2	5	6	7	4	8

EASY #250

5	9	8	6	1	3	4	7	2
1	2	6	3	8	5	7	4	9
4	7	3	2	5	1	9	8	6
2	6	1	7	9	4	3	5	8
8	3	5	9	4	7	6	2	1
3	1	7	4	6	2	8	9	5
6	5	4	8	7	9	2	1	3
7	8	9	5	2	6	1	3	4
9	4	2	1	3	8	5	6	7

EASY #251

4	1	6	5	3	9	2	7	8
9	7	2	6	5	3	8	1	4
8	3	4	1	7	5	9	2	6
1	9	8	3	4	6	7	5	2
2	6	5	7	8	1	4	9	3
7	4	1	2	6	8	5	3	9
5	8	3	9	1	2	6	4	7
6	5	9	4	2	7	3	8	1
3	2	7	8	9	4	1	6	5

EASY #252

8	1	5	9	4	6	2	3	7
4	9	2	5	6	3	7	1	8
3	8	1	7	2	9	4	5	6
7	6	3	2	5	1	8	9	4
6	5	9	4	1	7	3	8	2
2	7	6	1	9	8	5	4	3
1	2	4	8	3	5	6	7	9
5	3	8	6	7	4	9	2	1
9	4	7	3	8	2	1	6	5

EASY #253

9	3	1	7	8	6	5	2	4
6	8	2	5	1	4	3	9	7
2	1	3	4	7	5	9	8	6
4	5	9	8	6	7	1	3	2
7	6	8	2	3	9	4	1	5
1	4	5	9	2	8	6	7	3
5	7	4	1	9	3	2	6	8
3	2	7	6	5	1	8	4	9
8	9	6	3	4	2	7	5	1

EASY #254

5	8	7	6	3	2	9	4	1
1	2	8	9	5	7	4	6	3
4	3	1	8	9	5	6	7	2
9	4	3	2	1	8	7	5	6
6	9	4	5	7	3	2	1	8
3	5	6	7	4	1	8	2	9
8	7	2	1	6	9	5	3	4
2	6	5	3	8	4	1	9	7
7	1	9	4	2	6	3	8	5

EASY #255

2	7	9	6	8	5	4	1	3
1	5	6	2	4	3	8	7	9
4	8	1	5	2	7	9	3	6
8	3	2	4	1	6	5	9	7
9	4	5	7	6	1	3	2	8
3	9	8	1	7	2	6	4	5
7	6	3	8	9	4	1	5	2
6	1	7	3	5	9	2	8	4
5	2	4	9	3	8	7	6	1

EASY #256

4	3	9	5	1	7	6	2	8
8	4	6	7	9	2	5	3	1
2	1	5	8	4	3	9	7	6
3	9	2	6	7	5	8	1	4
1	8	4	3	2	9	7	6	5
7	2	8	4	5	6	1	9	3
6	5	7	9	8	1	3	4	2
5	7	3	1	6	4	2	8	9
9	6	1	2	3	8	4	5	7

EASY #257

4	9	6	2	7	5	3	8	1
8	1	7	5	3	2	6	9	4
1	4	8	3	5	9	2	6	7
5	3	4	1	6	8	9	7	2
6	7	3	9	2	4	5	1	8
2	8	5	4	9	7	1	3	6
7	2	9	6	8	1	4	5	3
9	6	2	8	1	3	7	4	5
3	5	1	7	4	6	8	2	9

EASY #258

5	2	9	1	4	3	8	7	6
4	6	3	2	9	7	5	8	1
7	1	6	9	3	5	4	2	8
3	8	7	6	2	1	9	4	5
9	3	8	5	7	2	6	1	4
6	5	1	3	8	4	2	9	7
2	9	4	7	6	8	1	5	3
1	4	2	8	5	6	7	3	9
8	7	5	4	1	9	3	6	2

EASY #259

8	1	9	4	6	2	7	5	3
7	5	6	3	1	4	9	2	8
3	8	2	7	5	9	6	4	1
2	7	4	1	8	3	5	9	6
9	3	5	6	7	8	2	1	4
4	6	1	9	2	5	8	3	7
6	2	7	5	3	1	4	8	9
5	4	3	8	9	6	1	7	2
1	9	8	2	4	7	3	6	5

EASY #260

8	2	7	9	4	6	3	5	1
6	4	1	5	9	3	8	2	7
4	3	8	7	2	1	5	6	9
3	1	5	2	6	9	4	7	8
2	6	3	1	7	4	9	8	5
7	5	9	8	1	2	6	3	4
9	8	4	6	5	7	2	1	3
1	9	6	3	8	5	7	4	2
5	7	2	4	3	8	1	9	6

EASY #261

6	2	4	3	8	5	1	7	9
7	9	1	6	4	3	2	5	8
5	1	7	9	3	8	4	2	6
8	5	2	7	1	9	6	4	3
3	7	8	4	9	1	5	6	2
4	6	5	8	2	7	3	9	1
2	3	9	1	5	6	7	8	4
9	4	3	5	6	2	8	1	7
1	8	6	2	7	4	9	3	5

EASY #262

1	8	3	9	7	5	4	6	2
9	7	6	8	2	3	1	5	4
4	6	2	5	3	1	8	7	9
5	4	9	7	1	2	3	8	6
2	3	8	4	9	6	5	1	7
6	1	7	2	5	8	9	4	3
7	9	1	6	8	4	2	3	5
8	2	5	3	4	7	6	9	1
3	5	4	1	6	9	7	2	8

EASY #263

4	8	3	1	9	7	5	6	2
6	9	2	5	1	3	4	7	8
7	1	4	2	6	5	8	3	9
8	5	6	7	2	1	3	9	4
3	4	7	8	5	9	1	2	6
9	2	1	6	3	4	7	8	5
1	6	5	9	7	8	2	4	3
2	7	8	3	4	6	9	5	1
5	3	9	4	8	2	6	1	7

EASY #264

5	8	6	7	9	1	4	2	3
4	1	2	3	8	6	7	5	9
1	2	8	9	4	3	5	7	6
9	5	3	6	1	7	2	4	8
3	4	7	5	6	2	9	8	1
7	6	5	4	3	8	1	9	2
6	7	9	1	2	5	8	3	4
8	3	4	2	5	9	6	1	7
2	9	1	8	7	4	3	6	5

EASY #265

5	3	4	8	2	7	9	1	6
3	2	9	1	6	5	4	7	8
4	1	5	9	7	6	8	3	2
2	7	1	6	9	8	3	5	4
9	4	8	2	5	3	1	6	7
7	5	6	4	3	1	2	8	9
1	6	2	7	8	9	5	4	3
8	9	7	3	1	4	6	2	5
6	8	3	5	4	2	7	9	1

EASY #266

6	3	2	9	1	5	7	4	8
7	4	8	6	2	1	9	3	5
3	8	4	7	5	9	1	6	2
9	2	6	1	8	7	4	5	3
5	1	7	8	3	4	6	2	9
2	7	5	4	9	6	3	8	1
1	5	9	3	4	8	2	7	6
8	6	1	2	7	3	5	9	4
4	9	3	5	6	2	8	1	7

EASY #267

2	5	8	7	4	3	6	9	1
9	4	1	3	7	2	8	6	5
8	9	7	6	2	5	3	1	4
6	3	4	5	1	9	7	8	2
1	2	6	8	5	7	4	3	9
4	8	3	1	9	6	2	5	7
5	6	9	2	3	4	1	7	8
7	1	5	4	6	8	9	2	3
3	7	2	9	8	1	5	4	6

EASY #268

3	9	4	1	8	7	6	2	5
6	1	9	2	5	8	4	7	3
7	5	6	3	4	9	1	8	2
8	2	1	9	7	4	5	3	6
9	8	2	6	3	5	7	1	4
4	7	5	8	1	2	3	6	9
1	3	7	4	9	6	2	5	8
2	4	3	5	6	1	8	9	7
5	6	8	7	2	3	9	4	1

EASY #269

8	7	3	5	6	9	2	4	1
2	5	1	6	8	4	9	7	3
1	3	4	7	2	8	6	5	9
4	2	9	8	5	7	3	1	6
6	9	7	1	3	5	4	2	8
3	1	8	4	9	2	7	6	5
9	8	6	2	4	1	5	3	7
7	4	5	3	1	6	8	9	2
5	6	2	9	7	3	1	8	4

EASY #270

7	4	9	1	5	6	8	2	3
3	8	6	5	1	2	7	4	9
8	9	2	3	7	4	1	5	6
5	7	3	4	6	8	2	9	1
2	1	4	8	9	7	6	3	5
4	6	7	9	8	3	5	1	2
9	5	8	7	2	1	3	6	4
6	3	1	2	4	5	9	8	7
1	2	5	6	3	9	4	7	8

EASY #271

6	5	3	1	2	7	4	8	9
8	7	6	9	4	2	5	1	3
1	9	5	7	8	3	2	4	6
3	8	4	2	9	1	6	5	7
5	6	7	4	3	8	1	9	2
9	2	1	6	7	4	8	3	5
4	3	2	5	1	9	7	6	8
7	4	8	3	5	6	9	2	1
2	1	9	8	6	5	3	7	4

EASY #272

1	8	2	4	9	3	5	7	6
9	6	7	8	1	5	3	4	2
3	5	4	7	2	6	9	8	1
4	3	9	2	8	1	7	6	5
6	4	5	1	7	9	2	3	8
2	7	8	3	6	4	1	5	9
8	1	3	6	5	2	4	9	7
5	2	6	9	4	7	8	1	3
7	9	1	5	3	8	6	2	4

EASY #273

2	9	1	6	4	5	7	3	8
7	8	4	5	3	1	2	9	6
4	3	9	1	2	6	8	7	5
5	6	7	3	8	9	4	1	2
6	5	2	4	7	3	9	8	1
1	2	6	8	9	7	3	5	4
9	4	3	2	5	8	1	6	7
8	7	5	9	1	4	6	2	3
3	1	8	7	6	2	5	4	9

EASY #274

6	9	1	5	8	2	3	7	4
3	1	9	7	2	6	4	8	5
2	8	5	4	9	7	6	1	3
5	2	4	1	7	3	8	6	9
9	4	8	3	6	1	7	5	2
7	3	6	2	1	5	9	4	8
1	7	2	9	4	8	5	3	6
4	6	3	8	5	9	1	2	7
8	5	7	6	3	4	2	9	1

EASY #275

4	7	5	9	8	1	3	2	6
3	1	8	6	7	2	5	9	4
2	8	6	1	3	7	4	5	9
9	6	1	5	2	4	8	7	3
5	4	9	2	6	3	1	8	7
7	2	3	8	4	5	9	6	1
6	9	7	3	1	8	2	4	5
1	5	2	4	9	6	7	3	8
8	3	4	7	5	9	6	1	2

EASY #276

7	6	1	4	8	9	3	2	5
3	5	8	9	2	7	6	4	1
6	3	2	1	4	5	8	7	9
8	7	5	3	9	2	1	6	4
5	2	4	6	7	1	9	3	8
4	1	9	2	3	8	7	5	6
2	9	7	5	1	6	4	8	3
1	8	3	7	6	4	5	9	2
9	4	6	8	5	3	2	1	7

EASY #277

6	7	2	9	1	8	4	3	5
1	8	5	4	3	7	2	6	9
3	9	8	2	4	5	6	7	1
2	5	4	8	6	9	7	1	3
8	1	6	7	9	2	3	5	4
4	3	1	5	7	6	9	8	2
7	6	3	1	2	4	5	9	8
5	4	9	6	8	3	1	2	7
9	2	7	3	5	1	8	4	6

EASY #278

4	5	2	7	1	6	3	8	9
9	3	1	6	7	8	5	4	2
8	9	7	2	3	1	6	5	4
3	4	6	5	8	2	1	9	7
1	7	5	8	6	9	4	2	3
7	2	3	1	4	5	9	6	8
5	6	8	4	9	7	2	3	1
6	1	4	9	2	3	8	7	5
2	8	9	3	5	4	7	1	6

EASY #279

4	8	7	9	6	5	3	2	1
1	4	5	2	7	3	6	9	8
3	1	9	4	8	7	2	6	5
5	2	6	8	3	1	9	7	4
8	6	1	5	4	9	7	3	2
9	7	4	6	1	2	8	5	3
6	9	2	3	5	8	4	1	7
7	3	8	1	2	6	5	4	9
2	5	3	7	9	4	1	8	6

EASY #280

6	1	5	4	8	9	7	2	3
3	9	1	7	2	6	4	8	5
4	6	2	1	7	5	9	3	8
1	3	6	2	4	8	5	7	9
7	8	9	3	6	1	2	5	4
2	4	8	6	5	7	3	9	1
5	7	3	9	1	2	8	4	6
9	5	7	8	3	4	6	1	2
8	2	4	5	9	3	1	6	7

EASY #281

7	4	3	2	5	9	6	1	8
3	8	7	6	1	2	4	9	5
6	2	8	4	7	5	9	3	1
4	5	1	9	6	8	2	7	3
2	9	5	7	8	1	3	4	6
1	7	6	3	2	4	5	8	9
5	6	9	8	3	7	1	2	4
8	3	4	1	9	6	7	5	2
9	1	2	5	4	3	8	6	7

EASY #282

7	8	1	5	3	4	6	2	9
3	1	8	7	5	6	2	9	4
5	2	9	6	4	1	3	7	8
9	7	6	4	8	2	5	1	3
6	9	2	8	7	5	4	3	1
1	5	4	3	2	9	8	6	7
4	3	7	2	9	8	1	5	6
2	4	3	1	6	7	9	8	5
8	6	5	9	1	3	7	4	2

EASY #283

7	6	8	9	1	4	5	3	2
2	5	9	3	8	7	6	1	4
5	3	7	8	4	6	1	2	9
1	9	2	4	6	3	8	5	7
8	4	1	6	2	5	7	9	3
3	1	5	7	9	2	4	6	8
9	8	6	2	7	1	3	4	5
6	7	4	5	3	9	2	8	1
4	2	3	1	5	8	9	7	6

EASY #284

9	8	2	4	6	1	5	3	7
3	6	1	5	8	9	4	7	2
7	5	3	2	1	6	8	4	9
5	4	7	9	2	8	1	6	3
1	7	8	3	4	2	6	9	5
4	9	6	1	7	5	3	2	8
2	3	9	6	5	4	7	8	1
6	2	5	8	3	7	9	1	4
8	1	4	7	9	3	2	5	6

EASY #285

5	4	6	1	3	2	8	9	7
3	7	8	4	9	5	1	2	6
6	1	2	8	7	4	3	5	9
9	2	5	7	4	1	6	3	8
2	3	7	6	8	9	5	1	4
1	8	9	3	2	6	4	7	5
8	9	4	5	1	3	7	6	2
4	5	3	2	6	7	9	8	1
7	6	1	9	5	8	2	4	3

EASY #286

4	7	5	1	3	8	2	9	6
8	2	9	6	7	3	5	1	4
6	1	8	4	5	9	7	3	2
2	3	1	8	4	5	6	7	9
3	4	7	2	9	1	8	6	5
5	6	3	9	1	7	4	2	8
9	5	2	7	6	4	1	8	3
1	9	6	5	8	2	3	4	7
7	8	4	3	2	6	9	5	1

EASY #287

8	1	4	3	5	2	6	9	7
6	2	7	1	9	3	4	8	5
9	5	3	7	8	6	1	4	2
4	9	6	8	2	7	3	5	1
1	7	9	2	4	8	5	3	6
2	3	5	4	6	1	8	7	9
5	8	1	6	7	4	9	2	3
3	4	2	9	1	5	7	6	8
7	6	8	5	3	9	2	1	4

EASY #288

6	1	7	3	4	2	8	9	5
5	8	9	4	7	6	1	2	3
7	3	1	5	2	9	6	4	8
2	4	8	9	5	1	7	3	6
9	6	5	8	3	7	4	1	2
4	9	2	1	6	3	5	8	7
3	7	6	2	1	8	9	5	4
1	2	4	7	8	5	3	6	9
8	5	3	6	9	4	2	7	1

EASY #289

7	1	3	8	5	4	2	9	6
4	2	6	9	7	8	1	3	5
5	8	4	2	9	6	3	7	1
1	7	2	5	4	9	6	8	3
6	9	5	4	3	7	8	1	2
3	6	8	7	1	2	4	5	9
8	4	9	3	2	1	5	6	7
2	3	7	1	6	5	9	4	8
9	5	1	6	8	3	7	2	4

EASY #290

6	2	4	8	3	5	1	9	7
1	5	8	7	9	3	2	6	4
7	1	5	6	4	9	8	3	2
3	9	2	4	8	1	7	5	6
5	8	3	1	7	2	6	4	9
2	4	9	3	6	7	5	1	8
4	3	7	2	5	6	9	8	1
8	7	6	9	1	4	3	2	5
9	6	1	5	2	8	4	7	3

EASY #291

1	3	6	2	8	5	9	4	7
7	4	8	5	9	2	6	3	1
6	8	5	7	1	4	3	9	2
2	9	1	3	4	8	7	6	5
9	6	4	1	5	7	2	8	3
4	1	9	8	2	3	5	7	6
8	7	2	6	3	9	1	5	4
3	5	7	4	6	1	8	2	9
5	2	3	9	7	6	4	1	8

EASY #292

9	5	1	2	6	7	3	4	8
6	2	7	8	3	4	9	1	5
4	3	9	5	7	1	8	2	6
1	4	6	3	2	8	5	7	9
8	7	4	9	1	2	6	5	3
3	6	2	1	8	5	7	9	4
5	9	8	7	4	3	2	6	1
7	1	3	6	5	9	4	8	2
2	8	5	4	9	6	1	3	7

EASY #293

3	8	4	7	2	9	5	1	6
9	1	3	5	6	7	4	2	8
8	5	6	1	4	2	3	9	7
2	7	1	6	3	5	9	8	4
1	4	7	3	9	8	6	5	2
6	9	2	4	7	1	8	3	5
7	3	5	9	8	4	2	6	1
4	6	8	2	5	3	1	7	9
5	2	9	8	1	6	7	4	3

EASY #294

9	3	5	6	7	2	8	4	1
1	6	2	8	9	5	4	7	3
5	4	1	9	8	6	7	3	2
4	7	3	2	6	9	1	8	5
2	5	8	7	3	1	9	6	4
8	2	4	3	1	7	5	9	6
7	9	6	5	4	3	2	1	8
3	1	9	4	5	8	6	2	7
6	8	7	1	2	4	3	5	9

EASY #295

6	4	7	8	5	9	3	1	2
8	3	2	9	1	5	7	4	6
1	9	3	6	7	4	2	5	8
7	1	4	2	6	8	5	3	9
3	8	5	7	4	2	6	9	1
4	5	6	1	2	7	9	8	3
9	2	8	5	3	6	1	7	4
2	7	9	3	8	1	4	6	5
5	6	1	4	9	3	8	2	7

EASY #296

3	6	7	8	2	4	1	9	5
4	7	9	2	5	1	6	8	3
9	8	5	6	3	2	7	4	1
5	3	1	9	4	7	2	6	8
2	1	8	7	6	3	9	5	4
6	5	3	4	1	9	8	2	7
1	9	6	3	8	5	4	7	2
7	2	4	5	9	8	3	1	6
8	4	2	1	7	6	5	3	9

EASY #297

7	4	2	9	3	1	5	6	8
3	1	6	2	9	7	8	4	5
1	9	7	4	8	5	6	2	3
2	6	5	3	4	8	1	7	9
8	2	4	7	5	6	3	9	1
9	7	8	6	1	3	4	5	2
4	8	3	5	6	2	9	1	7
6	5	1	8	7	9	2	3	4
5	3	9	1	2	4	7	8	6

EASY #298

2	5	4	1	7	8	3	6	9
8	1	7	9	6	2	5	4	3
6	9	5	3	1	7	8	2	4
9	6	3	8	4	5	7	1	2
5	8	1	6	2	4	9	3	7
7	3	2	4	5	9	6	8	1
1	4	8	7	3	6	2	9	5
3	2	9	5	8	1	4	7	6
4	7	6	2	9	3	1	5	8

EASY #299

1	4	9	5	7	2	3	8	6
5	3	8	9	2	4	7	6	1
8	7	4	3	6	1	9	2	5
9	2	3	8	1	5	6	7	4
6	1	2	4	5	7	8	9	3
7	6	5	1	4	9	2	3	8
2	5	7	6	3	8	4	1	9
4	9	6	2	8	3	1	5	7
3	8	1	7	9	6	5	4	2

EASY #300

7	6	4	2	1	3	8	9	5
9	1	3	8	4	2	5	7	6
8	4	1	5	6	7	3	2	9
2	3	5	9	7	4	6	8	1
1	5	6	7	8	9	2	4	3
6	9	2	4	3	1	7	5	8
3	2	9	6	5	8	4	1	7
5	7	8	1	2	6	9	3	4
4	8	7	3	9	5	1	6	2

MEDIUM #1

1	5	8	7	3	2	6	9	4
7	4	2	9	6	8	5	3	1
8	3	4	6	7	9	2	1	5
9	6	5	1	2	3	4	7	8
3	2	9	4	1	6	8	5	7
6	9	1	5	8	7	3	4	2
2	7	3	8	5	4	1	6	9
4	1	6	2	9	5	7	8	3
5	8	7	3	4	1	9	2	6

MEDIUM #2

9	5	3	4	2	8	7	1	6
2	3	8	5	6	4	1	9	7
6	1	4	8	9	7	5	2	3
1	4	7	2	5	6	8	3	9
5	7	6	9	4	3	2	8	1
3	9	2	6	1	5	4	7	8
8	2	1	3	7	9	6	4	5
7	8	5	1	3	2	9	6	4
4	6	9	7	8	1	3	5	2

MEDIUM #3

3	2	9	4	8	1	5	6	7
8	4	5	6	2	7	3	9	1
7	6	1	3	9	5	8	4	2
5	9	6	1	7	2	4	8	3
4	7	8	2	5	6	1	3	9
6	1	7	8	4	3	9	2	5
2	5	3	9	1	8	6	7	4
1	8	4	7	3	9	2	5	6
9	3	2	5	6	4	7	1	8

MEDIUM #4

9	1	4	8	3	6	2	5	7
2	6	8	7	5	3	1	9	4
7	9	1	4	8	2	5	3	6
4	2	3	5	6	1	7	8	9
8	5	7	3	2	4	9	6	1
6	3	5	9	4	7	8	1	2
3	4	9	2	1	5	6	7	8
1	8	2	6	7	9	3	4	5
5	7	6	1	9	8	4	2	3

MEDIUM #5

3	9	1	2	4	8	6	7	5
7	6	8	5	2	1	3	4	9
4	7	6	1	5	3	9	8	2
1	8	2	9	3	7	5	6	4
2	5	9	3	8	6	4	1	7
9	2	3	8	6	4	7	5	1
5	1	4	6	7	2	8	9	3
8	4	5	7	1	9	2	3	6
6	3	7	4	9	5	1	2	8

MEDIUM #6

2	1	9	6	3	4	8	5	7
8	3	2	4	5	7	1	9	6
1	9	5	7	6	8	4	2	3
7	6	1	8	4	9	5	3	2
4	5	8	3	9	2	7	6	1
3	7	6	9	1	5	2	4	8
5	2	4	1	8	6	3	7	9
9	8	7	5	2	3	6	1	4
6	4	3	2	7	1	9	8	5

MEDIUM #7

6	1	5	9	2	3	7	8	4
9	8	7	6	4	2	1	5	3
4	7	2	1	3	5	9	6	8
2	5	3	8	1	7	6	4	9
7	3	8	5	6	9	4	2	1
5	2	6	4	9	8	3	1	7
8	9	4	2	7	1	5	3	6
3	4	1	7	8	6	2	9	5
1	6	9	3	5	4	8	7	2

MEDIUM #8

7	9	6	8	5	2	4	3	1
1	5	2	4	8	3	7	9	6
3	6	1	7	9	4	5	8	2
6	2	3	1	7	5	8	4	9
5	1	4	3	2	9	6	7	8
2	8	9	6	4	7	1	5	3
9	4	8	5	3	1	2	6	7
8	7	5	9	1	6	3	2	4
4	3	7	2	6	8	9	1	5

MEDIUM #9

1	9	6	4	8	2	5	3	7
2	7	4	8	3	9	1	6	5
4	1	5	7	2	3	9	8	6
6	5	9	3	7	8	4	1	2
7	4	8	6	9	5	3	2	1
5	3	2	1	4	6	8	7	9
9	8	3	2	1	7	6	5	4
3	6	7	9	5	1	2	4	8
8	2	1	5	6	4	7	9	3

MEDIUM #10

6	3	7	9	1	4	5	8	2
4	9	5	1	8	6	7	2	3
1	8	3	2	4	5	9	7	6
7	5	2	8	3	1	4	6	9
8	6	1	7	2	9	3	5	4
3	7	4	6	9	2	8	1	5
2	4	9	5	7	8	6	3	1
9	1	6	3	5	7	2	4	8
5	2	8	4	6	3	1	9	7

MEDIUM #11

1	3	2	9	5	6	4	7	8
7	4	9	5	3	1	2	8	6
8	2	6	7	9	3	1	5	4
4	5	8	6	1	2	7	3	9
3	9	1	2	6	7	8	4	5
2	8	3	4	7	9	5	6	1
6	7	5	1	8	4	9	2	3
5	1	7	3	4	8	6	9	2
9	6	4	8	2	5	3	1	7

MEDIUM #12

5	6	8	7	1	9	2	3	4
4	3	5	9	7	2	6	8	1
9	1	2	6	3	8	4	7	5
7	9	4	3	6	1	5	2	8
2	8	1	4	5	6	7	9	3
3	7	6	1	8	5	9	4	2
6	5	3	2	9	4	8	1	7
1	4	9	8	2	7	3	5	6
8	2	7	5	4	3	1	6	9

MEDIUM #13

4	2	9	6	7	8	1	5	3
3	5	8	7	9	6	4	2	1
9	3	1	2	8	4	7	6	5
5	1	4	3	6	7	8	9	2
7	6	5	9	4	2	3	1	8
8	7	2	1	5	9	6	3	4
1	8	6	4	3	5	2	7	9
2	9	7	8	1	3	5	4	6
6	4	3	5	2	1	9	8	7

MEDIUM #14

3	8	2	6	4	1	9	5	7
4	5	7	1	9	6	8	3	2
2	7	3	4	1	9	6	8	5
8	9	6	2	7	4	5	1	3
5	1	9	8	6	3	7	2	4
7	4	1	9	5	2	3	6	8
9	6	5	3	2	8	4	7	1
6	2	8	7	3	5	1	4	9
1	3	4	5	8	7	2	9	6

MEDIUM #15

9	3	1	4	7	2	8	5	6
8	6	5	2	1	7	4	3	9
2	5	7	8	6	9	3	4	1
1	4	6	9	5	3	2	8	7
3	1	9	7	4	6	5	2	8
7	2	3	1	8	4	9	6	5
4	8	2	6	9	5	1	7	3
6	9	4	5	3	8	7	1	2
5	7	8	3	2	1	6	9	4

MEDIUM #16

2	3	4	7	5	8	1	9	6
6	9	7	3	8	1	2	4	5
5	1	9	6	2	3	8	7	4
4	8	2	1	7	9	5	6	3
1	2	8	9	4	5	6	3	7
3	6	5	8	9	4	7	1	2
7	5	3	2	1	6	4	8	9
9	4	1	5	6	7	3	2	8
8	7	6	4	3	2	9	5	1

MEDIUM #17

8	7	3	6	5	1	4	9	2
4	2	7	9	8	3	6	5	1
6	1	8	4	9	7	5	2	3
5	9	1	8	6	4	2	3	7
2	3	6	5	4	9	1	7	8
9	4	5	3	2	8	7	1	6
7	5	9	2	1	6	3	8	4
3	8	4	1	7	2	9	6	5
1	6	2	7	3	5	8	4	9

MEDIUM #18

8	7	2	1	5	4	3	9	6
1	4	3	9	8	5	6	2	7
2	3	6	4	9	7	1	8	5
7	5	9	8	6	2	4	3	1
4	6	5	3	7	9	8	1	2
9	8	1	5	2	6	7	4	3
3	2	7	6	4	1	9	5	8
5	9	8	7	1	3	2	6	4
6	1	4	2	3	8	5	7	9

MEDIUM #19

8	5	6	3	1	2	7	9	4
7	2	9	1	6	5	4	8	3
4	8	1	2	3	7	9	5	6
6	3	8	5	4	9	2	1	7
5	4	7	8	9	3	6	2	1
1	9	3	4	2	6	8	7	5
3	6	2	9	7	1	5	4	8
2	1	4	7	5	8	3	6	9
9	7	5	6	8	4	1	3	2

MEDIUM #20

4	2	1	9	8	6	3	7	5
7	3	6	8	5	4	2	1	9
3	9	7	5	1	8	4	2	6
1	5	4	2	9	3	7	6	8
2	1	8	6	7	5	9	3	4
9	6	3	7	4	1	5	8	2
5	8	9	3	6	2	1	4	7
8	4	5	1	2	7	6	9	3
6	7	2	4	3	9	8	5	1

MEDIUM #21

7	4	1	2	8	9	3	5	6
8	7	4	6	3	5	9	2	1
4	6	7	8	1	3	2	9	5
9	5	2	1	7	8	4	6	3
1	3	9	5	6	2	7	4	8
5	2	3	9	4	1	6	8	7
6	9	8	3	5	4	1	7	2
2	1	5	7	9	6	8	3	4
3	8	6	4	2	7	5	1	9

MEDIUM #22

7	6	5	8	1	4	9	3	2
5	1	9	3	7	2	8	6	4
8	9	2	1	3	6	4	7	5
9	7	8	4	5	3	2	1	6
3	5	4	6	2	7	1	9	8
1	8	3	9	4	5	6	2	7
4	2	7	5	6	9	3	8	1
2	3	6	7	8	1	5	4	9
6	4	1	2	9	8	7	5	3

MEDIUM #23

2	8	6	9	5	7	4	3	1
1	3	7	4	6	5	8	2	9
5	6	4	7	9	1	3	8	2
3	9	2	6	1	8	5	7	4
8	2	1	3	7	4	9	6	5
7	5	9	1	3	2	6	4	8
4	7	5	2	8	3	1	9	6
9	4	8	5	2	6	7	1	3
6	1	3	8	4	9	2	5	7

MEDIUM #24

5	7	4	6	1	8	2	9	3
8	1	2	3	4	7	9	6	5
3	9	7	2	5	1	6	8	4
1	8	5	9	3	2	7	4	6
6	3	8	7	2	4	1	5	9
4	2	6	1	9	5	8	3	7
7	5	3	8	6	9	4	2	1
9	4	1	5	8	6	3	7	2
2	6	9	4	7	3	5	1	8

MEDIUM #25

6	7	3	2	9	5	1	4	8
3	4	8	9	5	1	6	2	7
5	2	1	8	3	4	7	6	9
2	9	4	7	1	6	8	3	5
7	5	9	6	8	2	4	1	3
8	1	2	3	6	7	9	5	4
1	8	7	5	4	3	2	9	6
9	6	5	4	2	8	3	7	1
4	3	6	1	7	9	5	8	2

MEDIUM #26

7	2	6	1	4	8	9	5	3
3	9	4	5	6	7	2	1	8
8	5	1	3	9	4	6	2	7
5	8	7	2	1	3	4	9	6
2	6	8	9	7	1	3	4	5
1	4	3	6	5	2	7	8	9
4	3	9	8	2	6	5	7	1
6	7	5	4	8	9	1	3	2
9	1	2	7	3	5	8	6	4

MEDIUM #27

3	7	8	6	2	9	4	1	5
5	4	2	1	6	8	3	9	7
9	1	7	3	4	5	8	2	6
1	3	9	5	7	6	2	8	4
2	8	6	9	5	7	1	4	3
4	5	3	8	1	2	7	6	9
6	9	4	7	8	1	5	3	2
8	6	5	2	3	4	9	7	1
7	2	1	4	9	3	6	5	8

MEDIUM #28

5	1	6	9	2	4	3	8	7
2	8	1	6	4	5	7	3	9
6	4	7	8	3	9	1	5	2
7	9	2	3	5	8	6	4	1
4	3	9	5	6	7	2	1	8
8	7	4	2	1	3	5	9	6
9	6	3	7	8	1	4	2	5
1	5	8	4	7	2	9	6	3
3	2	5	1	9	6	8	7	4

MEDIUM #29

8	2	1	7	6	3	5	9	4
5	6	2	1	9	8	4	7	3
4	1	8	2	3	7	9	6	5
6	7	5	9	1	4	3	8	2
9	3	7	6	4	5	8	2	1
3	4	9	5	8	2	7	1	6
1	5	4	8	2	9	6	3	7
2	9	3	4	7	6	1	5	8
7	8	6	3	5	1	2	4	9

MEDIUM #30

4	3	2	7	9	1	8	6	5
5	6	8	9	1	2	7	4	3
2	9	5	1	8	6	3	7	4
3	4	6	8	7	5	1	2	9
7	2	1	5	4	3	9	8	6
8	7	3	6	2	9	4	5	1
9	5	4	2	3	7	6	1	8
6	1	9	4	5	8	2	3	7
1	8	7	3	6	4	5	9	2

MEDIUM #31

5	1	2	8	6	7	3	9	4
3	7	4	9	2	8	6	5	1
1	2	6	3	7	5	9	4	8
9	5	8	6	1	4	7	3	2
6	4	5	2	3	9	8	1	7
4	9	1	7	8	3	2	6	5
8	6	3	5	4	2	1	7	9
7	8	9	1	5	6	4	2	3
2	3	7	4	9	1	5	8	6

MEDIUM #32

9	4	2	1	7	5	3	6	8
3	8	5	4	1	6	7	2	9
5	6	3	7	9	1	2	8	4
8	1	7	3	5	2	9	4	6
7	9	1	8	6	4	5	3	2
4	7	6	5	2	8	1	9	3
1	2	4	6	3	9	8	5	7
2	3	8	9	4	7	6	1	5
6	5	9	2	8	3	4	7	1

MEDIUM #33

7	6	4	9	1	3	2	8	5
6	2	3	8	5	7	9	1	4
8	1	5	2	4	9	6	3	7
9	4	1	3	7	6	5	2	8
5	7	2	1	6	4	8	9	3
3	9	8	7	2	5	4	6	1
4	5	9	6	3	8	1	7	2
1	8	7	5	9	2	3	4	6
2	3	6	4	8	1	7	5	9

MEDIUM #34

4	7	8	3	5	2	6	1	9
2	6	1	7	4	3	9	8	5
8	2	9	5	6	1	4	7	3
3	1	5	8	2	6	7	9	4
6	4	7	9	3	8	1	5	2
1	9	6	4	7	5	2	3	8
7	5	3	1	9	4	8	2	6
9	3	4	2	8	7	5	6	1
5	8	2	6	1	9	3	4	7

MEDIUM #35

7	2	6	3	5	9	1	8	4
3	6	8	9	7	1	4	2	5
1	4	5	8	2	3	6	7	9
2	9	7	5	6	4	8	3	1
8	1	2	4	3	7	5	9	6
9	5	4	1	8	2	3	6	7
5	7	1	6	9	8	2	4	3
6	3	9	2	4	5	7	1	8
4	8	3	7	1	6	9	5	2

MEDIUM #36

9	4	8	3	5	7	1	2	6
1	9	4	7	3	2	6	8	5
5	8	1	6	7	9	2	3	4
3	2	9	5	4	6	8	7	1
4	6	3	8	2	1	5	9	7
7	1	5	2	6	8	9	4	3
2	5	7	9	1	4	3	6	8
8	3	6	4	9	5	7	1	2
6	7	2	1	8	3	4	5	9

MEDIUM #37

6	1	2	8	3	4	9	5	7
2	3	8	5	9	1	7	4	6
3	6	9	4	7	5	1	8	2
8	2	4	1	6	9	3	7	5
5	9	7	6	8	3	4	2	1
1	7	5	3	4	2	6	9	8
4	8	1	9	2	7	5	6	3
9	5	6	7	1	8	2	3	4
7	4	3	2	5	6	8	1	9

MEDIUM #38

2	6	5	8	3	4	9	7	1
3	7	1	9	4	5	2	8	6
9	5	8	2	6	3	1	4	7
5	1	7	4	2	9	6	3	8
7	9	4	3	5	1	8	6	2
1	3	6	7	8	2	4	5	9
6	8	2	5	9	7	3	1	4
8	4	9	1	7	6	5	2	3
4	2	3	6	1	8	7	9	5

MEDIUM #39

1	8	6	5	3	2	4	9	7
9	2	5	3	8	7	6	1	4
8	4	7	9	1	6	3	5	2
4	9	3	6	2	5	1	7	8
2	7	9	1	6	4	5	8	3
6	1	8	2	5	3	7	4	9
3	5	1	7	4	8	9	2	6
7	3	4	8	9	1	2	6	5
5	6	2	4	7	9	8	3	1

MEDIUM #40

7	8	3	5	2	1	9	4	6
4	2	1	9	8	6	5	7	3
6	1	9	3	4	7	2	5	8
3	5	7	2	9	4	6	8	1
9	6	2	4	5	8	1	3	7
5	4	6	1	7	3	8	2	9
2	3	8	7	6	9	4	1	5
1	9	5	8	3	2	7	6	4
8	7	4	6	1	5	3	9	2

MEDIUM #41

1	8	5	7	6	2	3	9	4
4	9	2	3	1	8	5	6	7
7	6	9	1	4	5	2	3	8
3	5	6	4	9	7	1	8	2
8	7	4	5	2	3	6	1	9
2	1	3	6	8	4	9	7	5
5	2	8	9	3	1	7	4	6
9	3	7	8	5	6	4	2	1
6	4	1	2	7	9	8	5	3

MEDIUM #42

1	4	3	2	6	5	7	9	8
5	7	9	4	1	8	3	6	2
9	3	7	8	5	6	2	4	1
8	2	6	9	7	3	4	1	5
6	1	5	3	2	4	9	8	7
7	9	8	6	4	1	5	2	3
3	5	4	1	8	2	6	7	9
2	6	1	5	9	7	8	3	4
4	8	2	7	3	9	1	5	6

MEDIUM #43

9	6	4	2	8	1	5	3	7
7	3	1	5	9	6	2	4	8
8	4	5	1	7	9	3	2	6
6	7	2	3	4	5	8	9	1
1	8	6	7	3	2	4	5	9
5	1	9	8	2	3	7	6	4
2	9	3	4	6	8	1	7	5
4	2	8	6	5	7	9	1	3
3	5	7	9	1	4	6	8	2

MEDIUM #44

2	1	6	8	5	7	9	4	3
5	7	4	6	2	3	1	9	8
9	8	5	7	3	1	4	6	2
1	6	3	2	9	4	8	5	7
6	9	8	1	7	2	5	3	4
7	2	9	3	4	8	6	1	5
3	4	7	9	6	5	2	8	1
8	5	2	4	1	6	3	7	9
4	3	1	5	8	9	7	2	6

MEDIUM #45

1	7	9	8	6	2	5	4	3
2	5	1	4	3	8	6	9	7
4	2	5	7	9	3	8	6	1
9	8	6	3	2	5	1	7	4
5	1	4	2	7	6	9	3	8
8	6	7	9	1	4	3	5	2
3	9	8	6	4	1	7	2	5
6	3	2	1	5	7	4	8	9
7	4	3	5	8	9	2	1	6

MEDIUM #46

3	8	1	9	5	7	2	4	6
6	4	2	7	1	9	8	3	5
5	6	4	1	8	3	9	2	7
9	2	7	5	3	8	4	6	1
7	1	8	6	4	5	3	9	2
1	5	9	3	6	2	7	8	4
8	9	6	2	7	4	5	1	3
4	7	3	8	2	1	6	5	9
2	3	5	4	9	6	1	7	8

MEDIUM #47

8	1	7	9	3	4	2	6	5
2	9	5	7	4	6	3	1	8
3	6	4	5	8	2	1	7	9
1	4	3	2	6	5	8	9	7
5	7	2	8	1	9	6	3	4
9	8	6	1	2	7	4	5	3
6	5	8	4	7	3	9	2	1
7	2	1	3	9	8	5	4	6
4	3	9	6	5	1	7	8	2

MEDIUM #48

8	6	9	4	7	1	3	2	5
1	3	2	5	4	8	9	6	7
7	5	1	9	8	2	6	3	4
2	4	7	6	3	5	8	9	1
5	9	8	1	2	3	7	4	6
6	2	3	7	1	9	4	5	8
4	1	5	3	6	7	2	8	9
9	8	6	2	5	4	1	7	3
3	7	4	8	9	6	5	1	2

MEDIUM #49

3	6	7	1	9	5	4	2	8
4	5	9	3	2	6	8	1	7
8	9	2	6	7	1	3	4	5
1	2	4	7	5	8	6	9	3
5	1	6	8	4	3	2	7	9
2	4	3	5	1	9	7	8	6
6	7	8	9	3	4	1	5	2
9	3	1	2	8	7	5	6	4
7	8	5	4	6	2	9	3	1

MEDIUM #50

3	1	9	6	2	7	4	8	5
8	2	6	4	3	5	1	7	9
9	7	2	5	8	1	6	3	4
5	3	7	9	4	2	8	1	6
6	4	5	8	1	9	7	2	3
2	5	1	7	6	3	9	4	8
7	8	4	3	9	6	2	5	1
4	6	3	1	7	8	5	9	2
1	9	8	2	5	4	3	6	7

MEDIUM #51

3	8	4	6	2	7	9	1	5
6	2	1	4	5	9	3	7	8
9	3	8	1	7	5	4	2	6
5	7	2	3	8	6	1	4	9
4	1	7	9	6	8	5	3	2
8	4	9	5	1	2	7	6	3
1	5	6	8	3	4	2	9	7
2	9	5	7	4	3	6	8	1
7	6	3	2	9	1	8	5	4

MEDIUM #52

1	5	2	6	4	8	9	3	7
2	7	3	4	1	9	6	8	5
4	6	8	2	3	5	7	9	1
5	9	4	1	6	2	3	7	8
7	8	6	3	9	1	5	2	4
9	1	5	7	2	4	8	6	3
3	2	9	5	8	7	1	4	6
6	4	1	8	7	3	2	5	9
8	3	7	9	5	6	4	1	2

MEDIUM #53

1	5	8	2	7	9	4	6	3
6	2	4	9	3	7	8	5	1
7	3	5	6	1	8	9	2	4
9	4	6	8	5	3	2	1	7
4	1	9	7	8	5	6	3	2
3	9	7	5	6	2	1	4	8
2	7	3	1	4	6	5	8	9
5	8	2	4	9	1	3	7	6
8	6	1	3	2	4	7	9	5

MEDIUM #54

2	7	8	4	9	5	6	1	3
4	6	3	2	8	1	7	5	9
9	1	7	6	5	3	8	4	2
8	2	5	3	1	7	9	6	4
1	3	6	7	4	2	5	9	8
7	5	4	8	3	9	1	2	6
3	9	2	5	7	6	4	8	1
5	8	1	9	6	4	2	3	7
6	4	9	1	2	8	3	7	5

MEDIUM #55

3	1	2	5	6	4	9	7	8
8	9	4	6	7	3	2	5	1
4	2	9	1	8	7	3	6	5
6	5	8	2	3	9	7	1	4
7	3	6	9	4	5	1	8	2
5	7	1	4	2	6	8	3	9
2	4	5	7	1	8	6	9	3
9	8	7	3	5	1	4	2	6
1	6	3	8	9	2	5	4	7

MEDIUM #56

4	1	9	8	7	2	5	3	6
2	5	7	3	8	1	6	9	4
8	3	1	7	6	4	9	2	5
3	4	6	9	2	5	1	7	8
1	8	2	6	9	3	4	5	7
7	2	8	1	5	6	3	4	9
5	9	3	2	4	8	7	6	1
6	7	4	5	1	9	2	8	3
9	6	5	4	3	7	8	1	2

MEDIUM #57

8	2	1	5	9	7	3	6	4
4	8	5	9	6	1	7	3	2
3	1	2	7	4	8	5	9	6
6	4	8	2	3	9	1	5	7
1	5	6	3	8	2	4	7	9
9	3	7	6	2	5	8	4	1
7	9	4	1	5	3	6	2	8
2	6	3	8	7	4	9	1	5
5	7	9	4	1	6	2	8	3

MEDIUM #58

1	9	3	7	4	5	6	2	8
2	8	6	3	7	1	5	4	9
6	4	5	9	2	3	7	8	1
8	1	7	5	9	6	2	3	4
5	3	4	2	8	9	1	7	6
3	7	2	1	6	4	8	9	5
7	2	9	6	5	8	4	1	3
9	6	8	4	1	7	3	5	2
4	5	1	8	3	2	9	6	7

MEDIUM #59

9	6	8	1	4	5	3	2	7
2	3	5	9	7	4	8	1	6
1	7	2	6	5	8	9	3	4
4	9	7	2	6	1	5	8	3
8	4	1	5	3	7	2	6	9
3	5	4	7	1	2	6	9	8
7	2	6	3	8	9	1	4	5
5	1	3	8	9	6	4	7	2
6	8	9	4	2	3	7	5	1

MEDIUM #60

7	1	5	8	2	4	3	9	6
9	2	4	6	5	8	1	3	7
6	5	3	7	1	2	9	4	8
1	7	8	3	9	6	5	2	4
4	8	6	1	3	7	2	5	9
2	9	7	5	4	3	6	8	1
3	4	2	9	6	1	8	7	5
5	3	1	4	8	9	7	6	2
8	6	9	2	7	5	4	1	3

MEDIUM #61

8	9	6	3	2	4	1	7	5
1	4	3	7	5	8	2	9	6
5	7	2	8	9	1	4	6	3
7	8	4	1	6	5	3	2	9
2	6	1	5	7	3	9	4	8
3	5	9	2	4	6	8	1	7
9	3	7	6	1	2	5	8	4
4	2	8	9	3	7	6	5	1
6	1	5	4	8	9	7	3	2

MEDIUM #62

1	7	3	4	6	9	5	8	2
9	3	7	2	5	8	1	4	6
5	6	1	8	4	2	3	7	9
8	4	5	1	2	3	9	6	7
2	9	8	3	7	6	4	1	5
4	2	6	7	9	5	8	3	1
6	8	2	5	3	1	7	9	4
3	5	4	9	1	7	6	2	8
7	1	9	6	8	4	2	5	3

MEDIUM #63

4	7	8	6	5	2	3	1	9
1	2	3	9	7	6	4	5	8
9	6	2	3	4	7	5	8	1
5	9	6	4	3	1	8	7	2
3	4	9	7	8	5	1	2	6
8	1	5	2	6	4	9	3	7
7	5	1	8	2	3	6	9	4
6	3	7	1	9	8	2	4	5
2	8	4	5	1	9	7	6	3

MEDIUM #64

6	2	7	5	9	1	4	8	3
4	7	9	8	6	3	5	1	2
8	3	4	1	2	7	6	9	5
1	4	5	2	8	9	3	6	7
2	6	8	3	5	4	1	7	9
3	9	1	6	4	2	7	5	8
5	1	2	4	7	8	9	3	6
7	8	6	9	3	5	2	4	1
9	5	3	7	1	6	8	2	4

MEDIUM #65

7	5	3	9	4	6	1	2	8
4	7	1	2	8	3	6	9	5
9	3	6	1	2	4	5	8	7
1	8	9	6	3	5	7	4	2
6	2	8	4	5	7	9	3	1
5	9	4	3	7	2	8	1	6
8	4	2	5	6	1	3	7	9
3	6	7	8	1	9	2	5	4
2	1	5	7	9	8	4	6	3

MEDIUM #66

1	5	8	6	3	9	7	4	2
7	9	4	2	5	8	1	6	3
2	7	9	8	1	5	6	3	4
6	3	1	9	4	7	2	8	5
3	4	7	5	6	2	8	9	1
5	6	3	7	8	1	4	2	9
4	8	5	3	2	6	9	1	7
8	1	2	4	9	3	5	7	6
9	2	6	1	7	4	3	5	8

MEDIUM #67

7	9	8	5	1	6	4	2	3
2	7	9	3	5	4	8	1	6
4	8	2	9	7	3	6	5	1
5	3	1	7	6	9	2	8	4
6	1	4	8	3	5	9	7	2
1	5	7	4	8	2	3	6	9
9	4	6	1	2	7	5	3	8
8	2	3	6	4	1	7	9	5
3	6	5	2	9	8	1	4	7

MEDIUM #68

7	8	2	5	1	4	6	3	9
4	9	5	1	6	3	8	2	7
5	3	7	6	8	9	2	1	4
8	2	9	4	3	1	7	5	6
3	6	1	9	2	7	5	4	8
1	7	8	3	4	2	9	6	5
2	1	6	8	9	5	4	7	3
9	4	3	7	5	6	1	8	2
6	5	4	2	7	8	3	9	1

MEDIUM #69

9	6	5	8	4	7	1	2	3
5	8	6	2	1	3	4	7	9
2	4	3	7	9	1	5	6	8
4	1	2	5	6	9	8	3	7
7	5	4	1	3	8	2	9	6
3	2	8	4	7	6	9	1	5
8	7	9	3	5	2	6	4	1
1	9	7	6	2	5	3	8	4
6	3	1	9	8	4	7	5	2

MEDIUM #70

3	8	5	9	2	4	7	1	6
7	2	1	6	4	9	8	3	5
6	4	3	8	9	5	1	2	7
5	1	9	2	7	3	6	8	4
4	7	8	5	3	2	9	6	1
2	9	4	1	6	8	5	7	3
1	3	6	4	5	7	2	9	8
9	6	7	3	8	1	4	5	2
8	5	2	7	1	6	3	4	9

MEDIUM #71

7	1	2	6	9	4	8	5	3
8	5	7	9	1	6	3	4	2
5	4	3	8	2	1	9	7	6
9	2	4	7	6	3	1	8	5
6	3	1	4	8	2	5	9	7
1	9	8	2	5	7	6	3	4
3	7	6	5	4	9	2	1	8
2	8	9	3	7	5	4	6	1
4	6	5	1	3	8	7	2	9

MEDIUM #72

7	8	6	2	5	1	9	3	4
4	9	1	5	6	7	3	2	8
3	6	2	1	8	4	5	9	7
2	4	5	9	7	3	6	8	1
1	5	3	7	9	8	2	4	6
8	7	9	3	1	5	4	6	2
5	3	7	6	4	2	8	1	9
6	1	4	8	2	9	7	5	3
9	2	8	4	3	6	1	7	5

MEDIUM #73

4	3	2	8	7	5	9	1	6
7	5	9	3	1	6	4	2	8
5	9	6	4	2	8	3	7	1
1	6	8	2	3	9	5	4	7
8	4	1	6	9	2	7	5	3
9	2	7	1	5	3	6	8	4
3	8	5	7	6	4	1	9	2
6	1	4	5	8	7	2	3	9
2	7	3	9	4	1	8	6	5

MEDIUM #74

3	4	9	6	1	2	7	8	5
7	8	5	2	9	4	3	1	6
2	6	3	4	8	1	9	5	7
1	5	7	8	2	9	4	6	3
5	7	1	9	6	8	2	3	4
8	9	4	5	3	7	6	2	1
6	1	2	7	4	3	5	9	8
9	3	6	1	7	5	8	4	2
4	2	8	3	5	6	1	7	9

MEDIUM #75

6	8	1	7	5	3	9	4	2
3	7	4	9	2	5	8	6	1
5	9	2	8	3	1	4	7	6
1	3	8	4	6	7	2	9	5
7	2	3	6	9	4	5	1	8
4	6	5	2	1	9	7	8	3
8	4	6	3	7	2	1	5	9
9	1	7	5	8	6	3	2	4
2	5	9	1	4	8	6	3	7

MEDIUM #76

9	7	3	6	4	1	5	2	8
3	9	4	7	6	8	2	1	5
2	5	8	9	1	3	7	6	4
1	4	5	3	7	2	9	8	6
6	8	7	1	2	5	4	9	3
4	2	9	5	8	6	3	7	1
8	3	6	4	9	7	1	5	2
5	1	2	8	3	9	6	4	7
7	6	1	2	5	4	8	3	9

MEDIUM #77

4	5	2	3	9	1	6	8	7
3	1	6	7	8	4	9	2	5
8	9	1	2	7	6	5	4	3
2	4	7	6	5	3	8	1	9
9	3	5	8	1	2	4	7	6
6	2	8	5	4	7	3	9	1
7	8	3	4	6	9	1	5	2
1	6	4	9	2	5	7	3	8
5	7	9	1	3	8	2	6	4

MEDIUM #78

5	3	1	8	2	7	9	4	6
8	9	6	4	7	5	2	1	3
4	2	7	9	3	6	8	5	1
7	1	8	2	4	3	5	6	9
6	8	5	7	1	9	3	2	4
1	6	2	5	9	4	7	3	8
3	4	9	1	5	2	6	8	7
9	5	4	3	6	8	1	7	2
2	7	3	6	8	1	4	9	5

MEDIUM #79

5	2	1	7	4	3	9	6	8
6	9	3	2	8	5	7	1	4
4	8	2	9	1	7	6	3	5
8	7	6	4	3	1	5	9	2
9	1	5	3	6	8	4	2	7
1	4	9	5	7	2	3	8	6
7	3	8	6	2	4	1	5	9
2	5	4	1	9	6	8	7	3
3	6	7	8	5	9	2	4	1

MEDIUM #80

4	8	1	2	5	9	3	7	6
3	6	7	8	9	1	2	4	5
9	5	4	1	6	3	7	2	8
2	7	6	3	1	8	5	9	4
5	2	8	9	7	4	6	1	3
6	4	9	5	8	2	1	3	7
1	3	5	6	4	7	9	8	2
8	1	2	7	3	6	4	5	9
7	9	3	4	2	5	8	6	1

MEDIUM #81

2	4	1	6	9	5	3	8	7
9	3	7	2	8	4	1	5	6
5	8	6	3	7	2	9	4	1
6	9	8	5	1	7	4	3	2
7	2	5	8	4	3	6	1	9
4	1	9	7	5	6	8	2	3
3	6	4	9	2	1	5	7	8
1	7	3	4	6	8	2	9	5
8	5	2	1	3	9	7	6	4

MEDIUM #82

2	3	9	4	1	6	8	5	7
8	6	3	7	5	4	9	2	1
7	5	4	1	2	8	6	3	9
1	4	8	6	3	9	5	7	2
5	7	2	9	8	3	1	6	4
6	2	5	3	4	1	7	9	8
9	8	1	5	7	2	3	4	6
4	9	7	8	6	5	2	1	3
3	1	6	2	9	7	4	8	5

MEDIUM #83

2	1	4	3	9	6	5	7	8
9	6	8	7	3	5	2	4	1
5	8	2	1	4	7	3	9	6
4	3	7	8	2	1	9	6	5
1	7	3	6	5	2	4	8	9
6	2	9	5	7	3	8	1	4
8	5	6	9	1	4	7	2	3
3	4	1	2	8	9	6	5	7
7	9	5	4	6	8	1	3	2

MEDIUM #84

8	1	5	6	7	4	9	3	2
7	5	3	2	4	9	8	6	1
4	2	9	8	3	6	1	5	7
1	6	8	7	5	3	2	9	4
3	7	4	1	9	8	5	2	6
2	8	1	9	6	5	7	4	3
9	3	6	5	2	7	4	1	8
6	9	7	4	1	2	3	8	5
5	4	2	3	8	1	6	7	9

MEDIUM #85

4	6	9	3	5	8	1	7	2
8	1	2	9	3	6	7	5	4
6	5	7	2	4	1	9	3	8
7	4	1	8	6	2	5	9	3
9	2	5	4	8	7	3	6	1
3	9	4	1	7	5	8	2	6
2	3	6	7	1	9	4	8	5
5	8	3	6	9	4	2	1	7
1	7	8	5	2	3	6	4	9

MEDIUM #86

7	3	2	5	8	4	9	1	6
4	8	3	9	1	7	2	6	5
6	7	5	3	4	8	1	9	2
1	2	7	8	6	9	5	3	4
3	1	9	2	7	6	4	5	8
5	9	6	1	3	2	8	4	7
2	4	8	6	9	5	3	7	1
9	5	4	7	2	1	6	8	3
8	6	1	4	5	3	7	2	9

MEDIUM #87

5	4	6	9	7	1	2	8	3
2	1	9	6	8	5	7	3	4
7	6	4	3	1	2	8	5	9
3	2	8	5	4	6	9	1	7
8	7	5	4	3	9	6	2	1
4	9	3	1	2	8	5	7	6
1	5	7	8	6	4	3	9	2
9	3	1	2	5	7	4	6	8
6	8	2	7	9	3	1	4	5

MEDIUM #88

4	2	5	6	8	7	1	9	3
3	1	6	5	2	4	9	8	7
7	9	8	1	3	2	5	6	4
8	6	2	7	4	1	3	5	9
1	4	3	9	7	5	8	2	6
2	5	9	4	6	3	7	1	8
9	3	7	8	1	6	2	4	5
6	8	1	3	5	9	4	7	2
5	7	4	2	9	8	6	3	1

MEDIUM #89

2	1	8	3	4	7	9	6	5
5	9	2	8	7	6	4	1	3
7	4	9	5	1	3	6	8	2
3	6	1	4	8	9	2	5	7
4	7	5	2	9	1	8	3	6
6	3	7	1	2	4	5	9	8
8	2	6	9	3	5	1	7	4
1	5	4	7	6	8	3	2	9
9	8	3	6	5	2	7	4	1

MEDIUM #90

3	6	5	9	7	4	1	2	8
1	2	8	7	6	9	3	5	4
4	9	6	1	8	2	5	7	3
2	7	4	5	3	8	9	1	6
5	8	9	4	1	3	7	6	2
8	5	7	2	4	1	6	3	9
9	1	3	6	2	5	4	8	7
6	3	1	8	9	7	2	4	5
7	4	2	3	5	6	8	9	1

MEDIUM #91

1	7	9	2	3	6	5	4	8
3	6	8	4	5	2	1	7	9
8	1	5	6	2	7	9	3	4
4	9	3	1	7	5	8	6	2
6	2	4	8	9	3	7	5	1
2	8	7	5	1	4	6	9	3
7	4	6	3	8	9	2	1	5
5	3	2	9	6	1	4	8	7
9	5	1	7	4	8	3	2	6

MEDIUM #92

6	1	3	8	9	4	7	5	2
5	2	7	1	3	6	4	9	8
2	6	9	7	4	5	8	1	3
8	3	4	2	5	1	9	7	6
9	7	6	5	1	8	3	2	4
4	8	5	9	6	7	2	3	1
7	5	1	3	8	2	6	4	9
3	4	2	6	7	9	1	8	5
1	9	8	4	2	3	5	6	7

MEDIUM #93

1	2	4	9	5	3	6	7	8
3	8	5	7	6	1	4	2	9
6	9	7	1	8	4	2	5	3
7	4	2	6	3	9	1	8	5
8	5	3	2	1	7	9	4	6
5	7	1	4	9	6	8	3	2
9	3	6	8	4	2	5	1	7
2	1	9	5	7	8	3	6	4
4	6	8	3	2	5	7	9	1

MEDIUM #94

2	7	8	1	3	9	4	6	5
3	6	4	9	1	8	7	5	2
9	4	5	2	8	6	1	3	7
8	3	6	7	5	4	9	2	1
6	1	2	3	9	5	8	7	4
4	5	7	8	6	3	2	1	9
7	9	1	5	4	2	6	8	3
1	8	3	4	2	7	5	9	6
5	2	9	6	7	1	3	4	8

MEDIUM #95

4	6	2	9	1	7	3	8	5
7	9	8	2	5	3	1	6	4
3	5	1	4	6	9	7	2	8
8	7	9	1	3	4	6	5	2
5	2	4	3	7	6	8	9	1
9	1	7	8	4	5	2	3	6
6	4	3	5	2	8	9	1	7
1	3	5	6	8	2	4	7	9
2	8	6	7	9	1	5	4	3

MEDIUM #96

8	2	4	7	9	1	3	6	5
9	7	3	1	5	6	4	8	2
6	5	9	4	8	3	1	2	7
1	6	7	3	2	9	5	4	8
3	9	6	2	4	7	8	5	1
5	8	1	6	7	4	2	9	3
2	4	8	9	1	5	7	3	6
4	1	2	5	3	8	6	7	9
7	3	5	8	6	2	9	1	4

MEDIUM #97

4	6	2	1	9	5	3	7	8
1	4	8	3	2	6	7	5	9
8	5	7	6	1	2	9	3	4
9	8	3	7	5	4	2	1	6
3	1	6	2	7	9	8	4	5
5	7	9	4	3	8	1	6	2
7	2	4	5	8	1	6	9	3
6	9	1	8	4	3	5	2	7
2	3	5	9	6	7	4	8	1

MEDIUM #98

5	4	8	6	1	3	7	9	2
4	9	1	2	3	6	8	5	7
3	6	5	9	7	4	2	1	8
2	1	4	8	5	7	9	6	3
1	8	7	3	6	2	5	4	9
7	5	2	1	4	9	3	8	6
8	7	9	4	2	1	6	3	5
6	2	3	5	9	8	1	7	4
9	3	6	7	8	5	4	2	1

MEDIUM #99

6	5	1	8	9	3	7	2	4
2	7	3	9	5	6	1	4	8
3	1	4	5	8	7	2	9	6
9	8	6	2	7	1	4	5	3
1	6	7	4	3	2	9	8	5
5	2	9	1	4	8	6	3	7
4	3	2	7	6	5	8	1	9
8	9	5	6	1	4	3	7	2
7	4	8	3	2	9	5	6	1

MEDIUM #100

5	4	6	9	3	8	2	7	1
2	7	9	6	8	5	4	1	3
1	8	3	7	9	6	5	4	2
7	9	4	3	1	2	8	6	5
3	2	1	4	5	7	9	8	6
6	1	8	5	2	3	7	9	4
8	6	5	1	4	9	3	2	7
9	3	7	2	6	4	1	5	8
4	5	2	8	7	1	6	3	9

MEDIUM #101

9	8	1	6	7	2	4	5	3
2	4	6	3	8	5	9	1	7
7	3	5	1	9	8	2	6	4
1	5	7	2	4	6	8	3	9
4	9	3	5	1	7	6	8	2
6	7	9	4	5	1	3	2	8
8	2	4	9	6	3	1	7	5
3	6	8	7	2	9	5	4	1
5	1	2	8	3	4	7	9	6

MEDIUM #102

6	2	1	3	4	5	7	8	9
7	4	9	8	6	2	5	1	3
3	5	8	1	9	7	6	4	2
2	6	5	7	3	8	4	9	1
4	8	3	9	2	6	1	5	7
1	9	7	5	8	4	3	2	6
9	3	6	2	5	1	8	7	4
5	7	2	4	1	3	9	6	8
8	1	4	6	7	9	2	3	5

MEDIUM #103

2	5	8	6	3	4	1	9	7
6	7	2	1	9	3	5	8	4
4	9	6	2	7	5	8	3	1
3	1	9	8	2	7	4	6	5
5	6	4	7	8	9	3	1	2
8	2	3	4	5	1	9	7	6
9	3	1	5	4	6	7	2	8
1	4	7	3	6	8	2	5	9
7	8	5	9	1	2	6	4	3

MEDIUM #104

6	4	2	3	9	1	8	5	7
1	8	3	2	6	7	9	4	5
7	5	4	9	2	3	6	8	1
9	1	5	6	4	8	3	7	2
3	6	8	1	5	2	7	9	4
5	2	7	4	8	6	1	3	9
4	7	1	5	3	9	2	6	8
2	3	9	8	7	4	5	1	6
8	9	6	7	1	5	4	2	3

MEDIUM #105

2	7	4	9	5	3	6	8	1
9	4	8	6	1	7	2	5	3
8	5	2	3	7	9	1	4	6
7	6	5	1	2	8	9	3	4
4	3	1	7	6	2	5	9	8
5	1	3	8	9	6	4	7	2
6	2	7	5	3	4	8	1	9
1	9	6	4	8	5	3	2	7
3	8	9	2	4	1	7	6	5

MEDIUM #106

7	6	3	9	2	4	8	1	5
1	3	8	5	9	6	4	2	7
9	4	7	1	6	8	5	3	2
2	5	9	7	4	1	6	8	3
4	8	5	6	7	2	3	9	1
8	1	2	4	3	9	7	5	6
6	9	4	3	1	5	2	7	8
3	2	1	8	5	7	9	6	4
5	7	6	2	8	3	1	4	9

MEDIUM #107

1	4	2	6	9	7	8	3	5
7	9	3	8	5	6	4	1	2
5	1	9	4	3	2	6	7	8
6	3	1	2	4	8	7	5	9
3	7	6	5	8	9	1	2	4
4	6	5	1	2	3	9	8	7
8	2	7	9	6	5	3	4	1
2	8	4	3	7	1	5	9	6
9	5	8	7	1	4	2	6	3

MEDIUM #108

2	9	7	1	3	5	8	4	6
5	6	3	4	7	2	9	8	1
8	1	4	6	5	7	3	2	9
9	5	8	7	1	6	2	3	4
4	2	6	3	8	9	1	5	7
1	3	2	9	4	8	6	7	5
7	8	1	2	6	4	5	9	3
3	4	9	5	2	1	7	6	8
6	7	5	8	9	3	4	1	2

MEDIUM #109

8	7	5	3	1	2	6	4	9
9	1	6	2	4	3	8	5	7
7	5	4	9	6	8	1	2	3
2	8	3	1	9	4	7	6	5
4	9	2	5	7	6	3	1	8
5	2	1	4	3	7	9	8	6
1	3	7	6	8	5	4	9	2
6	4	8	7	5	9	2	3	1
3	6	9	8	2	1	5	7	4

MEDIUM #110

6	1	2	9	3	4	5	7	8
5	8	6	4	7	9	2	1	3
7	2	1	6	5	8	3	4	9
4	9	3	2	8	5	1	6	7
3	7	5	8	4	1	9	2	6
9	4	8	1	6	2	7	3	5
8	6	9	3	1	7	4	5	2
1	3	7	5	2	6	8	9	4
2	5	4	7	9	3	6	8	1

MEDIUM #111

6	8	7	1	3	4	9	2	5
4	5	9	3	7	6	8	1	2
3	4	1	8	9	5	2	6	7
7	9	2	4	6	8	3	5	1
2	1	5	7	8	3	6	4	9
9	6	4	5	2	1	7	8	3
1	2	3	6	5	7	4	9	8
8	7	6	9	1	2	5	3	4
5	3	8	2	4	9	1	7	6

MEDIUM #112

9	8	5	3	2	7	6	1	4
1	7	3	8	9	4	5	6	2
5	2	4	1	3	6	8	7	9
4	6	7	2	5	8	9	3	1
8	1	9	6	4	5	3	2	7
6	5	8	4	1	2	7	9	3
2	3	6	9	7	1	4	5	8
3	4	1	7	6	9	2	8	5
7	9	2	5	8	3	1	4	6

MEDIUM #113

1	3	7	4	9	5	2	8	6
6	2	9	5	4	1	8	3	7
8	4	2	6	7	3	5	1	9
5	1	8	7	3	2	9	6	4
7	9	3	8	1	4	6	2	5
4	8	6	2	5	7	3	9	1
3	6	4	1	8	9	7	5	2
2	7	5	9	6	8	1	4	3
9	5	1	3	2	6	4	7	8

MEDIUM #114

2	8	4	1	5	9	7	3	6
7	9	2	3	6	5	1	8	4
6	4	9	7	3	2	8	1	5
1	5	6	8	7	3	4	9	2
8	3	5	4	2	1	9	6	7
5	6	8	9	1	7	2	4	3
9	1	7	2	4	6	3	5	8
4	7	3	6	9	8	5	2	1
3	2	1	5	8	4	6	7	9

MEDIUM #115

5	8	7	4	9	6	3	2	1
3	1	2	8	7	4	9	6	5
2	7	5	3	1	9	6	4	8
6	9	4	1	5	8	2	3	7
9	4	8	6	2	1	5	7	3
1	2	3	5	6	7	4	8	9
7	6	1	9	3	2	8	5	4
4	3	9	2	8	5	7	1	6
8	5	6	7	4	3	1	9	2

MEDIUM #116

8	6	9	5	3	7	4	1	2
7	1	4	3	2	6	5	8	9
4	9	2	1	8	5	7	3	6
3	7	1	2	4	9	6	5	8
5	8	7	6	1	2	9	4	3
9	3	8	4	6	1	2	7	5
2	5	6	8	7	4	3	9	1
6	4	3	9	5	8	1	2	7
1	2	5	7	9	3	8	6	4

MEDIUM #117

9	1	8	4	7	2	5	6	3
3	6	7	5	2	9	1	8	4
4	2	1	7	5	6	9	3	8
5	7	3	1	6	4	8	9	2
2	8	6	3	9	5	7	4	1
1	3	2	9	4	8	6	7	5
7	9	4	2	8	1	3	5	6
6	5	9	8	1	3	4	2	7
8	4	5	6	3	7	2	1	9

MEDIUM #118

3	2	6	7	4	1	5	8	9
8	4	2	3	9	5	6	7	1
9	8	7	1	5	6	3	4	2
7	6	9	2	8	3	4	1	5
5	7	3	4	1	8	9	2	6
1	3	5	8	6	7	2	9	4
6	5	1	9	2	4	8	3	7
2	1	4	5	3	9	7	6	8
4	9	8	6	7	2	1	5	3

MEDIUM #119

3	7	6	1	2	4	8	9	5
6	4	2	9	3	5	7	8	1
7	9	1	4	8	2	5	3	6
2	1	8	5	7	3	9	6	4
8	5	4	3	6	9	1	7	2
4	8	5	6	9	7	2	1	3
9	6	7	2	5	1	3	4	8
1	2	3	7	4	8	6	5	9
5	3	9	8	1	6	4	2	7

MEDIUM #120

6	1	2	5	3	4	8	9	7
2	8	3	4	9	6	7	1	5
3	2	5	6	7	9	1	4	8
8	7	6	9	4	1	5	2	3
5	4	9	7	8	2	3	6	1
4	3	1	8	6	7	9	5	2
1	9	7	2	5	8	6	3	4
9	5	8	1	2	3	4	7	6
7	6	4	3	1	5	2	8	9

MEDIUM #121

8	3	1	6	7	4	9	5	2
2	9	4	5	8	7	1	3	6
7	4	3	9	5	8	2	6	1
6	7	8	3	9	2	4	1	5
9	8	5	7	1	6	3	2	4
3	1	6	4	2	5	7	8	9
4	5	7	2	3	1	6	9	8
5	6	2	1	4	9	8	7	3
1	2	9	8	6	3	5	4	7

MEDIUM #122

3	6	4	7	2	1	5	9	8
8	5	9	2	3	7	1	6	4
9	7	8	1	6	5	4	3	2
5	4	3	8	9	6	7	2	1
1	2	6	5	7	8	3	4	9
6	8	1	9	4	3	2	7	5
2	3	5	4	1	9	6	8	7
4	9	7	3	5	2	8	1	6
7	1	2	6	8	4	9	5	3

MEDIUM #123

7	9	4	8	3	1	5	6	2
2	8	7	6	4	5	9	1	3
1	7	6	3	2	9	4	5	8
4	3	2	9	8	6	1	7	5
9	5	8	2	6	7	3	4	1
8	6	3	5	1	2	7	9	4
3	2	1	7	5	4	6	8	9
5	1	9	4	7	8	2	3	6
6	4	5	1	9	3	8	2	7

MEDIUM #124

9	2	1	5	7	6	8	4	3
8	4	3	6	1	9	2	5	7
3	8	4	7	9	5	6	2	1
1	9	5	4	6	7	3	8	2
2	6	7	3	5	4	9	1	8
7	5	6	1	2	8	4	3	9
4	1	2	9	8	3	5	7	6
5	7	9	8	3	2	1	6	4
6	3	8	2	4	1	7	9	5

MEDIUM #125

1	7	2	8	9	3	4	5	6
3	2	9	6	7	1	5	4	8
8	9	4	3	5	6	7	1	2
7	4	3	5	6	8	9	2	1
2	1	6	4	8	9	3	7	5
4	8	5	1	3	7	2	6	9
9	6	7	2	1	5	8	3	4
5	3	1	9	4	2	6	8	7
6	5	8	7	2	4	1	9	3

MEDIUM #126

9	6	3	8	2	7	5	4	1
2	3	4	7	1	8	9	5	6
8	1	6	2	4	5	3	7	9
5	4	8	3	7	9	1	6	2
3	7	2	1	8	4	6	9	5
4	5	1	6	9	3	2	8	7
7	2	9	5	6	1	8	3	4
1	8	7	9	5	6	4	2	3
6	9	5	4	3	2	7	1	8

MEDIUM #127

2	1	8	9	4	3	6	5	7
3	5	6	8	9	4	7	2	1
9	7	4	6	1	5	2	3	8
1	6	7	5	2	8	9	4	3
4	2	3	7	8	9	1	6	5
7	8	9	3	5	6	4	1	2
6	4	5	2	3	1	8	7	9
8	3	2	1	6	7	5	9	4
5	9	1	4	7	2	3	8	6

MEDIUM #128

2	4	6	7	5	9	1	8	3
7	9	1	8	6	4	2	3	5
8	6	9	3	4	1	7	5	2
5	3	4	1	2	7	8	6	9
6	1	5	2	8	3	9	4	7
9	2	8	4	1	5	3	7	6
1	7	3	5	9	6	4	2	8
3	5	2	9	7	8	6	1	4
4	8	7	6	3	2	5	9	1

MEDIUM #129

2	8	4	3	1	7	9	6	5
9	3	7	6	8	5	2	1	4
1	4	2	9	5	6	7	3	8
6	5	1	7	3	9	4	8	2
7	1	9	4	2	8	6	5	3
5	7	6	8	4	3	1	2	9
3	9	5	1	6	2	8	4	7
8	6	3	2	7	4	5	9	1
4	2	8	5	9	1	3	7	6

MEDIUM #130

2	8	6	4	9	5	3	1	7
1	7	3	5	8	2	9	4	6
6	9	1	3	4	8	7	2	5
3	6	9	8	2	1	5	7	4
8	4	5	2	7	3	6	9	1
4	1	7	6	5	9	2	3	8
5	3	4	9	6	7	1	8	2
7	5	2	1	3	4	8	6	9
9	2	8	7	1	6	4	5	3

MEDIUM #131

5	1	4	7	3	8	9	6	2
9	2	8	3	6	5	1	4	7
6	4	9	1	7	3	8	2	5
7	5	6	4	8	2	3	1	9
2	9	3	8	1	7	4	5	6
1	6	7	5	4	9	2	3	8
3	8	1	2	9	6	5	7	4
4	7	2	9	5	1	6	8	3
8	3	5	6	2	4	7	9	1

MEDIUM #132

5	7	3	6	8	2	9	1	4
9	3	7	5	6	4	1	8	2
8	1	4	7	2	9	3	6	5
1	5	6	9	7	3	4	2	8
3	2	5	1	9	8	6	4	7
6	9	2	8	4	1	5	7	3
7	8	1	4	5	6	2	3	9
4	6	9	2	3	7	8	5	1
2	4	8	3	1	5	7	9	6

MEDIUM #133

4	3	8	1	6	2	5	7	9
7	9	5	2	8	4	3	6	1
6	1	3	7	5	9	4	2	8
3	6	1	9	2	8	7	5	4
5	7	9	4	3	6	1	8	2
8	2	4	5	7	1	9	3	6
2	4	7	8	1	5	6	9	3
1	5	2	6	9	3	8	4	7
9	8	6	3	4	7	2	1	5

MEDIUM #134

1	2	9	8	5	6	4	3	7
7	8	3	6	4	1	5	2	9
3	5	7	2	9	4	6	1	8
2	1	4	5	6	7	9	8	3
9	4	6	1	7	8	3	5	2
4	7	8	9	3	5	2	6	1
5	6	2	3	1	9	8	7	4
8	9	5	7	2	3	1	4	6
6	3	1	4	8	2	7	9	5

MEDIUM #135

4	6	2	1	3	8	9	5	7
7	9	5	3	4	1	6	8	2
1	8	4	2	7	9	3	6	5
6	2	3	8	5	7	4	9	1
8	3	1	5	9	6	2	7	4
2	4	9	6	1	5	7	3	8
5	7	6	4	2	3	8	1	9
3	1	7	9	8	2	5	4	6
9	5	8	7	6	4	1	2	3

MEDIUM #136

1	6	7	4	9	5	2	3	8
5	8	6	7	1	4	9	2	3
3	4	1	9	5	2	8	7	6
2	5	8	6	7	9	3	4	1
8	1	9	2	6	3	4	5	7
9	7	4	3	2	6	1	8	5
6	3	5	8	4	1	7	9	2
7	9	2	1	3	8	5	6	4
4	2	3	5	8	7	6	1	9

MEDIUM #137

3	4	1	9	6	2	5	7	8
7	9	5	2	8	1	6	3	4
8	6	3	5	4	7	1	9	2
9	8	4	6	5	3	7	2	1
6	5	2	7	1	8	9	4	3
2	1	7	3	9	4	8	5	6
1	3	9	4	7	6	2	8	5
4	7	6	8	2	5	3	1	9
5	2	8	1	3	9	4	6	7

MEDIUM #138

8	6	1	4	7	9	3	2	5
1	5	2	6	8	3	7	4	9
9	4	7	5	2	1	6	3	8
2	9	3	8	6	7	5	1	4
5	8	4	3	1	6	2	9	7
7	1	5	2	4	8	9	6	3
3	2	8	9	5	4	1	7	6
4	3	6	7	9	2	8	5	1
6	7	9	1	3	5	4	8	2

MEDIUM #139

6	5	1	2	4	3	8	7	9
4	2	9	7	1	8	3	5	6
1	3	6	8	5	2	7	9	4
7	4	2	3	8	9	5	6	1
5	9	7	1	3	6	2	4	8
8	6	4	9	7	5	1	3	2
9	7	3	6	2	1	4	8	5
3	1	8	5	9	4	6	2	7
2	8	5	4	6	7	9	1	3

MEDIUM #140

9	1	5	8	4	7	2	6	3
7	6	3	2	1	5	9	8	4
8	4	2	6	7	3	5	1	9
3	2	1	7	8	4	6	9	5
6	5	8	9	3	2	1	4	7
4	7	9	1	5	6	8	3	2
2	9	4	5	6	1	3	7	8
1	8	7	3	2	9	4	5	6
5	3	6	4	9	8	7	2	1

MEDIUM #141

9	8	2	3	7	1	4	5	6
4	7	9	1	2	8	5	6	3
5	6	1	7	3	2	8	9	4
2	3	5	6	8	4	7	1	9
1	2	7	4	5	6	9	3	8
6	9	3	8	4	7	1	2	5
8	1	4	5	6	9	3	7	2
7	5	8	2	9	3	6	4	1
3	4	6	9	1	5	2	8	7

MEDIUM #142

9	4	3	6	5	8	1	7	2
1	8	4	5	7	9	2	3	6
7	3	9	8	2	5	4	6	1
5	2	6	9	1	3	8	4	7
3	1	7	2	6	4	9	8	5
8	6	1	7	9	2	3	5	4
4	9	5	1	8	7	6	2	3
6	7	2	4	3	1	5	9	8
2	5	8	3	4	6	7	1	9

MEDIUM #143

8	3	1	9	2	6	4	7	5
4	5	2	7	6	8	3	1	9
6	7	5	3	8	4	2	9	1
3	1	6	2	7	5	9	8	4
2	4	9	1	5	7	8	3	6
7	8	3	6	4	9	1	5	2
1	9	4	5	3	2	7	6	8
9	6	8	4	1	3	5	2	7
5	2	7	8	9	1	6	4	3

MEDIUM #144

8	1	5	7	6	9	4	3	2
6	3	9	2	4	7	5	8	1
4	9	3	1	8	5	7	2	6
7	5	2	8	3	6	1	4	9
9	7	6	4	2	3	8	1	5
5	2	1	3	9	4	6	7	8
2	8	7	9	5	1	3	6	4
1	6	4	5	7	8	2	9	3
3	4	8	6	1	2	9	5	7

MEDIUM #145

4	5	1	3	8	9	7	2	6
9	2	5	8	4	1	6	7	3
8	1	6	7	2	3	9	5	4
3	7	9	6	5	2	4	8	1
2	6	3	1	7	4	5	9	8
1	9	4	5	6	8	2	3	7
7	3	8	4	9	5	1	6	2
5	8	7	2	1	6	3	4	9
6	4	2	9	3	7	8	1	5

MEDIUM #146

5	6	7	1	8	3	9	4	2
9	3	2	4	1	6	7	8	5
6	5	8	2	3	9	4	1	7
2	9	3	6	5	4	1	7	8
3	1	4	7	9	2	8	5	6
7	4	1	8	6	5	3	2	9
1	8	5	9	4	7	2	6	3
8	7	9	5	2	1	6	3	4
4	2	6	3	7	8	5	9	1

MEDIUM #147

2	7	3	6	9	8	1	5	4
9	5	1	2	4	6	7	3	8
7	3	4	5	8	1	9	2	6
1	8	9	7	5	4	3	6	2
8	6	2	3	1	5	4	7	9
6	4	5	9	3	7	2	8	1
5	1	8	4	2	3	6	9	7
3	2	7	1	6	9	8	4	5
4	9	6	8	7	2	5	1	3

MEDIUM #148

2	4	6	7	1	9	8	5	3
8	9	1	5	2	6	3	4	7
3	8	2	1	4	7	5	6	9
5	6	9	4	7	8	2	3	1
7	3	4	9	6	5	1	8	2
4	2	5	3	8	1	7	9	6
1	5	8	2	9	3	6	7	4
9	7	3	6	5	2	4	1	8
6	1	7	8	3	4	9	2	5

MEDIUM #149

3	7	1	9	4	2	8	6	5
1	8	5	4	6	3	9	2	7
9	6	7	2	5	8	3	1	4
7	1	4	5	8	9	2	3	6
4	3	2	8	9	6	5	7	1
5	9	6	3	2	7	1	4	8
8	2	9	6	7	1	4	5	3
6	4	8	1	3	5	7	9	2
2	5	3	7	1	4	6	8	9

MEDIUM #150

1	8	5	7	4	6	3	9	2
2	3	9	5	7	8	1	6	4
6	7	2	4	9	1	8	3	5
8	9	6	1	2	3	5	4	7
3	1	4	8	5	7	9	2	6
4	5	3	9	6	2	7	8	1
5	2	7	6	8	9	4	1	3
9	4	1	2	3	5	6	7	8
7	6	8	3	1	4	2	5	9

MEDIUM #151

6	7	4	1	2	5	8	3	9
8	5	9	3	1	7	2	4	6
9	2	6	4	8	3	5	1	7
7	1	8	5	4	9	6	2	3
4	3	5	7	6	2	9	8	1
1	6	7	2	3	8	4	9	5
3	9	2	8	5	6	1	7	4
2	4	3	6	9	1	7	5	8
5	8	1	9	7	4	3	6	2

MEDIUM #152

6	7	2	5	9	1	8	4	3
1	3	4	9	7	6	2	8	5
4	2	6	8	1	3	9	5	7
5	8	9	6	4	7	3	1	2
8	1	3	7	5	2	6	9	4
9	5	7	3	6	8	4	2	1
2	9	1	4	3	5	7	6	8
3	4	8	1	2	9	5	7	6
7	6	5	2	8	4	1	3	9

MEDIUM #153

4	9	8	5	6	3	7	1	2
1	6	3	4	5	9	2	7	8
7	3	2	6	9	5	8	4	1
9	8	1	2	7	6	4	5	3
3	4	5	7	8	2	1	9	6
5	2	9	1	4	8	3	6	7
6	1	7	8	3	4	5	2	9
8	7	4	9	2	1	6	3	5
2	5	6	3	1	7	9	8	4

MEDIUM #154

3	2	5	9	8	6	1	4	7
8	4	6	2	7	5	9	3	1
1	9	7	3	5	2	6	8	4
9	3	1	5	4	7	2	6	8
4	6	2	8	3	1	7	9	5
7	8	9	6	2	4	5	1	3
2	5	3	1	9	8	4	7	6
5	1	4	7	6	3	8	2	9
6	7	8	4	1	9	3	5	2

MEDIUM #155

8	1	7	5	4	9	2	6	3
6	5	4	2	3	7	8	9	1
3	9	8	6	1	2	4	7	5
1	6	5	8	9	3	7	4	2
7	8	2	4	6	1	5	3	9
5	2	9	3	7	4	6	1	8
4	3	1	7	2	8	9	5	6
2	7	3	9	5	6	1	8	4
9	4	6	1	8	5	3	2	7

MEDIUM #156

2	7	5	9	8	6	4	3	1
4	6	8	1	3	9	7	5	2
1	3	6	4	9	2	8	7	5
7	4	1	3	2	5	9	8	6
3	1	2	7	5	8	6	4	9
5	8	9	6	7	3	2	1	4
8	9	3	2	1	4	5	6	7
6	2	7	5	4	1	3	9	8
9	5	4	8	6	7	1	2	3

MEDIUM #157

1	5	4	2	9	7	3	8	6
3	8	7	9	6	2	4	5	1
2	9	6	3	5	1	8	4	7
7	6	1	5	4	8	2	3	9
4	7	5	8	1	3	6	9	2
6	4	2	1	3	9	5	7	8
8	3	9	6	2	4	7	1	5
9	2	3	7	8	5	1	6	4
5	1	8	4	7	6	9	2	3

MEDIUM #158

3	9	7	8	1	4	2	5	6
2	8	4	1	6	3	7	9	5
6	3	9	7	2	5	8	4	1
5	6	8	2	3	9	1	7	4
4	1	5	3	8	2	9	6	7
9	7	6	5	4	1	3	8	2
8	2	1	4	5	7	6	3	9
1	4	3	9	7	6	5	2	8
7	5	2	6	9	8	4	1	3

MEDIUM #159

7	1	6	8	5	2	4	3	9
2	3	9	4	8	6	1	5	7
4	6	3	1	9	5	7	8	2
5	9	2	7	3	4	8	1	6
8	2	5	9	4	3	6	7	1
3	5	7	2	1	8	9	6	4
1	8	4	3	6	7	2	9	5
6	7	1	5	2	9	3	4	8
9	4	8	6	7	1	5	2	3

MEDIUM #160

9	8	3	5	7	1	6	4	2
6	1	2	4	3	8	7	5	9
7	4	5	6	2	9	8	1	3
2	9	8	7	1	3	5	6	4
4	6	1	8	9	5	2	3	7
5	3	7	9	8	4	1	2	6
3	5	4	2	6	7	9	8	1
8	7	6	1	4	2	3	9	5
1	2	9	3	5	6	4	7	8

MEDIUM #161

1	7	9	5	2	3	4	8	6
8	4	5	3	1	9	2	6	7
6	5	8	7	4	1	3	9	2
9	6	7	4	3	5	8	2	1
2	3	1	6	5	4	9	7	8
5	1	2	9	7	8	6	4	3
7	8	4	2	9	6	1	3	5
4	2	3	8	6	7	5	1	9
3	9	6	1	8	2	7	5	4

MEDIUM #162

7	8	6	1	4	9	3	5	2
4	5	3	2	9	8	6	1	7
1	7	5	4	2	3	9	8	6
6	2	4	9	8	1	7	3	5
2	3	8	6	7	5	4	9	1
5	1	9	8	6	4	2	7	3
8	9	7	3	1	6	5	2	4
9	4	2	5	3	7	1	6	8
3	6	1	7	5	2	8	4	9

MEDIUM #163

2	5	9	4	1	8	7	3	6
4	1	6	3	7	5	9	8	2
9	8	3	7	6	2	4	5	1
6	9	8	5	4	3	1	2	7
7	3	1	2	9	4	5	6	8
1	2	5	8	3	9	6	7	4
5	7	4	6	2	1	8	9	3
3	4	7	9	8	6	2	1	5
8	6	2	1	5	7	3	4	9

MEDIUM #164

3	1	9	8	2	4	6	5	7
2	9	6	4	8	1	3	7	5
8	7	4	5	9	2	1	6	3
6	4	1	3	7	8	5	9	2
9	6	5	2	3	7	8	4	1
5	2	8	1	4	6	7	3	9
7	3	2	9	6	5	4	1	8
1	8	7	6	5	3	9	2	4
4	5	3	7	1	9	2	8	6

MEDIUM #165

7	1	5	6	2	4	8	3	9
9	4	1	7	5	8	6	2	3
2	3	6	9	4	1	7	5	8
5	8	9	3	7	2	1	4	6
6	2	7	8	9	3	4	1	5
8	5	2	4	1	9	3	6	7
1	9	3	5	6	7	2	8	4
4	6	8	2	3	5	9	7	1
3	7	4	1	8	6	5	9	2

MEDIUM #166

2	1	5	3	4	8	7	9	6
4	3	6	7	8	9	2	5	1
9	7	4	8	1	5	6	3	2
5	6	8	4	3	7	1	2	9
7	9	1	2	5	3	8	6	4
8	2	3	5	9	6	4	1	7
6	4	9	1	7	2	3	8	5
1	8	2	9	6	4	5	7	3
3	5	7	6	2	1	9	4	8

MEDIUM #167

3	2	4	8	6	7	5	9	1
1	9	6	5	2	3	8	7	4
7	8	5	1	9	4	2	6	3
4	6	1	7	5	8	3	2	9
6	3	2	9	4	1	7	5	8
8	5	3	2	7	9	1	4	6
2	1	9	6	3	5	4	8	7
9	4	7	3	8	2	6	1	5
5	7	8	4	1	6	9	3	2

MEDIUM #168

4	2	8	3	9	5	7	6	1
6	9	1	7	2	4	5	3	8
2	5	7	6	4	8	3	1	9
8	4	3	1	7	2	9	5	6
1	3	9	8	5	6	2	4	7
7	1	6	4	3	9	8	2	5
3	6	5	9	8	1	4	7	2
9	7	2	5	1	3	6	8	4
5	8	4	2	6	7	1	9	3

MEDIUM #169

6	1	2	4	8	7	3	5	9
9	3	5	7	4	8	1	6	2
7	8	3	6	9	2	5	1	4
2	6	4	5	1	3	9	7	8
5	4	8	9	6	1	2	3	7
1	9	7	3	2	5	8	4	6
8	7	9	1	3	6	4	2	5
3	2	6	8	5	4	7	9	1
4	5	1	2	7	9	6	8	3

MEDIUM #170

6	1	3	4	8	7	5	9	2
5	2	9	7	6	3	8	4	1
7	9	4	1	2	5	3	8	6
3	5	8	2	4	9	1	6	7
4	6	7	9	1	8	2	3	5
8	7	5	6	9	2	4	1	3
1	3	6	5	7	4	9	2	8
2	4	1	8	3	6	7	5	9
9	8	2	3	5	1	6	7	4

MEDIUM #171

5	6	9	4	8	3	7	2	1
2	1	3	7	4	5	6	9	8
7	8	1	3	6	9	4	5	2
6	4	5	9	2	8	1	3	7
3	2	8	6	7	1	9	4	5
9	7	2	8	3	6	5	1	4
1	5	4	2	9	7	8	6	3
4	9	7	5	1	2	3	8	6
8	3	6	1	5	4	2	7	9

MEDIUM #172

8	3	6	2	9	5	1	4	7
1	4	9	5	7	2	8	3	6
4	5	7	6	3	1	2	9	8
2	1	5	3	4	8	6	7	9
9	2	8	7	5	6	3	1	4
7	6	1	4	2	3	9	8	5
5	8	2	9	1	7	4	6	3
3	7	4	8	6	9	5	2	1
6	9	3	1	8	4	7	5	2

MEDIUM #173

4	6	5	3	9	1	2	7	8
7	1	2	8	4	5	9	3	6
5	2	6	1	7	4	8	9	3
1	3	9	7	8	6	5	2	4
2	9	3	4	1	8	6	5	7
6	7	8	5	2	3	4	1	9
9	5	4	2	6	7	3	8	1
3	8	1	6	5	9	7	4	2
8	4	7	9	3	2	1	6	5

MEDIUM #174

7	3	6	4	5	8	2	9	1
2	8	1	9	3	6	5	7	4
4	9	5	8	7	2	6	1	3
6	5	3	7	1	9	4	2	8
9	4	7	1	2	5	3	8	6
5	1	2	6	8	3	7	4	9
1	7	8	3	6	4	9	5	2
8	6	4	2	9	7	1	3	5
3	2	9	5	4	1	8	6	7

MEDIUM #175

9	6	3	8	7	2	4	1	5
4	2	1	3	5	6	8	9	7
7	1	9	5	4	8	3	6	2
5	7	4	6	2	3	1	8	9
1	4	8	9	6	5	7	2	3
3	8	5	7	9	1	2	4	6
2	9	6	1	3	4	5	7	8
8	3	7	2	1	9	6	5	4
6	5	2	4	8	7	9	3	1

MEDIUM #176

7	1	8	4	3	2	9	5	6
5	9	6	2	4	8	7	1	3
8	4	1	5	2	7	3	6	9
3	6	2	9	7	4	5	8	1
1	2	5	6	8	3	4	9	7
6	7	9	3	1	5	8	2	4
4	8	3	1	5	9	6	7	2
9	5	4	7	6	1	2	3	8
2	3	7	8	9	6	1	4	5

MEDIUM #177

6	1	5	2	7	4	8	3	9
4	8	7	3	6	1	9	2	5
9	3	6	1	5	8	7	4	2
5	7	3	4	9	2	6	8	1
2	4	9	8	1	7	3	5	6
8	9	4	6	2	3	5	1	7
7	2	1	5	3	9	4	6	8
3	5	2	7	8	6	1	9	4
1	6	8	9	4	5	2	7	3

MEDIUM #178

2	7	8	4	6	5	1	9	3
3	9	6	7	5	1	4	8	2
4	2	1	8	9	3	6	5	7
7	8	5	1	3	4	9	2	6
5	6	9	2	1	8	3	7	4
9	5	7	3	4	2	8	6	1
1	4	2	9	8	6	7	3	5
6	1	3	5	7	9	2	4	8
8	3	4	6	2	7	5	1	9

MEDIUM #179

7	2	4	5	3	9	1	8	6
1	3	9	2	7	8	4	6	5
5	6	8	7	4	3	2	9	1
6	9	5	8	2	4	7	1	3
4	1	3	9	8	7	6	5	2
3	7	6	1	5	2	9	4	8
9	5	2	3	6	1	8	7	4
8	4	1	6	9	5	3	2	7
2	8	7	4	1	6	5	3	9

MEDIUM #180

4	3	6	8	1	9	5	2	7
7	2	5	1	3	4	9	8	6
8	6	7	9	5	2	1	3	4
3	4	2	6	9	5	8	7	1
2	5	8	7	4	1	3	6	9
1	7	9	3	8	6	2	4	5
9	1	4	2	6	3	7	5	8
6	9	3	5	7	8	4	1	2
5	8	1	4	2	7	6	9	3

MEDIUM #181

3	7	4	8	5	9	6	1	2
4	8	9	2	1	6	5	3	7
6	9	2	3	7	4	1	5	8
5	6	1	7	8	2	3	9	4
1	5	8	9	3	7	2	4	6
9	2	5	1	4	8	7	6	3
7	3	6	4	2	1	9	8	5
8	1	7	5	6	3	4	2	9
2	4	3	6	9	5	8	7	1

MEDIUM #182

5	2	1	6	8	9	4	7	3
8	3	4	1	5	7	2	9	6
4	9	7	3	1	5	8	6	2
7	5	8	9	2	6	1	3	4
3	4	6	2	9	1	7	5	8
9	6	3	4	7	8	5	2	1
1	8	2	5	6	3	9	4	7
6	1	5	7	4	2	3	8	9
2	7	9	8	3	4	6	1	5

MEDIUM #183

8	4	6	9	7	3	2	1	5
2	1	4	6	5	8	9	7	3
5	9	2	7	3	1	6	4	8
1	7	5	2	6	9	8	3	4
3	2	9	4	8	7	1	5	6
6	5	3	8	1	2	4	9	7
9	8	7	5	4	6	3	2	1
7	6	1	3	2	4	5	8	9
4	3	8	1	9	5	7	6	2

MEDIUM #184

8	9	2	6	1	7	4	5	3
4	1	7	5	3	9	8	2	6
3	5	1	8	4	6	9	7	2
9	2	4	7	8	3	5	6	1
6	4	8	3	9	2	7	1	5
7	6	5	4	2	1	3	9	8
5	7	3	2	6	8	1	4	9
1	8	6	9	5	4	2	3	7
2	3	9	1	7	5	6	8	4

MEDIUM #185

9	3	5	2	4	1	8	7	6
7	6	1	5	9	8	2	4	3
4	8	9	3	7	5	6	2	1
2	1	7	6	8	4	3	5	9
1	4	6	8	2	7	9	3	5
6	2	3	1	5	9	7	8	4
5	7	2	4	3	6	1	9	8
3	5	8	9	1	2	4	6	7
8	9	4	7	6	3	5	1	2

MEDIUM #186

8	9	5	4	2	1	3	7	6
3	2	1	5	6	7	4	8	9
7	6	4	8	3	9	2	1	5
6	5	2	1	9	8	7	4	3
4	7	3	9	8	6	1	5	2
1	4	9	6	7	2	5	3	8
5	8	7	2	1	3	9	6	4
9	1	8	3	4	5	6	2	7
2	3	6	7	5	4	8	9	1

MEDIUM #187

9	1	4	2	3	5	6	7	8
8	2	6	4	5	7	3	1	9
5	7	3	6	9	8	1	4	2
3	8	7	1	2	4	9	5	6
6	5	9	7	4	1	8	2	3
1	4	2	3	8	6	7	9	5
4	3	5	8	1	9	2	6	7
7	9	8	5	6	2	4	3	1
2	6	1	9	7	3	5	8	4

MEDIUM #188

6	4	7	1	2	9	5	8	3
8	3	5	9	6	1	4	7	2
9	2	6	8	5	4	3	1	7
4	7	3	2	1	8	9	6	5
5	1	8	7	4	3	2	9	6
2	5	9	3	7	6	1	4	8
1	8	4	6	3	5	7	2	9
7	6	1	5	9	2	8	3	4
3	9	2	4	8	7	6	5	1

MEDIUM #189

4	3	8	9	2	5	6	1	7
9	2	6	7	1	4	8	3	5
1	5	7	4	3	6	9	8	2
3	8	1	5	6	7	4	2	9
6	7	5	2	9	8	3	4	1
7	1	9	8	4	2	5	6	3
2	4	3	6	5	9	1	7	8
8	9	4	1	7	3	2	5	6
5	6	2	3	8	1	7	9	4

MEDIUM #190

6	9	8	2	5	3	4	1	7
1	7	3	4	2	5	6	8	9
7	3	5	8	1	6	9	2	4
5	1	9	3	4	7	2	6	8
2	8	4	9	6	1	7	5	3
9	4	2	1	3	8	5	7	6
3	2	1	6	7	4	8	9	5
4	5	6	7	8	9	1	3	2
8	6	7	5	9	2	3	4	1

MEDIUM #191

1	5	2	4	8	3	6	9	7
4	7	9	6	2	1	8	5	3
6	2	8	9	1	7	3	4	5
7	8	5	1	3	9	2	6	4
5	9	6	3	4	8	7	1	2
3	1	4	2	6	5	9	7	8
2	3	1	7	5	6	4	8	9
8	4	7	5	9	2	1	3	6
9	6	3	8	7	4	5	2	1

MEDIUM #192

7	4	9	1	5	3	2	6	8
8	3	6	2	7	1	5	9	4
3	9	5	4	2	8	6	1	7
6	1	8	3	9	5	4	7	2
1	7	2	8	4	6	3	5	9
2	5	7	9	1	4	8	3	6
9	8	4	6	3	7	1	2	5
5	6	3	7	8	2	9	4	1
4	2	1	5	6	9	7	8	3

MEDIUM #193

8	4	2	1	6	3	7	5	9
9	6	1	3	5	7	8	4	2
6	7	8	5	9	2	4	3	1
3	9	5	2	8	4	1	6	7
5	8	7	4	2	6	9	1	3
1	2	3	6	7	8	5	9	4
4	1	9	7	3	5	2	8	6
2	5	6	9	4	1	3	7	8
7	3	4	8	1	9	6	2	5

MEDIUM #194

2	8	1	9	4	6	7	5	3
4	5	6	7	8	1	2	3	9
3	2	8	1	9	5	4	6	7
5	3	7	2	6	8	9	1	4
6	4	9	5	7	3	1	8	2
1	9	3	4	5	2	6	7	8
8	7	2	6	3	4	5	9	1
9	6	4	3	1	7	8	2	5
7	1	5	8	2	9	3	4	6

MEDIUM #195

8	5	4	7	2	3	6	1	9
1	7	2	6	5	8	9	3	4
3	6	9	5	4	7	1	8	2
4	8	5	9	1	2	3	6	7
2	3	7	1	8	9	5	4	6
6	4	3	8	9	1	2	7	5
7	2	6	4	3	5	8	9	1
5	9	1	3	7	6	4	2	8
9	1	8	2	6	4	7	5	3

MEDIUM #196

3	8	7	4	6	1	9	2	5
6	4	9	1	5	2	3	7	8
4	5	1	7	3	9	8	6	2
9	2	3	5	7	8	6	4	1
7	6	2	9	1	4	5	8	3
8	1	5	3	2	6	4	9	7
1	7	6	8	9	3	2	5	4
5	9	8	2	4	7	1	3	6
2	3	4	6	8	5	7	1	9

MEDIUM #197

7	3	5	4	9	8	1	6	2
9	6	8	1	2	4	7	5	3
2	1	4	3	5	9	6	7	8
6	5	7	8	4	3	9	2	1
3	9	1	7	6	2	4	8	5
8	2	6	9	3	1	5	4	7
4	7	9	2	8	5	3	1	6
1	8	3	5	7	6	2	9	4
5	4	2	6	1	7	8	3	9

MEDIUM #198

1	5	3	7	4	2	8	9	6
8	6	9	5	7	3	4	2	1
6	4	2	9	8	1	7	5	3
2	9	4	1	3	5	6	7	8
7	8	1	3	6	9	5	4	2
3	1	5	8	2	4	9	6	7
5	2	7	6	9	8	3	1	4
4	3	6	2	5	7	1	8	9
9	7	8	4	1	6	2	3	5

MEDIUM #199

2	7	5	1	4	3	9	6	8
9	6	8	5	2	7	4	1	3
8	4	1	6	5	2	7	3	9
3	1	7	9	6	8	5	4	2
4	3	2	8	1	9	6	5	7
6	5	9	3	7	4	2	8	1
1	2	4	7	8	5	3	9	6
7	9	6	4	3	1	8	2	5
5	8	3	2	9	6	1	7	4

MEDIUM #200

5	9	8	6	2	7	3	1	4
1	3	4	8	9	2	5	6	7
4	1	9	3	6	5	7	2	8
8	7	2	5	3	4	6	9	1
6	2	1	7	8	9	4	3	5
3	5	7	1	4	6	9	8	2
2	6	3	4	5	1	8	7	9
7	8	5	9	1	3	2	4	6
9	4	6	2	7	8	1	5	3

MEDIUM #201

7	5	6	1	9	4	2	3	8
3	6	7	2	5	8	9	4	1
9	1	8	7	4	5	6	2	3
2	4	3	9	1	6	8	5	7
8	3	2	4	6	7	1	9	5
1	8	5	3	7	9	4	6	2
6	2	9	5	8	1	3	7	4
5	9	4	8	2	3	7	1	6
4	7	1	6	3	2	5	8	9

MEDIUM #202

3	2	6	7	4	8	1	9	5
1	4	8	5	9	6	2	3	7
8	9	5	2	3	7	6	4	1
7	6	4	1	5	2	3	8	9
2	1	3	9	8	5	4	7	6
5	3	2	4	7	1	9	6	8
6	7	9	3	1	4	8	5	2
4	5	1	8	6	9	7	2	3
9	8	7	6	2	3	5	1	4

MEDIUM #203

1	8	2	6	5	7	9	3	4
4	7	3	9	8	2	5	6	1
5	6	9	2	4	3	7	1	8
8	5	6	7	2	9	1	4	3
6	3	4	1	7	8	2	9	5
3	2	5	4	6	1	8	7	9
7	9	8	5	1	4	3	2	6
2	4	1	3	9	5	6	8	7
9	1	7	8	3	6	4	5	2

MEDIUM #204

4	2	6	9	8	3	1	7	5
5	1	8	3	2	6	4	9	7
3	5	4	7	9	1	8	6	2
1	7	9	6	4	5	2	3	8
8	9	2	5	7	4	3	1	6
9	6	7	2	3	8	5	4	1
6	4	5	8	1	9	7	2	3
7	8	3	1	6	2	9	5	4
2	3	1	4	5	7	6	8	9

MEDIUM #205

3	5	9	6	8	2	1	4	7
1	9	7	2	4	5	6	3	8
8	4	1	3	6	7	5	9	2
6	2	5	9	1	3	8	7	4
7	8	3	1	5	4	9	2	6
2	7	8	5	3	9	4	6	1
5	6	2	4	7	1	3	8	9
9	1	4	8	2	6	7	5	3
4	3	6	7	9	8	2	1	5

MEDIUM #206

7	5	3	9	6	2	1	8	4
4	1	7	2	8	5	3	6	9
9	6	8	1	4	3	2	7	5
2	8	5	3	1	4	6	9	7
6	3	4	7	9	8	5	2	1
8	4	1	6	2	7	9	5	3
3	9	2	5	7	1	8	4	6
5	7	9	8	3	6	4	1	2
1	2	6	4	5	9	7	3	8

MEDIUM #207

6	8	3	9	2	5	7	4	1
7	9	8	4	6	2	1	5	3
5	7	2	1	3	4	8	9	6
1	5	6	8	4	3	9	7	2
3	1	4	5	7	6	2	8	9
4	3	9	2	1	7	5	6	8
8	2	1	6	5	9	4	3	7
9	6	5	7	8	1	3	2	4
2	4	7	3	9	8	6	1	5

MEDIUM #208

2	3	1	6	4	8	5	7	9
6	9	2	7	5	3	8	4	1
9	4	3	1	8	7	6	5	2
1	8	7	4	2	6	9	3	5
3	5	4	9	1	2	7	6	8
7	1	5	8	9	4	3	2	6
8	6	9	2	3	5	4	1	7
4	7	8	5	6	1	2	9	3
5	2	6	3	7	9	1	8	4

MEDIUM #209

2	4	5	7	1	9	3	8	6
1	7	2	8	5	3	6	9	4
3	6	4	9	7	8	5	2	1
5	3	7	2	8	6	1	4	9
4	1	8	3	6	7	9	5	2
7	9	6	4	3	2	8	1	5
8	2	1	5	9	4	7	6	3
6	8	9	1	4	5	2	3	7
9	5	3	6	2	1	4	7	8

MEDIUM #210

9	5	7	2	8	3	4	6	1
6	4	8	5	7	1	3	2	9
3	2	1	4	6	9	8	7	5
5	8	6	3	2	4	9	1	7
7	3	2	1	4	5	6	9	8
1	6	9	8	3	2	7	5	4
4	1	5	6	9	7	2	8	3
8	9	4	7	5	6	1	3	2
2	7	3	9	1	8	5	4	6

MEDIUM #211

3	8	6	1	5	7	4	9	2
2	5	9	4	1	3	6	7	8
1	7	5	9	2	8	3	6	4
5	6	8	3	9	2	1	4	7
4	2	7	8	6	1	5	3	9
9	3	1	5	7	4	8	2	6
8	9	3	2	4	6	7	5	1
6	1	4	7	3	9	2	8	5
7	4	2	6	8	5	9	1	3

MEDIUM #212

5	1	9	3	6	8	2	7	4
4	3	2	5	1	9	7	8	6
8	6	7	9	4	2	5	3	1
1	9	6	2	5	7	8	4	3
7	4	1	8	3	5	6	2	9
2	5	4	6	8	3	1	9	7
9	7	5	4	2	1	3	6	8
6	8	3	1	7	4	9	5	2
3	2	8	7	9	6	4	1	5

MEDIUM #213

2	8	6	1	3	4	9	5	7
9	4	2	6	7	5	8	1	3
5	7	8	9	2	3	1	4	6
1	3	7	5	8	6	4	2	9
8	2	3	4	9	1	7	6	5
7	1	9	8	5	2	6	3	4
3	9	4	2	6	8	5	7	1
4	6	5	7	1	9	3	8	2
6	5	1	3	4	7	2	9	8

MEDIUM #214

2	3	5	1	8	7	6	4	9
4	7	2	6	9	1	5	3	8
5	1	8	2	4	3	7	9	6
6	8	3	9	5	4	2	1	7
3	6	9	7	2	5	1	8	4
1	9	4	8	7	6	3	5	2
7	4	1	5	6	8	9	2	3
9	5	6	4	3	2	8	7	1
8	2	7	3	1	9	4	6	5

MEDIUM #215

1	3	5	9	2	4	8	7	6
2	7	4	6	8	3	5	1	9
8	9	1	5	7	6	2	4	3
4	1	6	3	5	9	7	2	8
9	2	8	4	1	7	6	3	5
3	5	7	8	9	2	1	6	4
6	4	2	1	3	5	9	8	7
7	6	9	2	4	8	3	5	1
5	8	3	7	6	1	4	9	2

MEDIUM #216

9	1	8	4	3	2	5	7	6
7	5	6	2	8	4	3	1	9
1	4	7	5	9	6	2	3	8
8	2	3	1	7	9	6	4	5
2	3	9	6	4	7	8	5	1
4	9	5	7	6	8	1	2	3
3	6	1	8	2	5	4	9	7
6	7	4	3	5	1	9	8	2
5	8	2	9	1	3	7	6	4

MEDIUM #217

6	2	3	5	4	1	9	7	8
8	7	4	1	5	3	6	2	9
9	6	5	2	7	8	3	4	1
1	3	2	7	6	9	8	5	4
4	5	8	3	1	2	7	9	6
3	4	6	9	2	7	1	8	5
2	8	1	6	9	5	4	3	7
5	9	7	4	8	6	2	1	3
7	1	9	8	3	4	5	6	2

MEDIUM #218

3	5	8	9	6	2	4	7	1
1	3	4	8	2	5	7	6	9
5	9	2	4	1	7	6	8	3
7	8	1	6	9	4	3	5	2
6	7	5	2	3	1	8	9	4
4	1	3	5	7	6	9	2	8
9	6	7	1	4	8	2	3	5
8	2	6	3	5	9	1	4	7
2	4	9	7	8	3	5	1	6

MEDIUM #219

2	1	7	4	3	8	9	6	5
5	8	9	3	6	1	7	4	2
9	7	1	8	4	2	5	3	6
1	9	6	2	5	4	3	7	8
8	4	2	5	7	6	1	9	3
4	2	5	6	9	3	8	1	7
3	6	8	7	1	9	2	5	4
6	5	3	1	8	7	4	2	9
7	3	4	9	2	5	6	8	1

MEDIUM #220

8	7	6	1	4	2	3	5	9
3	9	5	2	8	4	6	1	7
5	2	3	7	1	9	8	4	6
1	4	2	3	9	6	5	7	8
6	8	9	4	7	5	1	2	3
4	1	8	9	3	7	2	6	5
9	6	7	5	2	8	4	3	1
7	3	4	6	5	1	9	8	2
2	5	1	8	6	3	7	9	4

MEDIUM #221

8	1	4	5	9	6	2	7	3
1	5	2	9	3	7	6	4	8
4	7	1	3	2	8	5	6	9
3	6	8	2	7	4	9	5	1
7	4	9	6	8	3	1	2	5
2	3	5	7	4	1	8	9	6
5	9	6	8	1	2	4	3	7
9	8	3	4	6	5	7	1	2
6	2	7	1	5	9	3	8	4

MEDIUM #222

1	9	5	7	6	4	3	2	8
4	8	2	3	1	9	6	7	5
3	7	8	6	2	5	4	9	1
2	1	4	5	7	8	9	3	6
8	6	9	4	3	2	5	1	7
6	2	3	8	9	7	1	5	4
7	5	1	9	4	3	8	6	2
5	3	7	1	8	6	2	4	9
9	4	6	2	5	1	7	8	3

MEDIUM #223

4	2	5	3	7	8	9	6	1
6	3	9	1	8	7	2	4	5
9	8	3	4	5	2	6	1	7
5	9	1	7	4	6	8	3	2
3	1	4	2	6	9	5	7	8
2	6	7	8	1	5	3	9	4
1	4	2	5	9	3	7	8	6
8	7	6	9	2	1	4	5	3
7	5	8	6	3	4	1	2	9

MEDIUM #224

2	5	4	3	1	6	9	7	8
1	9	5	8	7	3	4	6	2
7	3	8	6	9	2	5	4	1
6	4	9	7	2	1	8	5	3
8	7	2	1	5	4	6	3	9
4	2	3	9	6	5	1	8	7
9	8	6	4	3	7	2	1	5
3	6	1	5	8	9	7	2	4
5	1	7	2	4	8	3	9	6

MEDIUM #225

9	3	7	8	1	5	2	4	6
6	1	2	4	5	3	8	9	7
8	7	6	2	3	1	4	5	9
5	9	8	6	4	7	1	3	2
3	2	1	5	8	9	7	6	4
7	6	4	9	2	8	3	1	5
2	4	9	1	7	6	5	8	3
4	8	5	3	9	2	6	7	1
1	5	3	7	6	4	9	2	8

MEDIUM #226

9	6	2	1	4	7	8	3	5
7	4	5	8	1	9	3	6	2
1	9	7	3	6	2	5	8	4
6	3	4	5	2	8	1	7	9
2	8	9	4	7	3	6	5	1
3	2	8	6	9	5	4	1	7
5	7	1	2	3	6	9	4	8
8	1	6	7	5	4	2	9	3
4	5	3	9	8	1	7	2	6

MEDIUM #227

8	9	1	6	2	7	3	5	4
1	3	8	9	5	4	2	7	6
3	4	5	2	7	6	9	1	8
5	6	4	1	9	2	7	8	3
2	7	9	8	3	5	6	4	1
6	2	3	7	4	1	8	9	5
9	5	2	3	1	8	4	6	7
4	8	7	5	6	9	1	3	2
7	1	6	4	8	3	5	2	9

MEDIUM #228

4	9	6	7	8	1	5	2	3
1	2	3	6	5	7	9	8	4
6	8	4	1	3	5	7	9	2
3	5	7	2	9	4	1	6	8
7	6	8	5	1	3	2	4	9
2	3	1	9	4	6	8	5	7
9	4	5	8	7	2	3	1	6
8	1	2	3	6	9	4	7	5
5	7	9	4	2	8	6	3	1

MEDIUM #229

9	3	2	8	5	4	6	1	7
5	7	4	1	6	3	9	8	2
1	8	7	9	4	6	3	2	5
4	2	9	3	1	8	7	5	6
8	6	3	4	9	5	2	7	1
7	1	5	6	2	9	4	3	8
6	5	8	2	3	7	1	4	9
2	4	6	5	7	1	8	9	3
3	9	1	7	8	2	5	6	4

MEDIUM #230

9	2	7	5	3	8	1	6	4
3	1	2	6	8	5	9	4	7
5	4	1	3	9	6	2	7	8
7	8	6	2	4	3	5	1	9
6	5	3	1	7	4	8	9	2
8	7	4	9	2	1	6	3	5
2	3	8	7	1	9	4	5	6
1	9	5	4	6	2	7	8	3
4	6	9	8	5	7	3	2	1

MEDIUM #231

7	5	1	9	8	2	6	4	3
6	2	8	3	5	9	1	7	4
4	9	3	6	1	7	2	5	8
1	7	5	8	3	6	4	2	9
5	6	2	4	9	3	7	8	1
2	4	7	1	6	8	9	3	5
3	1	9	2	4	5	8	6	7
8	3	4	7	2	1	5	9	6
9	8	6	5	7	4	3	1	2

MEDIUM #232

1	2	8	4	7	6	5	9	3
6	3	9	5	8	2	7	1	4
5	7	4	8	3	1	9	6	2
9	4	2	1	6	5	3	7	8
8	1	6	3	5	9	2	4	7
2	5	7	9	1	3	4	8	6
4	9	3	6	2	7	8	5	1
7	8	1	2	9	4	6	3	5
3	6	5	7	4	8	1	2	9

MEDIUM #233

9	5	1	6	3	8	4	7	2
8	1	2	3	9	4	7	6	5
7	4	6	2	5	3	8	9	1
2	6	5	1	4	7	9	3	8
3	2	7	4	1	6	5	8	9
6	9	8	7	2	1	3	5	4
5	3	9	8	7	2	1	4	6
4	8	3	9	6	5	2	1	7
1	7	4	5	8	9	6	2	3

MEDIUM #234

7	4	5	1	9	3	2	8	6
8	3	1	2	6	7	9	4	5
9	7	6	8	4	5	1	2	3
5	6	2	7	3	4	8	9	1
2	5	8	9	7	1	6	3	4
3	9	4	6	5	8	7	1	2
1	2	3	4	8	9	5	6	7
4	1	9	5	2	6	3	7	8
6	8	7	3	1	2	4	5	9

MEDIUM #235

4	7	8	6	2	1	3	5	9
2	8	5	3	9	6	1	4	7
1	9	3	2	5	7	4	8	6
5	2	6	9	1	4	8	7	3
9	6	7	1	8	5	2	3	4
8	3	4	7	6	9	5	2	1
3	5	9	4	7	8	6	1	2
7	4	1	5	3	2	9	6	8
6	1	2	8	4	3	7	9	5

MEDIUM #236

7	3	6	9	4	8	5	2	1
1	9	7	6	5	2	3	8	4
8	6	3	2	1	9	7	4	5
2	4	5	1	7	3	9	6	8
9	7	4	5	8	6	1	3	2
5	2	8	4	3	1	6	7	9
6	5	2	7	9	4	8	1	3
3	1	9	8	2	7	4	5	6
4	8	1	3	6	5	2	9	7

MEDIUM #237

7	5	9	8	2	3	1	6	4
3	2	1	6	7	4	9	5	8
4	8	6	9	3	1	7	2	5
1	4	2	7	8	5	6	3	9
5	7	8	3	9	2	4	1	6
2	6	7	1	4	8	5	9	3
9	3	5	4	1	6	2	8	7
8	1	4	5	6	9	3	7	2
6	9	3	2	5	7	8	4	1

MEDIUM #238

9	4	1	3	8	5	2	6	7
5	7	2	4	9	3	6	1	8
2	6	8	7	3	9	5	4	1
8	2	6	1	5	4	9	7	3
4	9	3	5	6	7	1	8	2
1	5	9	8	7	6	3	2	4
6	3	7	2	4	1	8	9	5
3	8	4	6	1	2	7	5	9
7	1	5	9	2	8	4	3	6

MEDIUM #239

2	8	4	3	6	7	1	9	5
6	7	9	1	3	5	2	4	8
7	9	3	5	2	4	8	1	6
1	5	8	6	9	2	4	3	7
5	4	2	8	1	6	3	7	9
8	1	6	7	4	3	9	5	2
4	3	7	2	5	9	6	8	1
9	2	1	4	7	8	5	6	3
3	6	5	9	8	1	7	2	4

MEDIUM #240

8	1	5	7	4	3	9	6	2
9	6	3	2	5	1	4	8	7
1	4	9	5	7	6	2	3	8
6	8	4	1	3	2	7	9	5
2	5	7	8	6	9	3	1	4
7	2	6	9	8	4	1	5	3
3	7	1	6	2	5	8	4	9
5	3	2	4	9	8	6	7	1
4	9	8	3	1	7	5	2	6

MEDIUM #241

2	5	6	9	8	1	3	7	4
4	3	7	2	5	8	1	9	6
7	1	8	6	4	3	5	2	9
1	7	9	4	3	5	6	8	2
6	9	5	3	1	7	2	4	8
8	2	3	1	7	4	9	6	5
3	6	4	7	2	9	8	5	1
9	8	1	5	6	2	4	3	7
5	4	2	8	9	6	7	1	3

MEDIUM #242

1	3	6	5	8	7	4	2	9
8	4	9	2	7	1	3	6	5
6	7	5	9	4	3	8	1	2
4	9	3	8	6	2	7	5	1
3	1	7	6	5	4	2	9	8
5	8	2	4	3	9	1	7	6
7	6	8	1	2	5	9	3	4
9	2	4	7	1	6	5	8	3
2	5	1	3	9	8	6	4	7

MEDIUM #243

3	7	8	6	9	5	4	2	1
1	5	4	2	6	7	8	3	9
2	3	5	9	7	4	6	1	8
4	1	7	8	5	3	9	6	2
9	6	2	3	4	1	7	8	5
6	2	1	4	3	8	5	9	7
5	8	9	7	1	6	2	4	3
7	9	6	1	8	2	3	5	4
8	4	3	5	2	9	1	7	6

MEDIUM #244

4	2	9	3	1	8	6	5	7
7	5	8	1	6	3	4	2	9
8	9	4	6	7	1	2	3	5
1	7	5	2	3	4	9	8	6
9	6	3	8	5	2	7	1	4
5	1	6	4	2	7	3	9	8
2	4	7	5	8	9	1	6	3
3	8	2	9	4	6	5	7	1
6	3	1	7	9	5	8	4	2

MEDIUM #245

1	8	2	6	5	4	7	9	3
5	7	4	1	3	8	6	2	9
9	6	8	7	2	5	3	1	4
3	9	7	5	8	1	4	6	2
4	1	5	2	6	3	9	7	8
8	2	3	4	9	6	1	5	7
2	3	6	9	1	7	8	4	5
7	5	1	8	4	9	2	3	6
6	4	9	3	7	2	5	8	1

MEDIUM #246

4	9	6	7	5	3	2	8	1
8	1	9	2	7	5	6	3	4
2	7	8	6	9	4	3	1	5
7	3	5	1	8	6	4	9	2
6	5	2	4	3	1	8	7	9
1	2	3	9	4	8	5	6	7
3	8	4	5	1	9	7	2	6
9	4	7	3	6	2	1	5	8
5	6	1	8	2	7	9	4	3

MEDIUM #247

6	7	8	5	3	2	9	1	4
3	2	1	4	9	8	6	7	5
5	3	9	1	8	4	7	2	6
9	8	4	2	1	6	5	3	7
1	4	2	7	6	9	3	5	8
7	5	6	9	2	1	8	4	3
8	9	7	3	4	5	1	6	2
2	6	5	8	7	3	4	9	1
4	1	3	6	5	7	2	8	9

MEDIUM #248

6	8	1	3	5	4	9	2	7
5	7	9	2	6	3	8	4	1
2	1	6	8	9	7	4	3	5
3	4	5	9	7	8	1	6	2
7	6	8	1	3	5	2	9	4
4	9	2	7	8	1	3	5	6
9	5	3	4	2	6	7	1	8
1	3	7	6	4	2	5	8	9
8	2	4	5	1	9	6	7	3

MEDIUM #249

8	4	9	5	6	1	2	7	3
1	8	3	6	2	4	9	5	7
5	1	4	3	7	9	8	6	2
3	6	8	7	1	2	4	9	5
4	2	6	9	5	7	3	1	8
9	7	5	2	8	6	1	3	4
6	3	7	4	9	8	5	2	1
2	9	1	8	3	5	7	4	6
7	5	2	1	4	3	6	8	9

MEDIUM #250

2	8	1	4	7	6	5	3	9
7	3	5	6	8	2	9	4	1
9	7	6	2	3	4	1	8	5
5	9	7	1	2	3	8	6	4
8	4	9	3	1	5	7	2	6
6	5	8	7	4	1	3	9	2
3	6	2	8	5	9	4	1	7
4	1	3	9	6	7	2	5	8
1	2	4	5	9	8	6	7	3

MEDIUM #251

9	5	8	7	3	1	6	4	2
5	2	1	4	6	7	3	9	8
7	6	2	9	1	8	4	5	3
1	8	3	5	2	6	9	7	4
4	1	7	8	9	2	5	3	6
3	9	5	6	8	4	1	2	7
2	4	6	3	7	9	8	1	5
6	7	4	1	5	3	2	8	9
8	3	9	2	4	5	7	6	1

MEDIUM #252

5	1	2	9	3	7	6	4	8
8	3	9	6	2	4	5	1	7
1	6	3	4	7	5	9	8	2
9	5	4	7	8	1	2	3	6
7	2	8	5	1	6	3	9	4
3	9	6	2	4	8	7	5	1
2	4	5	1	6	9	8	7	3
4	8	7	3	5	2	1	6	9
6	7	1	8	9	3	4	2	5

MEDIUM #253

9	8	6	2	1	4	5	3	7
8	6	2	7	5	3	9	1	4
7	1	3	5	4	9	6	8	2
3	4	5	9	7	2	1	6	8
5	7	9	1	8	6	4	2	3
1	3	8	6	2	5	7	4	9
6	9	4	8	3	7	2	5	1
2	5	1	4	9	8	3	7	6
4	2	7	3	6	1	8	9	5

MEDIUM #254

1	9	3	6	8	7	2	4	5
2	3	8	4	7	6	5	9	1
7	1	6	9	5	3	4	8	2
5	8	1	2	4	9	6	7	3
4	6	9	8	1	2	3	5	7
3	2	5	7	9	4	8	1	6
8	4	2	1	3	5	7	6	9
6	7	4	5	2	1	9	3	8
9	5	7	3	6	8	1	2	4

MEDIUM #255

1	9	3	2	5	4	6	7	8
3	8	9	5	6	7	2	1	4
2	1	7	4	8	6	5	9	3
7	4	8	9	2	3	1	6	5
5	6	1	3	7	2	8	4	9
4	5	6	7	9	1	3	8	2
9	2	5	1	4	8	7	3	6
8	3	2	6	1	9	4	5	7
6	7	4	8	3	5	9	2	1

MEDIUM #256

1	5	8	7	6	9	2	4	3
8	7	6	9	2	3	4	5	1
7	9	3	2	4	6	1	8	5
5	8	4	1	3	7	9	2	6
4	3	2	6	1	8	5	9	7
6	2	1	3	9	5	8	7	4
9	4	5	8	7	1	6	3	2
3	6	9	4	5	2	7	1	8
2	1	7	5	8	4	3	6	9

MEDIUM #257

6	5	4	8	2	7	1	3	9
7	3	9	1	6	5	4	2	8
1	8	7	4	3	6	2	9	5
9	2	5	7	8	4	3	6	1
8	1	3	9	5	2	6	4	7
2	4	6	5	9	1	7	8	3
3	7	8	6	4	9	5	1	2
4	9	1	2	7	3	8	5	6
5	6	2	3	1	8	9	7	4

MEDIUM #258

6	8	1	7	3	9	4	5	2
2	5	4	3	9	1	8	6	7
7	1	8	6	4	5	2	9	3
3	9	5	4	8	7	1	2	6
4	7	2	9	1	6	3	8	5
1	3	6	2	5	8	9	7	4
5	6	9	8	2	3	7	4	1
9	2	3	5	7	4	6	1	8
8	4	7	1	6	2	5	3	9

MEDIUM #259

5	4	7	6	9	2	1	8	3
1	9	2	3	7	4	8	6	5
8	6	3	9	5	1	2	4	7
6	5	1	8	4	3	7	2	9
7	8	4	5	2	9	3	1	6
3	1	6	4	8	5	9	7	2
2	3	5	7	1	6	4	9	8
9	2	8	1	6	7	5	3	4
4	7	9	2	3	8	6	5	1

MEDIUM #260

3	2	5	6	7	1	4	9	8
9	4	1	3	5	2	6	8	7
8	5	6	4	9	3	1	7	2
1	3	7	8	2	5	9	4	6
7	9	8	2	4	6	3	1	5
2	6	9	1	3	8	7	5	4
4	7	2	5	6	9	8	3	1
5	8	3	7	1	4	2	6	9
6	1	4	9	8	7	5	2	3

MEDIUM #261

8	5	1	4	7	9	6	3	2
4	1	5	3	8	2	7	9	6
3	8	6	2	1	7	9	5	4
2	6	7	9	4	5	3	1	8
7	2	3	1	5	8	4	6	9
9	4	8	5	3	6	1	2	7
6	7	2	8	9	1	5	4	3
5	9	4	6	2	3	8	7	1
1	3	9	7	6	4	2	8	5

MEDIUM #262

6	3	7	5	8	1	2	4	9
2	8	5	6	4	3	9	1	7
9	4	1	3	7	2	8	6	5
1	5	9	8	2	6	4	7	3
8	6	4	7	3	5	1	9	2
3	7	2	1	9	4	6	5	8
4	1	8	9	5	7	3	2	6
7	2	3	4	6	9	5	8	1
5	9	6	2	1	8	7	3	4

MEDIUM #263

5	9	1	4	2	7	6	3	8
3	8	2	1	9	5	4	6	7
6	2	3	5	7	8	1	9	4
7	5	8	9	6	3	2	4	1
9	1	6	3	8	4	5	7	2
8	7	5	2	4	6	3	1	9
1	3	4	8	5	9	7	2	6
4	6	9	7	1	2	8	5	3
2	4	7	6	3	1	9	8	5

MEDIUM #264

1	8	9	7	6	3	2	4	5
6	1	4	3	9	7	8	5	2
4	6	8	9	5	2	1	7	3
5	3	2	1	8	4	7	6	9
3	5	7	4	2	1	6	9	8
2	7	1	5	3	6	9	8	4
9	4	6	2	7	8	5	3	1
7	9	3	8	1	5	4	2	6
8	2	5	6	4	9	3	1	7

MEDIUM #265

6	9	7	1	5	4	3	2	8
1	3	5	7	2	9	6	8	4
9	5	1	8	4	6	7	3	2
3	4	2	9	6	7	8	1	5
2	1	8	3	7	5	4	6	9
4	8	6	2	3	1	5	9	7
5	7	9	6	8	3	2	4	1
8	6	4	5	9	2	1	7	3
7	2	3	4	1	8	9	5	6

MEDIUM #266

9	4	7	3	6	8	2	1	5
5	2	6	9	7	1	8	3	4
2	8	3	1	4	9	6	5	7
6	3	4	8	5	2	9	7	1
3	1	5	6	9	7	4	8	2
8	6	2	5	1	3	7	4	9
4	9	8	7	2	5	1	6	3
7	5	1	2	8	4	3	9	6
1	7	9	4	3	6	5	2	8

MEDIUM #267

1	5	3	2	7	6	8	4	9
8	9	6	1	4	5	2	7	3
4	7	8	6	3	1	9	2	5
2	1	9	3	8	4	7	5	6
3	4	2	9	5	8	1	6	7
7	6	5	8	1	3	4	9	2
6	8	7	5	9	2	3	1	4
5	3	4	7	2	9	6	8	1
9	2	1	4	6	7	5	3	8

MEDIUM #268

7	3	6	4	9	5	1	2	8
9	1	8	6	5	2	4	3	7
4	2	3	5	7	8	9	1	6
1	7	5	2	4	6	3	8	9
2	8	9	1	3	4	7	6	5
8	4	1	9	2	7	6	5	3
3	5	2	7	6	1	8	9	4
5	6	7	3	8	9	2	4	1
6	9	4	8	1	3	5	7	2

MEDIUM #269

9	4	5	6	8	3	1	7	2
7	2	6	1	4	5	8	3	9
3	1	8	2	7	4	6	9	5
8	5	7	9	2	1	3	4	6
4	9	2	3	1	7	5	6	8
2	6	1	4	3	8	9	5	7
6	3	4	7	5	9	2	8	1
1	8	3	5	9	6	7	2	4
5	7	9	8	6	2	4	1	3

MEDIUM #270

3	7	8	4	1	9	5	6	2
9	5	2	6	8	4	3	7	1
1	4	6	8	3	5	2	9	7
6	8	9	2	7	1	4	3	5
5	2	1	3	9	7	6	4	8
4	6	7	1	5	3	8	2	9
7	3	5	9	4	2	1	8	6
8	1	3	7	2	6	9	5	4
2	9	4	5	6	8	7	1	3

MEDIUM #271

3	1	8	7	5	6	9	2	4
5	8	3	9	4	1	2	6	7
8	9	6	4	7	2	5	3	1
9	6	4	2	1	3	7	8	5
7	5	2	6	8	9	1	4	3
1	3	7	5	2	8	4	9	6
2	4	5	8	3	7	6	1	9
4	2	9	1	6	5	3	7	8
6	7	1	3	9	4	8	5	2

MEDIUM #272

6	5	7	2	3	1	4	8	9
8	4	9	1	7	2	6	3	5
2	8	6	4	5	9	1	7	3
1	7	3	9	8	4	5	2	6
7	1	8	5	6	3	2	9	4
5	3	4	6	9	7	8	1	2
4	9	1	3	2	5	7	6	8
3	2	5	8	1	6	9	4	7
9	6	2	7	4	8	3	5	1

MEDIUM #273

3	1	9	6	8	7	2	5	4
6	2	8	5	4	1	3	9	7
7	3	1	2	6	8	5	4	9
1	9	5	8	2	4	7	6	3
5	6	4	9	7	3	8	2	1
2	8	7	4	1	6	9	3	5
8	4	3	1	5	9	6	7	2
9	5	6	7	3	2	4	1	8
4	7	2	3	9	5	1	8	6

MEDIUM #274

1	4	6	5	3	9	8	7	2
4	2	9	7	1	8	6	3	5
6	8	2	3	7	5	9	4	1
8	6	4	1	5	3	7	2	9
3	1	7	8	9	2	5	6	4
7	9	5	4	2	6	3	1	8
2	5	3	9	6	4	1	8	7
9	3	1	2	8	7	4	5	6
5	7	8	6	4	1	2	9	3

MEDIUM #275

1	5	4	9	2	7	6	3	8
7	2	1	6	8	5	3	9	4
6	8	3	7	9	4	2	1	5
4	3	9	8	5	2	7	6	1
9	6	7	2	1	8	4	5	3
3	1	2	5	4	6	9	8	7
8	4	5	3	7	9	1	2	6
5	9	6	4	3	1	8	7	2
2	7	8	1	6	3	5	4	9

MEDIUM #276

8	9	5	7	2	3	4	1	6
2	4	3	5	7	6	1	9	8
7	5	8	1	6	9	2	3	4
4	1	6	3	8	2	5	7	9
9	7	2	6	1	8	3	4	5
5	6	9	2	3	4	7	8	1
3	8	1	4	9	5	6	2	7
1	2	4	8	5	7	9	6	3
6	3	7	9	4	1	8	5	2

MEDIUM #277

7	6	9	5	1	8	3	2	4
4	5	6	2	8	3	1	7	9
9	4	5	8	3	1	2	6	7
2	3	4	6	9	5	7	1	8
5	9	8	1	7	2	6	4	3
8	7	1	3	4	6	5	9	2
6	1	3	4	2	7	9	8	5
3	8	2	7	6	9	4	5	1
1	2	7	9	5	4	8	3	6

MEDIUM #278

8	5	6	4	7	1	9	2	3
4	9	1	5	3	2	7	8	6
6	7	4	9	1	8	3	5	2
5	3	2	8	6	9	1	4	7
1	2	3	7	4	5	8	6	9
9	8	7	6	2	3	4	1	5
7	6	9	2	8	4	5	3	1
2	1	8	3	5	7	6	9	4
3	4	5	1	9	6	2	7	8

MEDIUM #279

7	3	9	5	8	6	4	1	2
6	4	3	2	1	5	8	9	7
1	5	7	8	3	2	9	6	4
2	1	4	6	9	3	7	8	5
8	7	5	4	2	9	6	3	1
9	6	8	1	5	4	2	7	3
3	8	6	7	4	1	5	2	9
5	9	2	3	7	8	1	4	6
4	2	1	9	6	7	3	5	8

MEDIUM #280

1	3	9	7	8	6	2	4	5
5	2	7	3	4	1	6	9	8
8	6	1	9	2	5	4	3	7
2	9	3	6	7	4	8	5	1
4	5	8	2	3	7	9	1	6
7	4	6	5	9	8	1	2	3
9	7	5	8	1	2	3	6	4
3	8	4	1	6	9	5	7	2
6	1	2	4	5	3	7	8	9

MEDIUM #281

2	8	7	9	3	5	1	6	4
1	3	9	4	8	6	2	5	7
5	2	8	3	6	7	4	1	9
7	4	6	2	5	1	9	8	3
3	5	1	7	4	9	8	2	6
9	1	2	6	7	3	5	4	8
8	6	3	5	2	4	7	9	1
4	7	5	1	9	8	6	3	2
6	9	4	8	1	2	3	7	5

MEDIUM #282

4	6	2	1	5	8	3	9	7
8	5	9	7	6	1	4	2	3
1	2	4	6	9	3	8	7	5
3	8	1	2	7	9	5	6	4
9	7	3	5	4	2	1	8	6
7	9	5	3	8	4	6	1	2
6	3	7	8	1	5	2	4	9
2	1	6	4	3	7	9	5	8
5	4	8	9	2	6	7	3	1

MEDIUM #283

7	1	2	9	8	4	3	6	5
3	7	5	1	4	6	9	2	8
9	4	3	5	1	7	2	8	6
2	5	6	8	3	9	4	7	1
6	8	1	7	2	3	5	4	9
8	6	4	3	9	5	7	1	2
1	2	9	4	7	8	6	5	3
4	3	8	6	5	2	1	9	7
5	9	7	2	6	1	8	3	4

MEDIUM #284

8	3	9	2	7	1	6	5	4
5	4	8	6	1	7	2	3	9
4	2	7	5	3	9	8	1	6
2	5	6	1	9	8	3	4	7
9	7	5	8	6	4	1	2	3
7	9	1	3	2	6	4	8	5
1	6	3	4	8	5	9	7	2
3	1	4	9	5	2	7	6	8
6	8	2	7	4	3	5	9	1

MEDIUM #285

2	3	1	6	4	7	9	8	5
5	9	8	4	7	3	2	1	6
7	1	2	5	3	4	6	9	8
9	6	4	8	1	5	3	2	7
8	7	9	3	2	6	5	4	1
6	2	3	7	8	9	1	5	4
1	5	7	2	9	8	4	6	3
3	4	5	1	6	2	8	7	9
4	8	6	9	5	1	7	3	2

MEDIUM #286

2	6	8	1	9	7	3	4	5
9	3	1	8	5	4	2	7	6
7	5	4	6	2	9	1	8	3
3	1	7	9	6	5	4	2	8
5	2	9	3	4	8	7	6	1
4	7	6	5	8	3	9	1	2
1	8	3	2	7	6	5	9	4
6	9	5	4	1	2	8	3	7
8	4	2	7	3	1	6	5	9

MEDIUM #287

8	2	7	6	5	1	3	4	9
5	4	1	9	8	3	7	2	6
9	7	4	2	3	6	1	8	5
3	6	5	1	7	8	2	9	4
1	3	6	8	2	4	9	5	7
4	8	2	3	9	7	5	6	1
7	9	8	4	1	5	6	3	2
6	5	9	7	4	2	8	1	3
2	1	3	5	6	9	4	7	8

MEDIUM #288

1	3	2	6	4	8	7	5	9
9	2	8	1	7	5	3	6	4
6	9	4	7	2	1	5	8	3
3	7	1	5	6	4	2	9	8
8	5	7	2	3	9	6	4	1
5	8	9	3	1	6	4	7	2
4	6	3	8	5	2	9	1	7
7	1	6	4	9	3	8	2	5
2	4	5	9	8	7	1	3	6

MEDIUM #289

9	4	3	2	6	5	1	8	7
7	8	4	1	3	9	6	5	2
1	5	7	4	2	8	3	6	9
2	1	8	6	5	7	9	3	4
6	9	5	7	8	4	2	1	3
3	7	6	5	9	2	8	4	1
4	2	9	3	1	6	5	7	8
5	3	2	8	4	1	7	9	6
8	6	1	9	7	3	4	2	5

MEDIUM #290

8	9	3	5	4	2	1	6	7
3	2	7	6	1	8	5	9	4
1	7	4	9	8	5	6	3	2
6	5	2	8	3	9	4	7	1
5	4	1	3	7	6	2	8	9
7	6	9	4	2	1	3	5	8
4	8	5	1	6	7	9	2	3
9	3	8	2	5	4	7	1	6
2	1	6	7	9	3	8	4	5

MEDIUM #291

9	2	4	3	1	7	5	8	6
6	8	5	9	4	2	1	7	3
8	5	1	7	6	9	2	3	4
7	6	3	4	5	8	9	2	1
3	4	7	1	8	5	6	9	2
5	1	9	2	7	4	3	6	8
2	3	8	6	9	1	4	5	7
4	7	6	5	2	3	8	1	9
1	9	2	8	3	6	7	4	5

MEDIUM #292

7	6	4	8	3	1	9	2	5
2	8	7	1	4	6	3	5	9
5	9	1	4	7	8	2	6	3
9	7	3	6	5	2	1	8	4
3	1	9	2	6	5	8	4	7
6	4	8	5	1	9	7	3	2
4	2	5	3	8	7	6	9	1
1	3	6	9	2	4	5	7	8
8	5	2	7	9	3	4	1	6

MEDIUM #293

8	4	9	7	1	3	6	5	2
9	6	5	2	4	7	8	1	3
5	8	6	3	7	9	1	2	4
7	3	1	5	2	6	4	9	8
2	1	3	4	9	8	5	7	6
1	7	4	6	8	2	9	3	5
4	2	8	9	3	5	7	6	1
6	9	2	8	5	1	3	4	7
3	5	7	1	6	4	2	8	9

MEDIUM #294

5	9	3	7	6	4	2	8	1
2	8	5	6	4	9	1	7	3
6	4	2	9	5	1	7	3	8
3	1	7	8	9	6	5	2	4
8	2	1	3	7	5	9	4	6
4	3	8	2	1	7	6	9	5
9	7	6	1	8	3	4	5	2
1	5	9	4	2	8	3	6	7
7	6	4	5	3	2	8	1	9

MEDIUM #295

6	3	4	8	9	7	5	1	2
2	8	7	9	6	3	1	5	4
1	5	3	6	2	4	8	7	9
5	4	2	3	1	8	7	9	6
9	7	1	5	4	2	6	8	3
3	9	6	7	8	5	4	2	1
4	6	8	2	5	1	9	3	7
7	1	5	4	3	9	2	6	8
8	2	9	1	7	6	3	4	5

MEDIUM #296

3	1	5	7	2	6	8	9	4
5	2	6	9	8	7	4	3	1
8	4	7	1	6	9	3	2	5
6	7	3	2	1	8	5	4	9
2	8	9	6	7	4	1	5	3
1	5	4	8	9	3	6	7	2
4	9	1	5	3	2	7	8	6
9	3	8	4	5	1	2	6	7
7	6	2	3	4	5	9	1	8

MEDIUM #297

1	9	7	6	3	2	4	8	5
5	4	8	2	9	1	7	3	6
6	7	3	8	4	5	1	2	9
9	8	6	5	7	3	2	1	4
7	2	4	3	1	6	9	5	8
4	3	2	9	5	7	8	6	1
3	5	1	7	8	4	6	9	2
8	6	5	1	2	9	3	4	7
2	1	9	4	6	8	5	7	3

MEDIUM #298

1	3	7	6	4	9	8	5	2
2	5	8	1	3	4	6	9	7
5	9	2	7	6	1	4	8	3
8	4	3	5	7	6	9	2	1
6	1	9	3	8	5	2	7	4
9	8	5	4	2	7	3	1	6
3	7	6	2	9	8	1	4	5
4	2	1	8	5	3	7	6	9
7	6	4	9	1	2	5	3	8

MEDIUM #299

6	2	3	8	1	5	4	7	9
4	7	9	1	6	3	5	2	8
5	4	6	7	2	8	1	9	3
2	8	7	9	5	4	3	6	1
9	1	5	3	4	7	2	8	6
3	9	4	2	8	1	6	5	7
1	6	8	4	7	2	9	3	5
7	5	2	6	3	9	8	1	4
8	3	1	5	9	6	7	4	2

MEDIUM #300

2	7	4	1	5	9	6	3	8
9	3	6	5	1	8	4	7	2
6	2	8	3	7	4	5	1	9
3	4	9	2	6	7	8	5	1
7	9	5	8	3	6	1	2	4
8	5	1	6	4	2	7	9	3
4	1	7	9	2	5	3	8	6
1	6	2	7	8	3	9	4	5
5	8	3	4	9	1	2	6	7

HARD #1

4	6	5	8	3	9	7	1	2
7	9	2	6	5	4	1	8	3
5	2	1	4	6	7	9	3	8
8	3	9	1	7	2	5	6	4
3	1	4	2	8	5	6	9	7
9	7	6	3	1	8	2	4	5
2	8	3	5	9	1	4	7	6
6	4	7	9	2	3	8	5	1
1	5	8	7	4	6	3	2	9

HARD #2

4	2	1	8	9	3	6	5	7
3	7	5	6	4	2	1	8	9
5	6	8	9	2	1	7	3	4
8	3	7	5	6	9	4	1	2
1	9	4	3	5	8	2	7	6
6	4	2	1	7	5	8	9	3
9	8	6	7	1	4	3	2	5
2	5	3	4	8	7	9	6	1
7	1	9	2	3	6	5	4	8

HARD #3

8	2	9	5	1	7	6	4	3
3	6	4	1	7	2	8	9	5
4	8	7	3	6	1	2	5	9
2	1	5	7	4	8	9	3	6
6	3	2	8	5	9	1	7	4
9	5	3	6	8	4	7	1	2
7	9	6	4	2	5	3	8	1
1	4	8	2	9	3	5	6	7
5	7	1	9	3	6	4	2	8

HARD #4

3	7	6	2	1	4	5	9	8
8	5	2	1	9	3	6	4	7
6	9	8	7	4	1	3	5	2
1	4	5	3	2	6	8	7	9
7	2	3	8	5	9	4	6	1
5	3	7	9	6	8	2	1	4
2	1	9	4	3	5	7	8	6
4	6	1	5	8	7	9	2	3
9	8	4	6	7	2	1	3	5

HARD #5

1	3	7	9	5	4	8	6	2
4	8	9	5	1	6	2	3	7
5	4	3	7	6	2	1	9	8
7	9	8	3	2	5	4	1	6
9	2	6	1	7	8	3	5	4
8	5	1	2	4	9	6	7	3
2	6	5	8	9	3	7	4	1
6	1	2	4	3	7	5	8	9
3	7	4	6	8	1	9	2	5

HARD #6

2	4	6	5	3	8	9	1	7
7	8	3	1	2	9	4	5	6
3	1	9	4	5	6	7	2	8
5	9	2	7	6	1	8	4	3
1	5	8	9	7	3	2	6	4
9	3	4	6	8	2	5	7	1
8	6	1	2	4	7	3	9	5
4	2	7	3	1	5	6	8	9
6	7	5	8	9	4	1	3	2

HARD #7

3	7	5	2	9	1	4	6	8
4	9	7	6	1	8	5	3	2
9	8	6	5	7	2	3	4	1
1	2	3	8	6	4	9	7	5
7	4	1	9	5	3	8	2	6
2	6	4	3	8	7	1	5	9
8	5	2	4	3	9	6	1	7
6	3	8	1	2	5	7	9	4
5	1	9	7	4	6	2	8	3

HARD #8

9	7	3	4	1	8	5	6	2
5	4	1	6	9	2	8	7	3
8	3	6	2	4	7	9	5	1
1	2	7	8	5	9	4	3	6
7	8	2	9	3	6	1	4	5
3	1	8	5	7	4	6	2	9
4	6	5	3	8	1	2	9	7
6	5	9	1	2	3	7	8	4
2	9	4	7	6	5	3	1	8

HARD #9

4	9	1	8	7	5	6	3	2
2	3	9	4	6	8	5	7	1
8	7	2	5	3	6	4	1	9
3	6	7	9	1	4	2	8	5
1	8	5	7	9	2	3	4	6
7	5	3	6	2	1	8	9	4
9	4	6	3	5	7	1	2	8
6	2	8	1	4	9	7	5	3
5	1	4	2	8	3	9	6	7

HARD #10

2	9	3	4	1	6	8	5	7
8	1	6	7	4	2	3	9	5
6	8	2	9	5	7	4	3	1
7	4	9	1	6	3	5	8	2
3	5	7	8	2	9	1	4	6
9	7	1	5	3	4	6	2	8
1	6	4	3	8	5	2	7	9
4	2	5	6	7	8	9	1	3
5	3	8	2	9	1	7	6	4

HARD #11

5	2	9	4	8	7	1	3	6
8	3	2	1	5	6	7	4	9
7	4	1	3	6	9	2	5	8
6	5	3	9	7	8	4	2	1
4	1	6	7	2	5	8	9	3
2	7	8	6	3	4	9	1	5
9	8	7	5	4	1	3	6	2
1	6	4	2	9	3	5	8	7
3	9	5	8	1	2	6	7	4

HARD #12

4	9	3	5	1	7	6	2	8
6	2	8	1	9	3	4	5	7
7	5	2	8	4	6	3	1	9
2	3	7	4	8	1	9	6	5
1	6	5	9	2	4	7	8	3
9	7	1	6	5	2	8	3	4
3	8	4	2	6	9	5	7	1
5	4	6	3	7	8	1	9	2
8	1	9	7	3	5	2	4	6

HARD #13

1	9	7	3	8	5	4	6	2
4	6	5	2	3	1	8	7	9
6	4	8	9	7	2	3	5	1
8	7	2	1	5	6	9	4	3
5	2	6	4	9	3	7	1	8
2	3	9	6	1	7	5	8	4
9	1	3	5	4	8	6	2	7
7	5	4	8	2	9	1	3	6
3	8	1	7	6	4	2	9	5

HARD #14

1	3	6	5	8	4	7	2	9
6	8	5	4	7	2	9	3	1
3	2	7	8	9	6	5	1	4
5	1	9	6	3	7	2	4	8
4	7	8	3	2	5	1	9	6
7	9	1	2	6	3	4	8	5
8	5	3	1	4	9	6	7	2
2	6	4	9	1	8	3	5	7
9	4	2	7	5	1	8	6	3

HARD #15

6	5	2	4	8	1	7	9	3
3	7	9	5	1	2	6	8	4
1	6	5	7	9	4	3	2	8
8	3	4	2	6	5	9	1	7
2	1	3	8	7	9	4	5	6
4	9	6	3	5	8	1	7	2
9	8	1	6	3	7	2	4	5
7	4	8	9	2	3	5	6	1
5	2	7	1	4	6	8	3	9

HARD #16

6	8	9	5	2	7	3	1	4
2	3	5	1	4	9	7	6	8
1	4	7	6	8	3	5	9	2
5	9	3	7	6	4	2	8	1
9	5	8	4	1	2	6	3	7
8	6	1	3	7	5	4	2	9
4	7	2	8	9	6	1	5	3
3	2	4	9	5	1	8	7	6
7	1	6	2	3	8	9	4	5

HARD #17

3	2	1	6	4	5	8	9	7
8	6	5	9	7	3	4	1	2
9	7	3	2	8	6	1	5	4
2	5	4	1	6	9	7	8	3
1	9	7	3	5	2	6	4	8
7	4	8	5	3	1	9	2	6
6	8	9	4	2	7	5	3	1
4	1	2	7	9	8	3	6	5
5	3	6	8	1	4	2	7	9

HARD #18

1	6	3	9	7	2	5	4	8
4	9	2	1	8	5	3	7	6
7	5	8	3	4	6	1	2	9
9	4	5	7	3	8	6	1	2
8	1	6	5	2	3	7	9	4
6	7	4	8	1	9	2	5	3
3	2	9	4	5	1	8	6	7
5	8	7	2	6	4	9	3	1
2	3	1	6	9	7	4	8	5

HARD #19

5	6	8	3	9	1	2	7	4
6	1	9	5	2	4	7	8	3
2	8	4	1	7	5	3	6	9
3	5	7	8	1	9	4	2	6
4	9	6	7	3	2	8	1	5
8	2	3	9	5	7	6	4	1
7	3	5	2	4	6	1	9	8
9	7	1	4	6	8	5	3	2
1	4	2	6	8	3	9	5	7

HARD #20

1	7	6	3	4	2	5	8	9
8	3	5	9	2	4	7	1	6
4	5	7	2	9	1	3	6	8
7	4	3	6	1	5	8	9	2
9	6	2	8	3	7	4	5	1
6	8	4	1	5	9	2	3	7
2	1	9	5	8	3	6	7	4
3	2	1	7	6	8	9	4	5
5	9	8	4	7	6	1	2	3

HARD #21

3	9	4	5	8	6	1	2	7
5	2	1	8	9	7	3	6	4
7	4	3	6	2	1	8	9	5
9	1	2	7	6	3	4	5	8
6	8	7	3	5	4	9	1	2
8	6	5	1	4	9	2	7	3
4	7	9	2	1	8	5	3	6
2	3	8	9	7	5	6	4	1
1	5	6	4	3	2	7	8	9

HARD #22

1	7	8	5	6	3	9	2	4
4	9	3	6	7	2	5	1	8
2	5	1	3	4	9	8	6	7
6	8	7	2	9	1	4	5	3
9	3	5	7	2	8	6	4	1
8	1	6	4	5	7	2	3	9
7	6	2	9	3	4	1	8	5
3	2	4	1	8	5	7	9	6
5	4	9	8	1	6	3	7	2

HARD #23

1	3	5	2	8	9	6	7	4
5	4	1	8	2	3	7	6	9
9	7	3	6	4	5	1	2	8
4	5	9	7	6	1	2	8	3
8	9	2	4	1	6	5	3	7
2	1	8	9	3	7	4	5	6
6	8	7	3	5	4	9	1	2
7	2	6	1	9	8	3	4	5
3	6	4	5	7	2	8	9	1

HARD #24

8	2	7	4	3	5	1	6	9
4	1	9	3	8	6	2	5	7
2	3	4	5	7	1	8	9	6
5	8	6	7	9	4	3	1	2
1	6	5	8	2	9	7	3	4
7	9	3	6	5	2	4	8	1
9	7	1	2	6	3	5	4	8
3	4	2	9	1	8	6	7	5
6	5	8	1	4	7	9	2	3

HARD #25

5	1	7	9	3	6	2	8	4
4	8	2	6	7	5	1	9	3
8	3	1	2	9	4	7	5	6
6	9	5	7	4	2	8	3	1
7	2	3	4	8	1	9	6	5
1	6	8	5	2	7	3	4	9
2	7	4	3	5	9	6	1	8
3	4	9	1	6	8	5	2	7
9	5	6	8	1	3	4	7	2

HARD #26

9	2	1	7	5	6	4	3	8
3	6	8	2	1	9	7	5	4
8	7	2	5	9	4	3	6	1
6	5	4	1	3	2	8	7	9
4	9	7	6	2	5	1	8	3
5	1	3	9	8	7	6	4	2
7	3	9	4	6	8	2	1	5
1	4	5	8	7	3	9	2	6
2	8	6	3	4	1	5	9	7

HARD #27

2	6	9	3	1	4	5	8	7
6	8	7	9	3	1	2	5	4
9	7	3	2	4	5	8	1	6
4	1	5	8	2	6	9	7	3
5	3	4	7	9	8	1	6	2
1	2	6	5	8	7	4	3	9
7	9	1	6	5	2	3	4	8
8	4	2	1	7	3	6	9	5
3	5	8	4	6	9	7	2	1

HARD #28

7	6	9	5	8	2	4	1	3
5	2	8	3	4	6	1	9	7
1	9	2	4	3	8	6	7	5
8	4	1	2	7	5	9	3	6
9	5	3	7	6	1	2	4	8
6	3	7	1	9	4	8	5	2
4	7	6	9	2	3	5	8	1
2	1	4	8	5	7	3	6	9
3	8	5	6	1	9	7	2	4

HARD #29

3	6	2	7	1	5	9	8	4
4	7	3	9	6	8	1	2	5
1	4	6	8	5	2	3	7	9
8	5	9	1	2	4	7	3	6
6	2	1	4	7	3	5	9	8
7	3	4	5	8	9	2	6	1
5	9	8	2	4	7	6	1	3
2	1	5	3	9	6	8	4	7
9	8	7	6	3	1	4	5	2

HARD #30

6	2	7	8	4	1	5	3	9
7	5	4	3	1	8	9	6	2
8	9	1	4	3	5	6	2	7
9	8	3	7	2	6	4	5	1
1	3	5	6	8	2	7	9	4
2	6	9	1	7	4	3	8	5
4	7	8	9	5	3	2	1	6
5	1	6	2	9	7	8	4	3
3	4	2	5	6	9	1	7	8

HARD #31

4	5	7	9	6	2	3	8	1
6	1	8	3	2	7	5	9	4
2	4	9	6	3	1	8	5	7
7	6	5	2	9	3	1	4	8
3	8	1	7	4	9	2	6	5
8	7	2	5	1	4	6	3	9
1	2	6	4	8	5	9	7	3
5	9	3	1	7	8	4	2	6
9	3	4	8	5	6	7	1	2

HARD #32

7	3	9	1	5	6	8	2	4
2	4	8	3	9	5	6	1	7
8	5	6	7	2	1	4	3	9
3	1	2	9	7	8	5	4	6
6	8	1	5	4	9	3	7	2
4	2	3	8	6	7	1	9	5
5	6	7	2	1	4	9	8	3
1	9	5	4	3	2	7	6	8
9	7	4	6	8	3	2	5	1

HARD #33

5	8	6	3	9	7	4	1	2
9	1	4	7	6	2	5	3	8
7	9	3	2	8	4	6	5	1
4	2	5	6	1	9	3	8	7
1	7	8	4	3	5	9	2	6
8	3	1	9	7	6	2	4	5
2	6	7	5	4	1	8	9	3
6	4	2	8	5	3	1	7	9
3	5	9	1	2	8	7	6	4

HARD #34

1	2	8	5	9	6	4	7	3
9	8	7	3	1	5	2	6	4
4	5	3	7	6	2	9	8	1
2	9	6	8	4	1	5	3	7
6	4	1	2	5	3	7	9	8
7	3	5	9	2	8	1	4	6
3	7	4	1	8	9	6	2	5
8	1	2	6	7	4	3	5	9
5	6	9	4	3	7	8	1	2

HARD #35

1	7	8	3	4	2	5	9	6
2	4	5	9	6	8	7	1	3
6	5	1	7	8	4	2	3	9
9	1	4	5	3	7	6	2	8
3	2	9	8	7	6	1	5	4
8	6	3	4	1	5	9	7	2
7	3	2	6	9	1	4	8	5
4	8	7	2	5	9	3	6	1
5	9	6	1	2	3	8	4	7

HARD #36

1	6	2	5	9	7	4	3	8
5	3	6	7	4	8	9	1	2
3	7	4	8	1	2	6	9	5
6	4	3	2	7	9	5	8	1
8	9	1	4	5	3	2	7	6
4	8	5	9	3	6	1	2	7
9	2	7	1	6	5	8	4	3
7	1	8	6	2	4	3	5	9
2	5	9	3	8	1	7	6	4

HARD #37

3	5	7	6	2	8	1	9	4
7	1	8	4	9	2	6	3	5
6	9	4	5	1	3	8	2	7
8	2	3	9	7	4	5	1	6
5	8	2	7	6	1	3	4	9
9	4	6	3	8	5	2	7	1
1	3	5	8	4	9	7	6	2
4	6	1	2	5	7	9	8	3
2	7	9	1	3	6	4	5	8

HARD #38

9	2	3	5	8	7	4	1	6
5	3	8	9	6	1	7	4	2
4	8	1	7	2	6	5	3	9
6	9	4	1	7	2	3	5	8
3	5	7	6	9	8	1	2	4
2	1	9	8	3	4	6	7	5
8	4	5	3	1	9	2	6	7
1	7	6	2	4	5	8	9	3
7	6	2	4	5	3	9	8	1

HARD #39

7	6	5	1	3	4	9	8	2
3	8	2	5	9	7	1	4	6
4	1	9	2	6	3	8	5	7
5	2	1	8	7	6	4	9	3
9	7	8	6	2	1	5	3	4
6	5	4	3	1	8	2	7	9
2	3	6	4	5	9	7	1	8
1	4	7	9	8	2	3	6	5
8	9	3	7	4	5	6	2	1

HARD #40

6	9	2	1	5	7	3	8	4
1	6	9	5	8	3	4	2	7
4	1	7	9	3	8	2	5	6
5	2	4	8	6	9	7	3	1
2	7	5	3	4	6	8	1	9
3	8	1	6	2	4	9	7	5
8	4	6	2	7	1	5	9	3
9	5	3	7	1	2	6	4	8
7	3	8	4	9	5	1	6	2

HARD #41

9	4	7	5	2	3	6	1	8
1	3	2	6	8	4	9	7	5
5	7	4	8	6	1	3	2	9
3	1	8	9	4	7	5	6	2
8	6	9	7	5	2	1	3	4
7	2	6	4	3	9	8	5	1
2	9	1	3	7	5	4	8	6
4	8	5	2	1	6	7	9	3
6	5	3	1	9	8	2	4	7

HARD #42

6	2	1	4	8	3	7	5	9
8	9	4	5	1	2	3	7	6
5	3	7	9	2	1	6	8	4
7	4	3	2	6	5	9	1	8
1	7	8	6	3	9	5	4	2
3	1	6	7	9	8	4	2	5
2	8	9	3	5	4	1	6	7
4	5	2	1	7	6	8	9	3
9	6	5	8	4	7	2	3	1

HARD #43

9	3	5	2	1	7	4	8	6
1	8	6	7	9	3	2	4	5
6	4	2	3	5	8	1	7	9
7	5	1	8	2	6	3	9	4
4	2	9	5	3	1	7	6	8
2	9	7	1	6	4	8	5	3
3	6	8	4	7	9	5	1	2
5	1	4	6	8	2	9	3	7
8	7	3	9	4	5	6	2	1

HARD #44

6	5	3	8	9	1	4	2	7
7	8	4	3	2	5	1	6	9
1	2	7	9	5	3	8	4	6
2	9	5	4	6	8	7	1	3
9	1	8	6	3	7	2	5	4
8	7	6	5	1	4	3	9	2
3	4	1	2	8	6	9	7	5
5	3	9	7	4	2	6	8	1
4	6	2	1	7	9	5	3	8

HARD #45

2	4	7	3	8	9	6	1	5
9	5	8	1	6	2	4	7	3
1	9	3	8	5	4	7	6	2
7	1	6	4	3	5	2	9	8
6	8	9	5	1	7	3	2	4
3	7	2	6	4	8	1	5	9
8	2	1	7	9	3	5	4	6
5	6	4	9	2	1	8	3	7
4	3	5	2	7	6	9	8	1

HARD #46

3	1	9	7	5	6	8	2	4
4	8	6	2	3	7	9	1	5
2	5	1	8	7	9	4	3	6
5	7	4	9	2	3	6	8	1
9	4	5	1	6	8	2	7	3
7	6	8	3	9	1	5	4	2
8	3	2	6	4	5	1	9	7
6	9	3	4	1	2	7	5	8
1	2	7	5	8	4	3	6	9

HARD #47

8	7	4	5	6	2	9	1	3
9	3	5	7	1	4	6	2	8
1	2	7	9	4	8	3	5	6
4	5	8	6	2	9	7	3	1
5	6	3	1	9	7	8	4	2
3	4	2	8	5	6	1	9	7
7	9	6	4	3	1	2	8	5
6	1	9	2	8	3	5	7	4
2	8	1	3	7	5	4	6	9

HARD #48

5	6	3	9	2	7	8	4	1
2	8	7	4	1	5	6	9	3
7	1	4	6	5	2	3	8	9
4	7	1	2	6	3	9	5	8
8	3	9	5	7	4	1	2	6
3	5	8	1	9	6	2	7	4
6	9	2	3	4	8	5	1	7
1	2	6	7	8	9	4	3	5
9	4	5	8	3	1	7	6	2

HARD #49

2	6	9	1	4	3	8	7	5
3	4	7	8	5	2	9	1	6
7	1	6	2	3	5	4	8	9
1	8	5	6	9	7	3	4	2
6	9	4	3	1	8	2	5	7
5	7	2	4	8	1	6	9	3
9	3	8	5	2	4	7	6	1
4	5	3	9	7	6	1	2	8
8	2	1	7	6	9	5	3	4

HARD #50

4	1	5	8	2	7	9	6	3
9	7	8	2	3	6	1	4	5
3	2	4	9	7	1	5	8	6
6	8	1	5	9	4	3	7	2
8	5	7	1	6	9	2	3	4
7	3	9	4	8	2	6	5	1
5	6	2	7	1	3	4	9	8
1	9	3	6	4	5	8	2	7
2	4	6	3	5	8	7	1	9

HARD #51

1	2	3	9	7	6	4	8	5
3	5	4	6	9	8	2	1	7
8	9	7	2	6	5	1	4	3
7	6	5	3	2	4	8	9	1
2	3	1	4	5	9	6	7	8
9	8	6	7	1	3	5	2	4
5	4	9	1	8	7	3	6	2
6	1	8	5	4	2	7	3	9
4	7	2	8	3	1	9	5	6

HARD #52

1	2	3	7	6	9	5	8	4
4	5	1	6	7	8	9	3	2
9	6	2	8	5	3	4	1	7
7	3	8	4	9	1	2	6	5
2	8	4	9	1	7	6	5	3
5	7	6	2	8	4	3	9	1
3	1	9	5	4	2	8	7	6
6	9	7	3	2	5	1	4	8
8	4	5	1	3	6	7	2	9

HARD #53

8	5	9	2	3	4	6	1	7
3	6	7	9	1	5	8	4	2
6	1	4	8	2	7	3	9	5
7	8	2	1	4	9	5	3	6
1	2	5	3	7	8	9	6	4
5	9	8	4	6	1	2	7	3
4	3	6	5	9	2	7	8	1
2	4	3	7	8	6	1	5	9
9	7	1	6	5	3	4	2	8

HARD #54

9	8	6	1	7	2	5	4	3
2	5	3	7	4	8	1	9	6
7	2	4	3	6	9	8	5	1
1	3	9	2	5	6	4	7	8
4	6	8	5	3	7	2	1	9
8	9	7	4	1	5	6	3	2
6	7	5	9	8	1	3	2	4
3	1	2	6	9	4	7	8	5
5	4	1	8	2	3	9	6	7

HARD #55

9	6	3	5	2	8	4	7	1
7	5	8	3	6	2	9	1	4
3	9	6	1	4	5	8	2	7
4	2	7	8	9	1	3	5	6
1	4	5	2	8	3	7	6	9
8	1	9	6	7	4	2	3	5
5	7	2	4	3	6	1	9	8
6	3	4	7	1	9	5	8	2
2	8	1	9	5	7	6	4	3

HARD #56

9	1	4	2	6	3	5	7	8
7	3	5	6	9	4	1	8	2
8	4	1	7	5	2	3	9	6
2	6	9	3	8	1	7	4	5
5	8	7	4	2	6	9	1	3
1	7	6	5	3	8	4	2	9
3	9	8	1	4	5	2	6	7
6	2	3	9	1	7	8	5	4
4	5	2	8	7	9	6	3	1

HARD #57

8	5	9	4	7	3	1	2	6
1	3	6	7	9	4	2	8	5
4	2	7	3	6	8	5	9	1
6	9	3	1	8	5	4	7	2
5	7	1	8	2	6	3	4	9
3	1	4	2	5	9	8	6	7
9	6	8	5	4	2	7	1	3
7	4	2	9	3	1	6	5	8
2	8	5	6	1	7	9	3	4

HARD #58

9	5	2	1	4	7	3	8	6
4	7	3	9	2	5	8	6	1
6	1	8	3	5	4	2	7	9
1	3	9	6	7	8	4	2	5
7	2	5	4	8	6	9	1	3
3	4	7	2	9	1	6	5	8
5	9	1	8	6	2	7	3	4
2	8	6	5	3	9	1	4	7
8	6	4	7	1	3	5	9	2

HARD #59

3	4	2	1	9	7	8	5	6
2	1	7	5	8	6	9	4	3
8	9	6	3	7	4	5	1	2
4	8	3	2	5	9	1	6	7
6	7	1	8	4	2	3	9	5
9	2	5	7	6	3	4	8	1
1	6	9	4	3	5	2	7	8
7	5	8	9	2	1	6	3	4
5	3	4	6	1	8	7	2	9

HARD #60

5	1	3	4	2	8	7	9	6
6	9	1	7	3	4	2	8	5
7	6	2	8	5	3	1	4	9
1	8	7	9	6	2	4	5	3
2	5	9	3	4	7	8	6	1
3	7	4	2	9	5	6	1	8
9	4	8	5	1	6	3	2	7
8	2	6	1	7	9	5	3	4
4	3	5	6	8	1	9	7	2

HARD #61

8	5	1	4	2	9	7	6	3
9	7	5	3	1	4	6	2	8
6	4	3	2	7	1	8	5	9
1	6	7	8	9	2	5	3	4
3	2	6	9	8	5	1	4	7
7	3	9	6	4	8	2	1	5
5	9	8	1	6	3	4	7	2
2	1	4	5	3	7	9	8	6
4	8	2	7	5	6	3	9	1

HARD #62

2	1	4	8	6	7	9	3	5
5	4	3	9	7	2	6	8	1
8	7	2	1	5	4	3	9	6
6	3	9	7	4	5	1	2	8
3	6	8	5	1	9	7	4	2
9	2	1	6	3	8	5	7	4
4	5	7	3	8	1	2	6	9
1	8	6	2	9	3	4	5	7
7	9	5	4	2	6	8	1	3

HARD #63

1	6	7	9	2	3	8	4	5
4	3	1	6	5	7	9	2	8
7	9	8	5	3	4	1	6	2
2	8	5	4	9	6	7	1	3
9	5	6	3	1	2	4	8	7
8	1	2	7	4	9	3	5	6
3	7	4	8	6	5	2	9	1
5	4	3	2	8	1	6	7	9
6	2	9	1	7	8	5	3	4

HARD #64

5	1	9	2	8	7	4	3	6
8	6	2	7	3	9	1	5	4
6	2	8	1	7	5	9	4	3
4	3	1	6	2	8	5	9	7
3	5	4	9	6	2	7	8	1
9	7	6	3	1	4	8	2	5
2	9	3	5	4	1	6	7	8
1	4	7	8	5	3	2	6	9
7	8	5	4	9	6	3	1	2

HARD #65

5	8	7	4	3	1	2	6	9
9	3	1	6	2	5	8	7	4
2	4	3	8	5	7	9	1	6
7	9	6	2	1	4	3	8	5
1	6	8	5	9	3	7	4	2
6	5	9	7	4	2	1	3	8
4	7	2	3	8	9	6	5	1
8	2	4	1	7	6	5	9	3
3	1	5	9	6	8	4	2	7

HARD #66

6	4	9	2	8	3	5	1	7
2	7	1	5	3	6	9	8	4
3	6	7	9	4	8	2	5	1
4	2	6	3	5	1	8	7	9
7	8	3	1	9	5	4	6	2
1	9	5	8	2	7	6	4	3
5	3	8	4	1	9	7	2	6
9	5	2	6	7	4	1	3	8
8	1	4	7	6	2	3	9	5

HARD #67

3	8	5	7	4	9	6	2	1
8	7	6	2	3	4	1	9	5
5	4	9	1	6	2	7	3	8
4	1	2	8	5	3	9	7	6
7	5	3	6	9	1	8	4	2
6	3	1	9	2	8	4	5	7
2	9	8	4	1	7	5	6	3
1	2	4	5	7	6	3	8	9
9	6	7	3	8	5	2	1	4

HARD #68

5	2	6	9	4	1	8	7	3
3	4	1	7	9	8	6	2	5
8	7	2	5	6	3	4	1	9
2	5	9	6	1	7	3	8	4
6	3	4	8	5	2	1	9	7
9	1	7	3	8	4	2	5	6
7	6	8	1	3	5	9	4	2
1	9	5	4	2	6	7	3	8
4	8	3	2	7	9	5	6	1

HARD #69

9	4	1	3	7	5	8	2	6
5	8	2	7	6	1	3	4	9
2	1	3	9	8	4	6	7	5
8	7	6	4	5	9	2	3	1
3	6	7	1	9	2	4	5	8
6	2	4	5	3	8	1	9	7
7	3	9	8	2	6	5	1	4
4	5	8	2	1	7	9	6	3
1	9	5	6	4	3	7	8	2

HARD #70

3	9	8	4	7	2	1	6	5
6	4	5	3	9	8	7	1	2
7	2	9	5	3	1	6	4	8
5	8	2	1	6	7	4	3	9
2	1	4	7	8	5	3	9	6
8	3	1	6	2	9	5	7	4
1	7	6	9	5	4	8	2	3
4	5	3	2	1	6	9	8	7
9	6	7	8	4	3	2	5	1

HARD #71

1	6	8	5	2	4	7	3	9
5	7	1	8	6	9	3	2	4
2	4	7	3	5	1	9	6	8
3	9	6	2	7	5	8	4	1
9	1	5	4	8	3	6	7	2
7	8	9	1	3	2	4	5	6
4	5	3	6	1	8	2	9	7
6	3	2	9	4	7	1	8	5
8	2	4	7	9	6	5	1	3

HARD #72

9	2	6	4	3	8	5	7	1
8	4	2	9	1	7	3	5	6
1	7	3	6	4	5	2	9	8
5	6	8	2	9	4	7	1	3
7	5	9	3	2	1	6	8	4
3	1	4	7	5	6	8	2	9
2	8	5	1	6	3	9	4	7
6	9	1	8	7	2	4	3	5
4	3	7	5	8	9	1	6	2

HARD #73

2	7	1	6	4	3	8	5	9
1	4	3	8	9	5	7	6	2
3	9	8	1	5	2	4	7	6
6	2	4	5	7	1	9	8	3
8	5	7	4	6	9	2	3	1
5	8	9	7	2	6	3	1	4
7	1	2	9	3	8	6	4	5
4	3	6	2	1	7	5	9	8
9	6	5	3	8	4	1	2	7

HARD #74

2	3	5	4	9	8	1	7	6
5	7	4	1	2	6	3	8	9
7	6	8	9	1	3	5	4	2
3	9	1	5	6	7	4	2	8
8	5	6	2	4	9	7	3	1
1	2	7	8	3	5	9	6	4
9	4	3	6	8	1	2	5	7
4	8	9	3	7	2	6	1	5
6	1	2	7	5	4	8	9	3

HARD #75

9	7	5	3	6	8	1	4	2
2	6	1	8	4	7	3	9	5
4	1	3	2	5	9	8	7	6
8	9	4	5	2	3	6	1	7
7	3	9	4	1	6	2	5	8
6	5	8	1	9	2	7	3	4
1	2	7	6	3	4	5	8	9
3	4	2	7	8	5	9	6	1
5	8	6	9	7	1	4	2	3

HARD #76

3	9	2	7	6	8	1	4	5
1	8	6	5	4	7	2	3	9
7	2	8	6	5	9	3	1	4
9	1	3	4	2	6	5	7	8
8	5	4	1	3	2	6	9	7
5	4	9	3	7	1	8	2	6
6	7	5	2	1	4	9	8	3
4	6	1	9	8	3	7	5	2
2	3	7	8	9	5	4	6	1

HARD #77

6	8	7	9	5	4	3	2	1
2	1	3	4	9	8	6	5	7
9	6	1	2	3	7	5	8	4
5	3	4	8	7	9	1	6	2
8	7	9	1	2	6	4	3	5
1	2	8	5	4	3	9	7	6
7	4	2	3	6	5	8	1	9
4	5	6	7	8	1	2	9	3
3	9	5	6	1	2	7	4	8

HARD #78

9	4	8	3	2	6	1	7	5
2	1	7	4	6	5	9	8	3
6	9	2	1	3	8	4	5	7
5	3	1	6	7	9	2	4	8
8	7	9	5	1	4	3	2	6
4	2	3	8	5	7	6	9	1
7	6	5	9	4	3	8	1	2
1	8	6	7	9	2	5	3	4
3	5	4	2	8	1	7	6	9

HARD #79

4	5	8	3	1	7	2	6	9
9	3	4	8	5	2	6	1	7
2	7	1	6	3	9	5	8	4
6	4	5	1	7	8	3	9	2
1	2	3	9	8	6	4	7	5
7	8	9	2	4	3	1	5	6
8	1	7	5	6	4	9	2	3
3	9	6	7	2	5	8	4	1
5	6	2	4	9	1	7	3	8

HARD #80

7	8	9	5	6	1	2	4	3
3	2	4	1	8	9	6	7	5
8	1	6	7	9	3	4	5	2
9	6	7	8	4	5	3	2	1
5	3	1	2	7	4	8	6	9
1	9	3	4	2	6	5	8	7
2	5	8	6	3	7	9	1	4
4	7	2	9	5	8	1	3	6
6	4	5	3	1	2	7	9	8

HARD #81

7	2	8	4	9	3	1	6	5
5	9	7	2	4	6	8	3	1
3	4	6	8	7	5	9	1	2
1	3	2	5	6	8	4	7	9
6	5	4	9	3	1	7	2	8
8	1	9	7	5	2	3	4	6
2	6	1	3	8	4	5	9	7
4	7	5	1	2	9	6	8	3
9	8	3	6	1	7	2	5	4

HARD #82

9	3	1	2	5	7	8	6	4
7	6	4	8	1	2	5	3	9
5	4	3	7	6	1	9	2	8
3	2	8	9	4	5	6	7	1
2	1	9	6	3	8	4	5	7
4	8	5	3	7	6	1	9	2
8	5	6	4	2	9	7	1	3
6	9	7	1	8	3	2	4	5
1	7	2	5	9	4	3	8	6

HARD #83

7	5	2	1	4	6	3	8	9
8	3	9	2	6	1	7	4	5
6	9	1	7	3	4	8	5	2
4	1	5	9	8	7	6	2	3
3	4	7	5	2	8	9	6	1
2	8	4	3	9	5	1	7	6
9	6	8	4	5	3	2	1	7
1	2	6	8	7	9	5	3	4
5	7	3	6	1	2	4	9	8

HARD #84

4	8	9	7	3	1	2	6	5
1	6	2	5	8	3	7	9	4
3	5	1	4	9	8	6	7	2
7	2	6	3	4	5	9	1	8
8	1	7	9	2	6	4	5	3
9	3	8	1	6	4	5	2	7
6	4	3	2	5	7	1	8	9
2	7	5	8	1	9	3	4	6
5	9	4	6	7	2	8	3	1

HARD #85

6	2	7	9	3	8	1	5	4
4	8	6	5	9	1	7	3	2
5	1	8	4	7	2	3	9	6
8	5	1	2	4	3	6	7	9
9	7	3	6	8	4	5	2	1
2	4	9	7	1	5	8	6	3
1	9	4	3	6	7	2	8	5
3	6	5	8	2	9	4	1	7
7	3	2	1	5	6	9	4	8

HARD #86

6	9	8	2	5	7	3	1	4
7	3	4	1	2	5	9	6	8
8	1	5	9	7	4	6	3	2
2	4	6	3	1	8	7	5	9
1	7	3	5	9	2	8	4	6
5	2	7	8	6	3	4	9	1
3	8	9	6	4	1	5	2	7
4	6	1	7	3	9	2	8	5
9	5	2	4	8	6	1	7	3

HARD #87

8	4	7	1	3	5	2	6	9
6	3	9	2	5	7	8	4	1
2	1	8	9	4	6	5	3	7
5	6	3	8	9	4	1	7	2
4	7	1	5	2	3	6	9	8
1	5	6	4	7	2	9	8	3
3	9	2	7	8	1	4	5	6
7	8	5	6	1	9	3	2	4
9	2	4	3	6	8	7	1	5

HARD #88

9	6	3	5	4	2	8	7	1
6	1	8	7	3	5	2	9	4
1	5	4	8	6	7	9	3	2
3	9	7	2	1	4	5	6	8
4	2	5	6	9	1	3	8	7
5	4	9	3	7	8	1	2	6
7	8	6	1	2	9	4	5	3
2	3	1	9	8	6	7	4	5
8	7	2	4	5	3	6	1	9

HARD #89

7	5	8	1	4	6	9	2	3
6	4	2	9	3	1	7	5	8
8	1	3	5	6	9	2	4	7
4	7	9	3	1	2	6	8	5
9	6	7	4	8	5	3	1	2
5	8	6	2	9	7	4	3	1
1	2	4	7	5	3	8	6	9
3	9	1	6	2	8	5	7	4
2	3	5	8	7	4	1	9	6

HARD #90

2	3	8	9	7	1	6	4	5
6	1	5	4	3	2	9	7	8
7	9	2	3	6	8	5	1	4
8	5	4	2	1	6	3	9	7
1	4	9	6	8	7	2	5	3
3	8	6	5	4	9	7	2	1
4	7	3	8	9	5	1	6	2
5	6	7	1	2	3	4	8	9
9	2	1	7	5	4	8	3	6

HARD #91

9	5	1	4	6	8	3	2	7
2	1	9	3	5	7	8	6	4
4	6	5	2	8	3	1	7	9
7	8	3	1	2	6	4	9	5
1	3	6	9	7	5	2	4	8
5	7	4	8	9	2	6	3	1
3	9	7	6	4	1	5	8	2
6	2	8	7	1	4	9	5	3
8	4	2	5	3	9	7	1	6

HARD #92

3	2	8	7	9	5	6	4	1
1	9	3	5	8	7	2	6	4
8	6	7	1	5	4	3	2	9
6	3	2	4	1	9	7	8	5
4	1	9	8	6	3	5	7	2
2	7	5	9	4	8	1	3	6
7	5	4	6	3	2	9	1	8
9	8	1	2	7	6	4	5	3
5	4	6	3	2	1	8	9	7

HARD #93

4	5	6	7	8	9	3	1	2
1	2	7	6	3	4	8	9	5
3	8	9	4	5	7	1	2	6
6	3	1	2	7	5	4	8	9
5	9	8	1	6	3	2	7	4
7	4	2	9	1	8	5	6	3
2	6	3	8	4	1	9	5	7
9	1	5	3	2	6	7	4	8
8	7	4	5	9	2	6	3	1

HARD #94

4	3	8	1	2	9	6	7	5
5	9	7	4	6	8	2	3	1
8	5	6	3	7	1	9	2	4
1	4	3	7	9	5	8	6	2
3	7	1	9	5	2	4	8	6
6	2	4	5	1	3	7	9	8
2	6	9	8	3	4	1	5	7
7	1	5	2	8	6	3	4	9
9	8	2	6	4	7	5	1	3

HARD #95

4	3	9	5	2	8	7	1	6
9	8	6	1	4	7	3	2	5
1	7	8	2	5	6	4	9	3
6	4	2	9	3	1	8	5	7
5	2	7	4	8	9	6	3	1
3	9	1	7	6	5	2	4	8
8	6	5	3	1	4	9	7	2
7	1	3	8	9	2	5	6	4
2	5	4	6	7	3	1	8	9

HARD #96

7	2	4	9	5	6	1	8	3
6	3	2	4	8	9	5	1	7
5	7	9	2	1	4	8	3	6
1	8	7	5	6	3	2	4	9
4	1	8	3	9	7	6	2	5
2	9	6	8	7	1	3	5	4
3	4	5	6	2	8	9	7	1
9	5	3	1	4	2	7	6	8
8	6	1	7	3	5	4	9	2

HARD #97

1	2	5	6	7	3	4	9	8
9	6	3	4	1	8	5	7	2
3	4	8	7	5	2	6	1	9
6	3	9	8	2	4	7	5	1
7	1	6	2	4	9	3	8	5
4	8	7	5	9	6	1	2	3
2	5	1	3	8	7	9	6	4
8	9	4	1	6	5	2	3	7
5	7	2	9	3	1	8	4	6

HARD #98

9	1	5	8	7	3	4	6	2
4	7	2	6	8	1	9	3	5
8	3	6	1	2	5	7	9	4
7	5	9	3	4	2	6	8	1
1	8	3	4	6	9	5	2	7
6	2	7	5	3	4	8	1	9
5	4	8	2	9	6	1	7	3
3	9	1	7	5	8	2	4	6
2	6	4	9	1	7	3	5	8

HARD #99

5	2	1	7	6	9	8	4	3
4	3	7	8	9	5	1	6	2
3	9	6	2	4	1	5	8	7
9	5	8	4	7	2	3	1	6
1	8	2	6	5	3	9	7	4
7	6	4	1	3	8	2	5	9
6	1	3	5	2	4	7	9	8
8	7	9	3	1	6	4	2	5
2	4	5	9	8	7	6	3	1

HARD #100

3	7	1	5	8	9	4	6	2
9	5	4	8	3	6	2	7	1
8	4	5	9	6	2	3	1	7
2	1	6	3	9	7	5	8	4
7	6	3	1	2	4	8	9	5
4	3	9	2	7	1	6	5	8
1	9	2	6	5	8	7	4	3
6	2	8	7	4	5	1	3	9
5	8	7	4	1	3	9	2	6

HARD #101

7	6	9	5	2	4	1	3	8
3	2	8	1	4	7	5	9	6
8	9	3	4	6	1	7	2	5
6	4	7	9	8	5	2	1	3
1	8	5	6	3	2	9	4	7
5	7	1	2	9	3	8	6	4
2	3	6	7	1	8	4	5	9
4	5	2	3	7	9	6	8	1
9	1	4	8	5	6	3	7	2

HARD #102

6	9	4	8	3	2	1	7	5
7	1	2	5	9	8	6	3	4
5	8	9	7	6	4	2	1	3
1	4	3	6	5	7	8	9	2
2	3	7	9	8	6	5	4	1
8	5	6	3	4	1	9	2	7
4	6	1	2	7	9	3	5	8
9	7	5	1	2	3	4	8	6
3	2	8	4	1	5	7	6	9

HARD #103

8	5	4	9	6	1	3	7	2
6	7	3	5	9	2	1	4	8
2	6	7	3	5	4	8	9	1
1	4	2	8	7	3	9	5	6
9	8	5	4	2	6	7	1	3
7	1	9	6	3	5	2	8	4
3	2	8	1	4	7	5	6	9
4	3	1	7	8	9	6	2	5
5	9	6	2	1	8	4	3	7

HARD #104

8	6	1	4	2	7	9	5	3
2	7	9	5	3	8	1	4	6
9	3	5	1	4	6	8	2	7
4	9	6	8	7	5	3	1	2
3	5	2	9	6	1	4	7	8
1	2	7	3	8	4	5	6	9
5	1	3	7	9	2	6	8	4
7	8	4	6	5	9	2	3	1
6	4	8	2	1	3	7	9	5

HARD #105

8	5	2	9	1	3	6	7	4
1	7	4	2	9	8	3	6	5
9	3	6	4	5	7	1	8	2
7	1	5	6	2	4	9	3	8
6	4	9	3	8	2	5	1	7
4	2	8	5	3	1	7	9	6
2	9	7	1	4	6	8	5	3
5	6	3	8	7	9	2	4	1
3	8	1	7	6	5	4	2	9

HARD #106

8	1	5	2	4	9	7	6	3
6	4	3	5	7	8	9	2	1
2	9	7	1	8	6	3	4	5
4	5	9	6	1	3	8	7	2
1	3	8	7	2	4	5	9	6
7	6	2	8	3	5	4	1	9
9	2	1	3	5	7	6	8	4
5	8	4	9	6	1	2	3	7
3	7	6	4	9	2	1	5	8

HARD #107

9	4	5	8	6	7	2	1	3
2	6	7	1	3	4	9	5	8
5	3	8	9	1	2	6	4	7
6	8	3	5	7	9	4	2	1
1	7	4	2	8	5	3	6	9
7	9	2	4	5	3	1	8	6
4	1	9	3	2	6	8	7	5
3	5	1	6	4	8	7	9	2
8	2	6	7	9	1	5	3	4

HARD #108

4	2	9	5	1	6	7	3	8
1	3	8	6	5	7	4	9	2
7	6	5	9	8	3	1	2	4
5	9	7	1	3	4	2	8	6
9	8	3	4	2	1	6	5	7
2	7	4	8	6	5	9	1	3
3	4	2	7	9	8	5	6	1
8	1	6	2	4	9	3	7	5
6	5	1	3	7	2	8	4	9

HARD #109

3	6	2	7	4	9	1	5	8
5	8	1	2	6	7	4	3	9
9	4	6	3	1	8	5	7	2
1	2	3	4	8	5	7	9	6
4	1	5	8	9	6	3	2	7
7	5	8	9	3	2	6	4	1
2	9	7	6	5	3	8	1	4
6	3	9	1	7	4	2	8	5
8	7	4	5	2	1	9	6	3

HARD #110

3	6	8	9	5	4	1	7	2
9	4	5	2	7	8	3	6	1
1	2	7	8	3	6	4	5	9
5	7	6	1	9	2	8	4	3
8	3	9	4	6	1	5	2	7
2	5	1	3	4	9	7	8	6
7	9	2	5	8	3	6	1	4
4	8	3	6	1	7	2	9	5
6	1	4	7	2	5	9	3	8

HARD #111

2	7	8	1	4	6	3	5	9
5	3	9	8	7	1	6	4	2
6	9	4	5	2	8	7	3	1
7	6	3	2	8	5	9	1	4
4	2	1	6	9	3	5	8	7
1	8	5	7	3	9	4	2	6
8	5	2	4	6	7	1	9	3
9	1	6	3	5	4	2	7	8
3	4	7	9	1	2	8	6	5

HARD #112

1	2	7	5	9	4	3	8	6
4	3	8	9	5	1	7	6	2
9	7	4	1	6	3	8	2	5
8	6	5	3	2	9	1	7	4
2	1	6	8	7	5	4	3	9
3	4	2	6	1	8	5	9	7
7	8	9	4	3	2	6	5	1
5	9	3	7	4	6	2	1	8
6	5	1	2	8	7	9	4	3

HARD #113

9	3	5	2	1	6	4	8	7
1	5	6	9	8	3	7	4	2
8	4	7	1	3	9	2	6	5
7	2	4	6	5	1	8	3	9
2	8	3	4	9	5	1	7	6
6	7	9	5	4	2	3	1	8
3	6	1	8	2	7	5	9	4
4	1	2	7	6	8	9	5	3
5	9	8	3	7	4	6	2	1

HARD #114

7	1	9	4	5	3	6	8	2
3	8	1	6	4	7	2	5	9
4	9	6	1	2	5	8	7	3
2	5	3	9	8	6	7	1	4
6	2	7	5	3	4	1	9	8
5	3	8	7	1	9	4	2	6
8	7	4	2	6	1	9	3	5
1	4	5	8	9	2	3	6	7
9	6	2	3	7	8	5	4	1

HARD #115

5	9	8	1	3	6	2	4	7
6	3	1	2	8	4	7	5	9
4	6	7	5	9	2	3	1	8
2	7	4	8	1	3	5	9	6
3	5	9	4	6	7	8	2	1
1	8	2	9	7	5	6	3	4
7	1	6	3	5	9	4	8	2
8	2	3	7	4	1	9	6	5
9	4	5	6	2	8	1	7	3

HARD #116

5	8	3	4	9	6	7	2	1
6	7	1	2	3	8	9	5	4
2	1	8	9	5	7	4	6	3
9	3	2	5	8	4	6	1	7
4	5	7	1	6	3	2	8	9
3	6	9	8	7	5	1	4	2
1	9	6	3	4	2	5	7	8
8	4	5	7	2	1	3	9	6
7	2	4	6	1	9	8	3	5

HARD #117

8	4	2	9	1	7	5	6	3
3	7	6	2	5	1	8	4	9
1	3	4	8	9	2	6	7	5
5	6	3	1	4	8	2	9	7
9	1	8	3	7	5	4	2	6
4	5	9	7	2	6	3	1	8
6	2	7	5	8	9	1	3	4
2	9	5	4	6	3	7	8	1
7	8	1	6	3	4	9	5	2

HARD #118

3	5	9	2	7	1	4	6	8
1	6	4	7	8	3	2	5	9
2	9	3	1	6	4	8	7	5
5	1	8	3	2	9	7	4	6
8	4	5	9	3	6	1	2	7
6	7	1	4	5	2	9	8	3
9	8	2	6	1	7	5	3	4
4	3	7	8	9	5	6	1	2
7	2	6	5	4	8	3	9	1

HARD #119

9	4	1	8	7	6	5	3	2
7	6	2	9	5	3	4	8	1
4	5	3	6	2	1	7	9	8
8	3	9	4	1	5	2	7	6
2	1	8	5	6	7	9	4	3
6	7	5	2	3	9	8	1	4
3	8	4	7	9	2	1	6	5
1	2	7	3	8	4	6	5	9
5	9	6	1	4	8	3	2	7

HARD #120

3	2	7	6	4	5	9	1	8
8	4	3	2	9	1	6	5	7
6	5	9	8	1	3	2	7	4
9	1	8	7	2	4	3	6	5
7	6	5	4	8	9	1	3	2
4	3	6	1	7	2	5	8	9
5	7	2	3	6	8	4	9	1
1	9	4	5	3	7	8	2	6
2	8	1	9	5	6	7	4	3

HARD #121

9	8	2	4	6	7	1	3	5
2	7	6	1	5	9	3	8	4
1	4	9	5	3	8	2	6	7
6	3	5	8	7	1	4	2	9
7	1	3	9	4	2	6	5	8
5	6	4	2	8	3	7	9	1
8	2	1	6	9	4	5	7	3
3	5	8	7	1	6	9	4	2
4	9	7	3	2	5	8	1	6

HARD #122

8	2	3	9	1	6	7	4	5
9	7	4	1	5	8	6	3	2
5	6	7	2	8	3	4	1	9
4	5	2	8	9	7	3	6	1
2	9	1	4	3	5	8	7	6
7	3	5	6	4	2	1	9	8
1	8	6	3	7	9	5	2	4
6	1	8	7	2	4	9	5	3
3	4	9	5	6	1	2	8	7

HARD #123

3	1	9	2	6	7	4	8	5
8	9	4	1	5	6	2	3	7
4	3	2	8	7	9	5	6	1
5	2	7	6	3	8	1	9	4
6	8	5	4	1	3	9	7	2
1	7	3	9	2	4	6	5	8
7	6	1	5	8	2	3	4	9
2	4	8	3	9	5	7	1	6
9	5	6	7	4	1	8	2	3

HARD #124

1	9	8	7	4	3	5	6	2
2	8	7	6	3	5	4	9	1
6	4	5	1	2	9	8	7	3
5	3	2	4	1	7	6	8	9
4	1	9	3	7	6	2	5	8
7	2	3	9	6	8	1	4	5
9	5	6	2	8	1	7	3	4
8	7	4	5	9	2	3	1	6
3	6	1	8	5	4	9	2	7

HARD #125

2	3	9	4	1	5	8	7	6
6	7	8	3	2	4	9	1	5
1	6	5	8	9	3	7	2	4
5	1	2	6	7	8	4	3	9
4	2	3	7	8	9	5	6	1
8	5	4	1	3	7	6	9	2
7	8	6	9	4	2	1	5	3
9	4	1	2	5	6	3	8	7
3	9	7	5	6	1	2	4	8

HARD #126

8	4	6	1	7	5	2	9	3
9	7	8	2	4	3	6	5	1
2	9	4	7	3	1	8	6	5
1	6	5	3	2	8	9	4	7
4	1	3	5	9	6	7	8	2
6	2	7	9	5	4	1	3	8
5	8	9	6	1	2	3	7	4
3	5	1	8	6	7	4	2	9
7	3	2	4	8	9	5	1	6

HARD #127

8	3	1	6	2	5	9	4	7
6	7	2	5	9	1	8	3	4
3	2	9	4	1	7	5	6	8
9	6	8	7	5	4	1	2	3
5	4	7	1	3	2	6	8	9
2	8	5	3	4	6	7	9	1
7	1	4	9	6	8	3	5	2
4	9	6	8	7	3	2	1	5
1	5	3	2	8	9	4	7	6

HARD #128

6	8	4	7	3	1	5	9	2
7	3	5	1	9	2	4	6	8
5	9	3	6	2	4	7	8	1
1	2	8	5	4	6	3	7	9
4	7	1	3	8	5	9	2	6
9	6	2	4	7	8	1	3	5
8	5	7	9	6	3	2	1	4
2	1	9	8	5	7	6	4	3
3	4	6	2	1	9	8	5	7

HARD #129

8	2	3	4	9	5	1	7	6
5	1	9	3	7	6	4	8	2
9	7	5	2	8	4	6	1	3
2	6	4	7	1	8	3	9	5
1	5	7	9	6	3	2	4	8
7	3	8	6	4	2	9	5	1
4	9	6	5	3	1	8	2	7
3	8	2	1	5	9	7	6	4
6	4	1	8	2	7	5	3	9

HARD #130

6	1	3	7	2	8	5	9	4
8	2	4	1	9	3	6	7	5
1	3	7	5	6	9	4	2	8
9	5	8	2	4	7	3	6	1
4	7	5	8	1	6	9	3	2
2	9	6	4	8	5	7	1	3
7	8	1	6	3	4	2	5	9
3	6	2	9	5	1	8	4	7
5	4	9	3	7	2	1	8	6

HARD #131

3	5	6	2	4	7	8	1	9
8	2	7	1	9	6	5	4	3
1	8	5	6	3	2	4	9	7
9	3	4	8	7	1	6	2	5
4	7	2	5	1	8	9	3	6
6	9	1	4	8	3	7	5	2
2	4	9	7	6	5	3	8	1
7	1	8	3	5	9	2	6	4
5	6	3	9	2	4	1	7	8

HARD #132

8	2	3	7	9	4	5	1	6
9	5	6	1	2	3	7	4	8
4	1	8	6	3	7	9	5	2
3	6	1	4	5	8	2	7	9
5	9	2	8	4	1	6	3	7
7	4	9	3	8	6	1	2	5
2	3	7	9	1	5	8	6	4
1	7	5	2	6	9	4	8	3
6	8	4	5	7	2	3	9	1

HARD #133

2	3	4	1	7	5	9	8	6
9	8	6	5	1	3	7	2	4
4	6	5	8	9	2	1	3	7
7	1	9	3	5	4	8	6	2
3	9	2	7	8	1	6	4	5
6	5	1	4	2	9	3	7	8
1	2	8	9	6	7	4	5	3
8	4	7	2	3	6	5	1	9
5	7	3	6	4	8	2	9	1

HARD #134

1	2	8	9	5	4	3	6	7
6	3	1	5	9	8	4	7	2
7	8	9	4	3	1	2	5	6
4	1	2	3	6	7	5	9	8
5	4	7	6	8	9	1	2	3
3	9	6	7	2	5	8	4	1
9	6	5	8	1	2	7	3	4
8	5	4	2	7	3	6	1	9
2	7	3	1	4	6	9	8	5

HARD #135

2	8	3	9	5	7	4	6	1
7	1	4	5	8	2	3	9	6
3	9	2	6	4	5	1	8	7
4	5	6	8	1	3	7	2	9
1	7	8	3	2	9	6	5	4
5	4	9	7	6	1	8	3	2
9	6	1	2	3	4	5	7	8
6	2	5	1	7	8	9	4	3
8	3	7	4	9	6	2	1	5

HARD #136

5	9	6	4	1	3	8	2	7
8	3	1	9	5	2	7	6	4
4	7	2	5	3	8	6	1	9
1	4	7	6	8	9	2	3	5
9	8	3	2	4	5	1	7	6
6	2	5	7	9	4	3	8	1
7	1	9	3	2	6	5	4	8
3	6	4	8	7	1	9	5	2
2	5	8	1	6	7	4	9	3

HARD #137

7	4	3	8	2	1	5	6	9
5	8	2	9	6	4	7	1	3
1	9	6	7	4	3	2	5	8
8	3	5	2	1	9	4	7	6
3	2	8	4	7	6	1	9	5
9	5	4	3	8	7	6	2	1
6	1	7	5	3	8	9	4	2
2	7	1	6	9	5	8	3	4
4	6	9	1	5	2	3	8	7

HARD #138

6	2	7	8	5	9	3	4	1
1	6	3	4	2	8	7	5	9
4	7	1	9	3	5	8	6	2
3	8	2	5	9	1	6	7	4
9	1	8	7	6	2	4	3	5
5	9	6	3	1	4	2	8	7
8	5	4	2	7	3	9	1	6
7	4	9	1	8	6	5	2	3
2	3	5	6	4	7	1	9	8

HARD #139

7	5	1	6	2	3	4	9	8
8	4	9	5	6	1	3	7	2
9	3	7	2	4	8	6	1	5
5	8	3	7	9	2	1	4	6
1	9	8	4	3	6	5	2	7
2	1	6	3	7	9	8	5	4
4	6	2	1	5	7	9	8	3
6	2	4	9	8	5	7	3	1
3	7	5	8	1	4	2	6	9

HARD #140

5	9	4	3	2	7	6	1	8
6	8	3	7	9	2	1	5	4
2	7	1	4	8	6	5	3	9
4	1	5	8	6	9	7	2	3
9	6	2	5	3	1	8	4	7
7	3	8	1	4	5	2	9	6
8	5	6	9	1	3	4	7	2
3	4	7	2	5	8	9	6	1
1	2	9	6	7	4	3	8	5

HARD #141

3	8	9	7	5	2	4	6	1
2	4	1	5	8	6	9	3	7
9	6	8	1	4	5	7	2	3
7	5	2	6	3	8	1	9	4
1	9	4	3	2	7	8	5	6
6	2	5	9	1	4	3	7	8
8	7	3	4	6	9	5	1	2
4	3	7	2	9	1	6	8	5
5	1	6	8	7	3	2	4	9

HARD #142

5	1	4	2	8	6	9	7	3
8	7	3	6	1	5	2	9	4
9	2	7	3	4	1	8	6	5
4	5	9	8	6	3	7	2	1
1	6	2	4	9	7	5	3	8
2	8	5	7	3	4	6	1	9
7	9	1	5	2	8	3	4	6
3	4	6	9	5	2	1	8	7
6	3	8	1	7	9	4	5	2

HARD #143

3	2	5	7	8	4	9	1	6
7	8	9	4	1	6	3	2	5
4	9	6	1	3	5	7	8	2
1	6	3	5	9	8	2	7	4
5	7	8	2	4	1	6	3	9
2	4	1	6	7	9	8	5	3
8	3	2	9	6	7	5	4	1
6	5	4	8	2	3	1	9	7
9	1	7	3	5	2	4	6	8

HARD #144

3	9	8	6	1	7	5	2	4
8	4	3	5	7	1	2	6	9
1	6	7	2	4	3	9	5	8
2	5	4	3	9	8	6	7	1
9	2	1	8	5	6	7	4	3
6	7	2	9	8	4	1	3	5
5	8	6	7	3	9	4	1	2
4	3	5	1	6	2	8	9	7
7	1	9	4	2	5	3	8	6

HARD #145

6	3	1	2	8	7	9	5	4
9	4	7	5	6	8	3	1	2
8	6	5	1	3	4	7	2	9
4	9	2	3	7	5	1	8	6
1	8	4	6	9	2	5	3	7
7	5	9	4	1	3	2	6	8
3	2	8	7	5	6	4	9	1
5	7	6	9	2	1	8	4	3
2	1	3	8	4	9	6	7	5

HARD #146

8	7	1	9	2	4	3	6	5
4	2	8	5	6	1	9	3	7
1	3	4	6	7	9	5	2	8
2	5	9	8	4	3	6	7	1
6	9	2	7	5	8	1	4	3
7	1	5	3	8	2	4	9	6
5	4	6	1	3	7	2	8	9
9	8	3	2	1	6	7	5	4
3	6	7	4	9	5	8	1	2

HARD #147

1	7	8	3	6	9	5	2	4
6	8	4	2	5	7	1	3	9
9	1	2	4	3	5	6	8	7
2	3	6	7	1	8	4	9	5
4	5	9	1	2	3	8	7	6
8	6	7	5	9	2	3	4	1
3	4	1	9	7	6	2	5	8
7	2	5	8	4	1	9	6	3
5	9	3	6	8	4	7	1	2

HARD #148

6	3	5	8	2	1	4	9	7
7	1	4	9	6	5	2	8	3
8	9	2	7	3	4	1	5	6
2	4	3	6	8	7	5	1	9
5	6	7	1	9	3	8	2	4
9	2	1	5	7	6	3	4	8
4	8	9	3	1	2	7	6	5
3	5	6	2	4	8	9	7	1
1	7	8	4	5	9	6	3	2

HARD #149

8	1	7	3	2	9	6	4	5
4	9	6	1	5	3	8	2	7
3	8	5	4	9	2	7	6	1
1	6	8	2	7	4	3	5	9
7	4	9	5	1	6	2	8	3
9	2	4	8	3	1	5	7	6
5	7	2	9	6	8	1	3	4
2	5	3	6	4	7	9	1	8
6	3	1	7	8	5	4	9	2

HARD #150

4	8	7	9	3	1	6	5	2
2	6	3	8	5	7	1	9	4
5	1	6	4	9	2	8	3	7
6	3	8	2	7	5	9	4	1
1	9	2	5	8	4	3	7	6
7	5	4	3	1	9	2	6	8
9	2	1	7	4	6	5	8	3
3	4	9	6	2	8	7	1	5
8	7	5	1	6	3	4	2	9

HARD #151

9	7	3	5	8	1	4	6	2
8	6	5	2	7	4	9	1	3
1	2	4	6	9	3	8	7	5
2	3	6	9	4	7	5	8	1
4	8	9	7	3	2	1	5	6
3	5	7	1	6	8	2	4	9
7	9	2	8	1	5	6	3	4
5	4	1	3	2	6	7	9	8
6	1	8	4	5	9	3	2	7

HARD #152

6	8	4	5	1	9	2	3	7
4	9	1	6	7	2	3	8	5
7	2	8	3	5	1	9	6	4
5	3	2	1	6	7	4	9	8
2	1	6	9	8	4	5	7	3
8	7	9	4	3	5	6	1	2
9	5	3	7	4	8	1	2	6
3	4	7	2	9	6	8	5	1
1	6	5	8	2	3	7	4	9

HARD #153

9	4	5	2	8	7	3	1	6
7	3	2	6	1	5	4	8	9
8	1	3	9	4	6	7	2	5
2	6	8	1	7	9	5	3	4
4	5	7	8	9	1	2	6	3
6	2	1	5	3	4	9	7	8
3	7	9	4	2	8	6	5	1
5	8	4	3	6	2	1	9	7
1	9	6	7	5	3	8	4	2

HARD #154

2	9	8	4	5	3	7	1	6
8	7	1	6	9	5	4	2	3
6	4	5	9	3	1	2	8	7
4	1	2	5	8	7	3	6	9
3	8	7	2	6	4	1	9	5
7	6	4	8	2	9	5	3	1
5	3	6	7	1	2	9	4	8
1	5	9	3	4	8	6	7	2
9	2	3	1	7	6	8	5	4

HARD #155

2	8	3	7	5	1	6	4	9
6	9	5	4	1	2	8	7	3
9	6	2	8	4	3	7	1	5
5	2	8	1	9	7	4	3	6
1	4	7	6	3	5	2	9	8
7	5	1	3	8	4	9	6	2
4	3	9	2	6	8	1	5	7
3	7	4	9	2	6	5	8	1
8	1	6	5	7	9	3	2	4

HARD #156

6	1	8	9	5	4	2	3	7
4	2	1	8	9	3	7	6	5
2	6	7	3	4	5	1	9	8
8	5	9	1	7	6	4	2	3
3	7	4	5	6	1	9	8	2
7	4	5	6	3	2	8	1	9
5	9	3	2	1	8	6	7	4
1	3	2	7	8	9	5	4	6
9	8	6	4	2	7	3	5	1

HARD #157

1	3	6	8	2	5	7	4	9
8	2	3	7	5	4	9	6	1
7	6	5	4	9	8	2	1	3
4	7	2	9	3	1	8	5	6
6	1	8	5	4	9	3	2	7
2	5	9	3	6	7	1	8	4
5	9	4	1	8	3	6	7	2
3	4	1	2	7	6	5	9	8
9	8	7	6	1	2	4	3	5

HARD #158

5	8	7	4	1	6	2	9	3
1	6	3	9	2	4	5	7	8
2	7	9	8	5	3	1	6	4
6	1	8	3	4	5	9	2	7
3	9	6	1	8	2	7	4	5
4	5	2	7	6	9	8	3	1
7	2	4	5	9	1	3	8	6
9	3	5	6	7	8	4	1	2
8	4	1	2	3	7	6	5	9

HARD #159

5	2	8	9	7	3	1	4	6
3	8	2	4	1	7	6	9	5
2	1	5	3	9	6	4	7	8
9	4	6	7	8	1	5	3	2
8	5	7	1	3	4	2	6	9
6	7	9	5	4	2	3	8	1
4	3	1	6	2	8	9	5	7
7	6	4	2	5	9	8	1	3
1	9	3	8	6	5	7	2	4

HARD #160

6	5	8	7	1	9	2	3	4
2	4	9	3	7	5	6	8	1
3	6	4	8	9	2	1	7	5
9	8	7	6	4	3	5	1	2
5	2	1	4	8	6	3	9	7
8	3	5	1	2	7	9	4	6
4	9	6	2	3	1	7	5	8
1	7	2	9	5	4	8	6	3
7	1	3	5	6	8	4	2	9

HARD #161

9	6	8	2	5	1	3	7	4
1	7	3	4	8	6	5	9	2
4	3	9	1	7	2	6	8	5
6	2	1	5	9	8	7	4	3
3	8	5	7	6	4	2	1	9
8	5	7	9	1	3	4	2	6
2	4	6	8	3	7	9	5	1
7	9	2	3	4	5	1	6	8
5	1	4	6	2	9	8	3	7

HARD #162

6	2	5	9	1	3	7	4	8
7	3	8	6	4	5	1	2	9
8	1	7	4	5	6	9	3	2
9	4	2	3	6	7	5	8	1
5	8	3	1	2	9	4	7	6
2	6	4	5	9	8	3	1	7
4	9	1	7	3	2	8	6	5
1	5	6	8	7	4	2	9	3
3	7	9	2	8	1	6	5	4

HARD #163

1	5	2	8	3	6	4	7	9
8	9	4	7	5	3	2	6	1
3	1	6	9	7	4	5	8	2
6	4	7	2	8	9	1	5	3
4	6	3	5	1	2	7	9	8
7	2	8	3	9	1	6	4	5
2	7	9	1	4	5	8	3	6
9	8	5	6	2	7	3	1	4
5	3	1	4	6	8	9	2	7

HARD #164

4	3	1	5	9	7	8	6	2
8	2	6	1	7	5	9	4	3
5	7	8	2	1	3	4	9	6
9	1	3	7	6	8	5	2	4
3	6	5	9	4	1	2	7	8
6	8	2	4	5	9	7	3	1
1	4	7	8	2	6	3	5	9
2	5	9	6	3	4	1	8	7
7	9	4	3	8	2	6	1	5

HARD #165

9	8	3	7	1	4	6	5	2
2	5	4	9	6	1	7	3	8
4	6	2	1	3	5	8	9	7
6	7	1	4	2	3	9	8	5
1	9	5	8	7	6	4	2	3
7	2	8	3	5	9	1	4	6
5	3	9	6	4	8	2	7	1
3	4	6	2	8	7	5	1	9
8	1	7	5	9	2	3	6	4

HARD #166

6	2	7	9	8	3	5	4	1
9	1	5	2	4	6	8	7	3
4	3	8	1	5	2	6	9	7
3	5	9	8	7	1	2	6	4
8	9	6	4	3	7	1	5	2
7	8	4	5	1	9	3	2	6
5	7	2	3	6	4	9	1	8
2	4	1	6	9	8	7	3	5
1	6	3	7	2	5	4	8	9

HARD #167

2	5	9	8	6	1	4	3	7
8	1	6	5	7	3	9	2	4
4	7	3	1	5	9	6	8	2
1	3	8	4	2	6	7	9	5
5	6	1	7	3	8	2	4	9
9	8	5	6	4	2	1	7	3
6	4	2	3	9	7	5	1	8
3	9	7	2	1	4	8	5	6
7	2	4	9	8	5	3	6	1

HARD #168

6	7	9	5	8	1	2	3	4
5	1	4	9	3	8	6	2	7
8	3	7	2	1	5	4	9	6
2	8	3	4	6	9	5	7	1
4	9	1	3	5	7	8	6	2
9	6	5	7	2	3	1	4	8
1	2	6	8	7	4	3	5	9
3	4	2	1	9	6	7	8	5
7	5	8	6	4	2	9	1	3

HARD #169

2	5	4	3	6	7	1	8	9
4	7	9	2	3	8	5	6	1
8	1	5	9	2	6	7	4	3
7	9	1	6	8	5	4	3	2
9	6	7	4	5	3	2	1	8
5	4	8	1	9	2	3	7	6
1	8	3	7	4	9	6	2	5
6	3	2	5	1	4	8	9	7
3	2	6	8	7	1	9	5	4

HARD #170

1	6	5	8	3	7	4	2	9
6	8	1	9	2	3	5	7	4
7	3	2	4	9	8	1	6	5
5	4	9	1	7	2	3	8	6
3	2	4	5	6	1	7	9	8
4	9	6	7	8	5	2	1	3
8	5	7	6	1	4	9	3	2
9	1	3	2	5	6	8	4	7
2	7	8	3	4	9	6	5	1

HARD #171

2	7	8	6	3	9	1	4	5
9	3	4	2	1	5	8	6	7
1	9	5	8	4	7	2	3	6
5	6	3	4	7	8	9	2	1
3	1	9	5	8	6	4	7	2
7	5	6	1	2	4	3	8	9
6	8	1	3	9	2	7	5	4
8	4	2	7	5	1	6	9	3
4	2	7	9	6	3	5	1	8

HARD #172

6	1	8	7	3	4	5	2	9
4	8	5	6	9	7	1	3	2
3	2	4	9	6	8	7	5	1
2	7	9	4	1	3	6	8	5
7	6	3	1	2	5	9	4	8
5	9	1	8	4	2	3	6	7
9	3	2	5	7	6	8	1	4
1	5	6	2	8	9	4	7	3
8	4	7	3	5	1	2	9	6

HARD #173

9	4	2	5	1	8	3	6	7
3	6	7	1	8	5	4	9	2
4	5	3	9	6	2	7	1	8
8	7	9	3	2	1	6	5	4
7	9	6	8	5	4	1	2	3
6	2	1	4	3	7	9	8	5
1	3	5	2	4	6	8	7	9
2	1	8	7	9	3	5	4	6
5	8	4	6	7	9	2	3	1

HARD #174

8	9	7	2	3	6	4	1	5
6	5	3	1	8	9	7	2	4
9	4	6	3	5	2	1	8	7
4	6	8	7	2	1	5	9	3
5	3	1	9	4	7	2	6	8
3	7	2	5	1	8	6	4	9
2	1	5	8	7	4	9	3	6
1	8	4	6	9	5	3	7	2
7	2	9	4	6	3	8	5	1

HARD #175

9	8	3	5	4	2	6	7	1
1	7	2	3	6	8	4	9	5
6	5	8	4	7	9	1	2	3
4	1	9	2	5	3	7	8	6
7	9	4	8	1	6	3	5	2
5	2	1	6	9	4	8	3	7
3	6	7	1	8	5	2	4	9
2	4	6	9	3	7	5	1	8
8	3	5	7	2	1	9	6	4

HARD #176

1	8	3	7	5	4	6	2	9
2	4	9	6	8	3	5	1	7
6	3	7	2	4	5	1	9	8
9	6	1	5	3	2	8	7	4
7	9	8	1	2	6	3	4	5
5	1	4	9	7	8	2	6	3
4	2	5	3	1	7	9	8	6
3	7	6	8	9	1	4	5	2
8	5	2	4	6	9	7	3	1

HARD #177

9	1	7	8	4	6	5	3	2
7	8	5	6	1	9	3	2	4
6	2	9	4	3	1	7	8	5
5	4	3	2	8	7	6	1	9
1	9	2	3	5	4	8	7	6
4	6	8	7	9	3	2	5	1
3	7	4	9	2	5	1	6	8
2	3	1	5	6	8	4	9	7
8	5	6	1	7	2	9	4	3

HARD #178

7	5	2	3	1	4	8	6	9
9	1	3	6	4	5	2	8	7
4	7	9	8	3	6	5	1	2
5	2	6	1	9	7	3	4	8
1	8	5	7	2	3	6	9	4
6	3	4	2	7	8	9	5	1
3	9	7	5	8	1	4	2	6
8	4	1	9	6	2	7	3	5
2	6	8	4	5	9	1	7	3

HARD #179

3	5	8	2	6	1	7	4	9
9	1	4	6	7	5	8	3	2
7	3	1	5	4	8	9	2	6
5	2	9	1	3	7	4	6	8
6	9	2	8	1	4	3	5	7
4	8	3	9	2	6	5	7	1
8	6	7	4	9	3	2	1	5
1	7	5	3	8	2	6	9	4
2	4	6	7	5	9	1	8	3

HARD #180

8	3	2	5	7	4	1	6	9
4	6	7	1	8	9	2	5	3
9	1	4	6	2	3	5	7	8
5	2	3	9	4	1	7	8	6
2	5	6	3	9	7	8	4	1
1	8	9	7	5	6	4	3	2
6	4	8	2	1	5	3	9	7
7	9	1	4	3	8	6	2	5
3	7	5	8	6	2	9	1	4

HARD #181

4	9	3	1	6	2	7	8	5
2	6	7	8	5	1	4	3	9
5	4	1	2	9	8	3	6	7
7	8	5	3	4	9	1	2	6
9	3	8	6	7	5	2	4	1
3	2	6	4	1	7	9	5	8
8	1	9	5	2	3	6	7	4
1	5	4	7	3	6	8	9	2
6	7	2	9	8	4	5	1	3

HARD #182

5	7	6	3	4	2	8	1	9
1	2	4	9	5	7	6	3	8
8	4	3	1	2	9	5	7	6
2	6	7	8	1	5	3	9	4
9	3	1	2	7	6	4	8	5
4	9	8	5	6	3	7	2	1
3	8	5	7	9	4	1	6	2
6	1	9	4	3	8	2	5	7
7	5	2	6	8	1	9	4	3

HARD #183

3	7	1	6	2	9	4	8	5
8	5	9	2	6	7	3	4	1
1	8	4	7	5	3	6	9	2
4	6	2	3	7	5	8	1	9
5	9	6	8	4	1	2	7	3
7	1	8	9	3	6	5	2	4
2	3	7	5	9	4	1	6	8
6	2	3	4	1	8	9	5	7
9	4	5	1	8	2	7	3	6

HARD #184

3	6	1	8	9	4	7	5	2
4	9	7	6	1	8	5	2	3
8	7	6	2	5	1	9	3	4
9	1	2	7	3	5	4	8	6
5	2	4	3	8	9	6	7	1
7	5	8	1	4	2	3	6	9
2	3	9	5	7	6	1	4	8
6	4	5	9	2	3	8	1	7
1	8	3	4	6	7	2	9	5

HARD #185

1	3	4	6	8	5	7	9	2
5	7	9	3	2	1	4	6	8
6	9	7	8	5	4	1	2	3
3	5	1	7	9	6	2	8	4
8	1	6	2	4	9	5	3	7
2	4	5	9	3	7	8	1	6
4	6	2	1	7	8	3	5	9
9	2	8	4	1	3	6	7	5
7	8	3	5	6	2	9	4	1

HARD #186

7	3	1	2	8	4	6	5	9
8	5	6	9	4	3	2	1	7
4	2	5	3	6	1	7	9	8
9	8	3	6	7	5	1	4	2
3	7	4	5	1	2	9	8	6
1	6	2	7	9	8	4	3	5
2	1	9	8	3	6	5	7	4
6	9	8	4	5	7	3	2	1
5	4	7	1	2	9	8	6	3

HARD #187

6	7	9	3	5	1	8	4	2
3	5	2	8	7	6	4	9	1
4	1	8	9	2	7	3	6	5
2	3	1	4	6	8	5	7	9
8	4	6	2	3	9	1	5	7
5	9	7	6	8	4	2	1	3
1	8	3	7	9	5	6	2	4
7	6	5	1	4	2	9	3	8
9	2	4	5	1	3	7	8	6

HARD #188

9	2	1	4	8	7	6	5	3
8	7	9	6	3	5	1	4	2
1	4	3	5	2	6	8	7	9
6	5	2	3	7	9	4	1	8
2	3	6	7	4	1	9	8	5
5	8	7	9	1	4	3	2	6
3	1	5	2	9	8	7	6	4
4	9	8	1	6	2	5	3	7
7	6	4	8	5	3	2	9	1

HARD #189

7	9	2	3	5	1	6	8	4
6	5	1	2	3	8	4	7	9
4	8	3	1	6	7	9	2	5
9	4	6	5	2	3	8	1	7
2	1	7	9	4	5	3	6	8
3	6	8	7	9	2	5	4	1
1	7	5	4	8	9	2	3	6
5	3	4	8	7	6	1	9	2
8	2	9	6	1	4	7	5	3

HARD #190

6	4	2	8	3	7	5	1	9
7	8	5	1	6	4	9	2	3
3	1	7	4	9	6	2	8	5
9	5	6	2	4	8	1	3	7
5	2	9	3	7	1	8	6	4
2	9	8	5	1	3	7	4	6
8	7	3	6	2	9	4	5	1
4	3	1	7	8	5	6	9	2
1	6	4	9	5	2	3	7	8

HARD #191

2	7	1	8	4	9	5	6	3
3	6	8	4	1	7	9	5	2
1	9	2	6	8	5	3	4	7
5	4	9	2	7	3	1	8	6
4	1	7	3	5	8	6	2	9
9	5	3	1	2	6	8	7	4
8	3	4	5	6	2	7	9	1
7	8	6	9	3	4	2	1	5
6	2	5	7	9	1	4	3	8

HARD #192

5	7	3	4	2	9	6	1	8
3	9	2	6	1	4	7	8	5
6	8	1	5	9	7	2	3	4
9	4	7	8	5	6	3	2	1
4	3	8	2	7	1	9	5	6
7	2	4	1	3	5	8	6	9
2	5	6	9	4	8	1	7	3
1	6	9	7	8	3	5	4	2
8	1	5	3	6	2	4	9	7

HARD #193

6	8	3	4	1	7	5	2	9
9	1	5	2	7	8	6	3	4
4	5	2	7	3	6	8	9	1
2	6	7	1	8	9	4	5	3
3	4	9	8	5	1	7	6	2
1	9	8	6	2	5	3	4	7
5	7	1	3	9	4	2	8	6
7	3	4	5	6	2	9	1	8
8	2	6	9	4	3	1	7	5

HARD #194

5	8	3	9	1	4	7	2	6
6	1	9	8	3	7	2	4	5
2	7	4	5	9	6	3	8	1
3	2	8	1	4	5	6	9	7
7	5	6	4	8	2	1	3	9
4	3	7	2	6	9	5	1	8
1	9	5	7	2	3	8	6	4
8	4	2	6	5	1	9	7	3
9	6	1	3	7	8	4	5	2

HARD #195

4	9	8	6	5	3	2	1	7
2	3	7	5	6	1	4	9	8
1	7	4	3	2	8	9	6	5
6	8	5	1	9	2	7	4	3
9	1	6	2	3	5	8	7	4
8	5	1	9	4	7	6	3	2
7	2	3	4	1	6	5	8	9
3	4	2	8	7	9	1	5	6
5	6	9	7	8	4	3	2	1

HARD #196

3	9	2	1	6	5	8	4	7
1	6	7	8	9	3	4	2	5
2	5	8	4	7	9	1	6	3
8	4	5	3	2	7	6	1	9
9	1	4	2	5	8	3	7	6
7	8	9	6	4	1	5	3	2
6	3	1	9	8	2	7	5	4
5	2	6	7	3	4	9	8	1
4	7	3	5	1	6	2	9	8

HARD #197

5	4	9	8	1	6	3	7	2
8	6	3	7	2	1	5	4	9
3	2	7	9	5	4	6	8	1
2	7	5	4	6	3	1	9	8
1	9	6	3	7	5	8	2	4
6	1	8	2	4	9	7	5	3
9	5	4	1	3	8	2	6	7
4	3	2	6	8	7	9	1	5
7	8	1	5	9	2	4	3	6

HARD #198

6	7	4	5	9	2	3	1	8
1	2	8	9	3	4	7	6	5
8	9	7	4	6	1	2	5	3
5	3	2	1	7	6	4	8	9
3	4	1	6	5	8	9	2	7
2	5	9	7	8	3	1	4	6
9	1	3	8	2	5	6	7	4
4	8	6	3	1	7	5	9	2
7	6	5	2	4	9	8	3	1

HARD #199

9	5	4	3	6	7	2	1	8
3	6	7	8	9	5	1	4	2
4	8	1	2	7	3	9	6	5
7	3	6	1	8	2	5	9	4
6	9	2	4	5	8	3	7	1
5	1	9	7	2	4	8	3	6
1	2	8	6	3	9	4	5	7
8	7	3	5	4	1	6	2	9
2	4	5	9	1	6	7	8	3

HARD #200

7	6	5	9	2	4	1	8	3
9	4	1	7	6	2	8	3	5
4	1	8	2	3	5	7	9	6
6	3	7	5	8	9	2	4	1
5	8	2	4	1	7	3	6	9
1	5	9	3	4	8	6	7	2
3	7	4	6	9	1	5	2	8
2	9	6	8	5	3	4	1	7
8	2	3	1	7	6	9	5	4

HARD #201

5	3	7	9	6	8	4	2	1
6	1	4	8	7	5	3	9	2
2	4	5	1	9	3	8	6	7
7	6	3	2	8	1	9	4	5
1	2	9	7	4	6	5	8	3
8	9	6	3	5	7	2	1	4
9	7	8	4	3	2	1	5	6
3	8	2	5	1	4	6	7	9
4	5	1	6	2	9	7	3	8

HARD #202

2	1	4	7	9	3	5	6	8
9	5	3	2	8	6	4	1	7
8	7	5	1	6	9	2	4	3
4	3	6	5	2	1	7	8	9
3	6	1	8	4	7	9	2	5
5	4	8	9	1	2	3	7	6
7	8	2	6	3	5	1	9	4
1	9	7	4	5	8	6	3	2
6	2	9	3	7	4	8	5	1

HARD #203

8	9	6	5	2	7	1	3	4
5	6	3	2	9	1	8	4	7
7	1	4	8	3	6	2	5	9
4	3	2	7	1	8	9	6	5
1	5	9	6	7	3	4	8	2
2	8	7	1	5	4	3	9	6
6	2	5	4	8	9	7	1	3
9	4	8	3	6	2	5	7	1
3	7	1	9	4	5	6	2	8

HARD #204

9	4	7	5	8	2	6	1	3
6	8	3	1	2	5	4	9	7
5	7	1	6	3	4	9	8	2
2	5	8	9	1	6	7	3	4
1	6	2	7	5	3	8	4	9
3	9	4	2	7	8	1	6	5
4	2	6	3	9	1	5	7	8
7	1	5	8	4	9	3	2	6
8	3	9	4	6	7	2	5	1

HARD #205

1	4	6	8	2	9	5	7	3
2	9	7	3	4	6	8	5	1
7	2	4	5	1	8	3	6	9
6	5	8	4	9	1	7	3	2
4	7	3	9	5	2	6	1	8
9	8	5	1	6	3	4	2	7
3	6	2	7	8	5	1	9	4
5	3	1	2	7	4	9	8	6
8	1	9	6	3	7	2	4	5

HARD #206

6	3	9	4	8	1	7	5	2
8	2	3	1	6	7	5	9	4
4	9	5	7	2	8	3	6	1
1	6	7	9	5	2	4	3	8
3	5	4	2	9	6	1	8	7
7	4	2	6	3	9	8	1	5
9	8	1	5	7	4	6	2	3
5	1	6	8	4	3	2	7	9
2	7	8	3	1	5	9	4	6

HARD #207

3	1	6	7	8	9	2	5	4
9	5	2	8	4	6	1	7	3
5	7	1	9	6	8	4	3	2
4	6	9	3	2	7	8	1	5
2	3	5	1	7	4	9	8	6
7	2	8	4	3	1	5	6	9
1	8	4	6	9	5	3	2	7
8	9	7	2	5	3	6	4	1
6	4	3	5	1	2	7	9	8

HARD #208

4	2	7	5	3	8	6	1	9
8	3	1	6	9	4	7	2	5
2	1	5	8	4	6	9	3	7
3	6	9	7	5	2	1	8	4
9	7	3	1	8	5	2	4	6
5	4	6	2	7	3	8	9	1
7	8	4	9	6	1	3	5	2
1	9	8	4	2	7	5	6	3
6	5	2	3	1	9	4	7	8

HARD #209

9	1	4	6	2	5	7	3	8
5	3	1	4	9	7	2	8	6
2	8	6	9	5	1	3	4	7
7	9	2	3	4	8	6	5	1
6	5	3	8	1	2	9	7	4
4	7	5	1	3	9	8	6	2
8	4	9	7	6	3	1	2	5
1	6	8	2	7	4	5	9	3
3	2	7	5	8	6	4	1	9

HARD #210

4	6	2	1	7	5	8	9	3
9	1	3	7	2	8	6	4	5
3	5	6	8	4	9	2	7	1
5	4	7	9	8	1	3	2	6
7	8	1	5	6	2	9	3	4
8	2	4	3	9	6	1	5	7
2	3	5	6	1	7	4	8	9
1	7	9	2	3	4	5	6	8
6	9	8	4	5	3	7	1	2

HARD #211

9	3	8	6	5	2	4	7	1
7	4	9	8	1	6	3	5	2
1	5	3	2	9	7	8	4	6
2	8	1	4	6	5	7	9	3
5	6	2	9	7	4	1	3	8
3	9	6	7	4	1	2	8	5
4	2	7	5	3	8	6	1	9
8	1	4	3	2	9	5	6	7
6	7	5	1	8	3	9	2	4

HARD #212

5	4	6	3	8	7	1	2	9
6	7	5	9	2	8	4	1	3
8	3	4	1	7	2	9	5	6
4	9	2	8	1	3	5	6	7
2	6	7	5	9	1	3	8	4
3	2	1	7	5	9	6	4	8
9	1	8	6	3	4	2	7	5
1	8	3	4	6	5	7	9	2
7	5	9	2	4	6	8	3	1

HARD #213

8	1	7	5	6	4	9	3	2
9	2	3	8	7	1	6	5	4
3	6	1	7	8	2	5	4	9
4	5	8	2	9	3	7	1	6
1	7	6	9	2	5	4	8	3
5	9	4	6	3	8	1	2	7
2	3	9	4	1	7	8	6	5
7	4	2	1	5	6	3	9	8
6	8	5	3	4	9	2	7	1

HARD #214

4	7	8	6	5	9	2	1	3
2	8	9	7	1	5	3	4	6
5	3	1	4	6	2	7	9	8
1	6	4	2	9	3	8	5	7
7	1	6	5	8	4	9	3	2
9	5	2	8	3	7	4	6	1
8	4	5	3	7	1	6	2	9
6	2	3	9	4	8	1	7	5
3	9	7	1	2	6	5	8	4

HARD #215

3	7	2	1	8	5	9	6	4
6	9	8	4	5	7	3	2	1
5	4	1	3	7	6	2	9	8
2	3	5	9	6	8	4	1	7
4	1	6	8	2	3	5	7	9
8	5	7	6	9	4	1	3	2
7	8	9	2	3	1	6	4	5
1	2	3	7	4	9	8	5	6
9	6	4	5	1	2	7	8	3

HARD #216

4	9	3	7	2	6	8	5	1
8	1	6	5	7	4	3	9	2
7	3	5	8	6	1	4	2	9
6	2	1	4	9	8	5	3	7
3	8	9	2	4	7	6	1	5
1	4	7	6	5	9	2	8	3
2	7	8	3	1	5	9	6	4
9	5	2	1	8	3	7	4	6
5	6	4	9	3	2	1	7	8

HARD #217

3	8	4	7	6	2	5	9	1
2	9	7	4	8	1	3	5	6
6	1	5	9	7	3	2	8	4
5	7	9	1	4	6	8	2	3
4	5	1	8	2	7	6	3	9
7	2	8	6	3	9	1	4	5
8	6	3	2	5	4	9	1	7
9	4	2	3	1	5	7	6	8
1	3	6	5	9	8	4	7	2

HARD #218

3	4	2	5	9	1	7	8	6
5	7	9	6	8	3	1	2	4
9	3	1	8	5	4	6	7	2
7	8	3	9	1	6	2	4	5
6	1	4	7	2	5	8	3	9
4	2	5	1	6	8	3	9	7
8	9	6	2	3	7	4	5	1
1	5	8	4	7	2	9	6	3
2	6	7	3	4	9	5	1	8

HARD #219

2	8	4	1	3	7	9	5	6
6	9	8	4	2	1	5	3	7
3	1	6	7	5	4	2	8	9
7	3	5	9	8	6	4	1	2
1	7	2	6	4	8	3	9	5
5	6	3	2	7	9	1	4	8
4	5	9	8	1	2	7	6	3
9	4	7	5	6	3	8	2	1
8	2	1	3	9	5	6	7	4

HARD #220

7	6	3	5	1	2	4	9	8
4	2	8	9	6	7	5	3	1
3	4	5	2	7	8	6	1	9
6	7	9	3	8	4	1	5	2
2	5	1	6	4	3	9	8	7
9	1	4	7	5	6	8	2	3
8	9	6	4	2	1	3	7	5
1	3	2	8	9	5	7	6	4
5	8	7	1	3	9	2	4	6

HARD #221

1	7	2	9	3	6	4	8	5
9	6	5	3	7	8	2	1	4
8	4	1	2	5	9	7	3	6
3	5	8	7	1	4	6	2	9
4	2	6	8	9	3	1	5	7
6	1	9	5	8	7	3	4	2
5	9	4	1	6	2	8	7	3
2	3	7	6	4	1	5	9	8
7	8	3	4	2	5	9	6	1

HARD #222

9	3	5	4	2	7	1	8	6
8	1	7	3	6	2	4	9	5
2	4	1	5	9	8	6	7	3
5	8	6	7	1	9	3	4	2
6	9	4	2	3	5	7	1	8
7	2	8	9	4	6	5	3	1
3	5	2	1	7	4	8	6	9
1	7	9	6	8	3	2	5	4
4	6	3	8	5	1	9	2	7

HARD #223

4	7	8	3	6	9	5	2	1
6	4	7	2	3	5	1	9	8
1	5	9	8	2	6	4	7	3
3	8	2	7	9	1	6	4	5
9	1	4	6	5	7	8	3	2
5	3	6	9	8	4	2	1	7
2	6	1	4	7	8	3	5	9
8	9	3	5	1	2	7	6	4
7	2	5	1	4	3	9	8	6

HARD #224

8	1	6	5	3	9	2	4	7
7	5	9	2	4	8	1	3	6
3	8	1	6	5	7	9	2	4
5	7	3	4	1	2	8	6	9
4	9	2	8	6	1	3	7	5
6	2	4	7	9	3	5	8	1
9	3	8	1	7	4	6	5	2
1	4	5	3	2	6	7	9	8
2	6	7	9	8	5	4	1	3

HARD #225

5	7	8	6	3	2	9	1	4
1	3	9	8	6	7	4	2	5
7	2	6	4	5	1	3	9	8
2	5	1	9	8	4	6	7	3
4	6	5	2	1	9	8	3	7
3	1	7	5	4	6	2	8	9
8	9	4	1	7	3	5	6	2
6	4	2	3	9	8	7	5	1
9	8	3	7	2	5	1	4	6

HARD #226

4	1	7	5	2	9	3	6	8
8	5	6	9	1	3	4	7	2
2	3	5	7	9	6	8	4	1
3	7	1	4	6	2	5	8	9
5	4	8	6	3	1	2	9	7
9	6	2	1	8	4	7	3	5
7	2	9	3	4	8	1	5	6
6	8	3	2	7	5	9	1	4
1	9	4	8	5	7	6	2	3

HARD #227

9	1	3	5	4	7	6	8	2
2	7	1	6	3	8	9	5	4
6	8	4	3	5	2	1	9	7
7	3	5	9	2	4	8	6	1
4	6	7	8	1	9	2	3	5
3	9	2	1	8	5	4	7	6
8	4	6	2	7	3	5	1	9
5	2	9	7	6	1	3	4	8
1	5	8	4	9	6	7	2	3

HARD #228

1	8	9	6	7	4	3	2	5
7	6	8	9	5	3	1	4	2
3	5	2	4	6	7	9	8	1
8	1	7	3	9	5	2	6	4
4	2	1	5	3	6	8	7	9
6	3	5	2	4	1	7	9	8
2	7	4	8	1	9	6	5	3
9	4	3	7	2	8	5	1	6
5	9	6	1	8	2	4	3	7

HARD #229

7	6	4	8	2	1	9	5	3
5	3	1	9	4	8	2	7	6
8	5	3	4	1	2	6	9	7
6	2	9	1	8	5	7	3	4
9	7	6	3	5	4	1	2	8
2	1	7	5	6	3	4	8	9
4	8	5	2	9	7	3	6	1
3	4	2	6	7	9	8	1	5
1	9	8	7	3	6	5	4	2

HARD #230

9	4	7	1	6	3	8	2	5
3	8	5	2	9	1	4	7	6
4	7	3	8	2	6	5	1	9
6	5	4	3	8	7	1	9	2
1	2	9	5	7	8	6	4	3
8	6	2	9	1	4	3	5	7
2	1	6	7	3	5	9	8	4
7	3	8	4	5	9	2	6	1
5	9	1	6	4	2	7	3	8

HARD #231

9	1	2	5	4	6	3	8	7
1	6	7	8	9	3	4	2	5
7	3	4	6	1	9	2	5	8
8	2	6	1	5	7	9	4	3
2	9	8	3	7	5	1	6	4
4	5	3	9	2	1	8	7	6
6	4	9	7	3	8	5	1	2
5	8	1	4	6	2	7	3	9
3	7	5	2	8	4	6	9	1

HARD #232

8	9	7	4	3	6	1	2	5
6	3	5	2	1	9	8	7	4
3	2	9	6	7	5	4	1	8
4	7	1	9	2	3	5	8	6
2	5	8	7	6	4	9	3	1
7	4	3	5	8	1	6	9	2
9	8	6	1	5	2	3	4	7
5	1	4	8	9	7	2	6	3
1	6	2	3	4	8	7	5	9

HARD #233

6	3	5	1	8	7	2	9	4
9	7	8	3	4	2	6	5	1
4	2	1	8	6	5	9	7	3
7	4	3	9	2	6	5	1	8
1	8	2	6	5	9	3	4	7
5	1	7	4	9	3	8	6	2
3	5	6	2	7	1	4	8	9
8	6	9	7	3	4	1	2	5
2	9	4	5	1	8	7	3	6

HARD #234

9	7	2	1	8	4	6	3	5
7	3	5	6	4	8	2	1	9
3	2	4	8	9	1	5	7	6
1	5	6	9	7	2	8	4	3
8	9	1	3	5	6	4	2	7
6	4	3	7	2	5	1	9	8
5	6	9	2	1	3	7	8	4
4	1	8	5	3	7	9	6	2
2	8	7	4	6	9	3	5	1

HARD #235

5	8	4	6	7	3	1	2	9
2	9	6	5	8	1	4	7	3
1	7	9	2	5	4	3	8	6
3	1	7	4	6	5	2	9	8
6	3	5	8	1	2	9	4	7
9	2	8	1	3	6	7	5	4
4	5	3	7	2	9	8	6	1
8	6	1	9	4	7	5	3	2
7	4	2	3	9	8	6	1	5

HARD #236

3	6	4	1	7	2	9	5	8
2	8	9	5	6	1	7	4	3
4	5	2	3	8	9	6	1	7
8	3	1	7	2	6	4	9	5
9	1	7	4	5	3	2	8	6
6	9	5	8	1	4	3	7	2
7	2	6	9	4	5	8	3	1
1	7	3	6	9	8	5	2	4
5	4	8	2	3	7	1	6	9

HARD #237

7	4	1	3	2	9	6	8	5
5	6	9	7	8	4	3	2	1
2	3	8	5	1	7	9	6	4
3	7	6	9	4	1	8	5	2
9	1	4	8	6	2	5	7	3
8	2	5	4	9	6	1	3	7
6	5	2	1	3	8	7	4	9
1	8	7	2	5	3	4	9	6
4	9	3	6	7	5	2	1	8

HARD #238

1	3	5	6	2	7	9	8	4
8	4	2	9	1	6	5	7	3
2	9	6	8	7	5	4	3	1
4	1	3	5	6	2	7	9	8
6	5	7	1	8	9	3	4	2
9	8	1	7	3	4	2	5	6
7	2	8	4	9	3	6	1	5
3	7	4	2	5	1	8	6	9
5	6	9	3	4	8	1	2	7

HARD #239

6	5	8	3	1	9	2	7	4
8	9	4	7	5	6	3	2	1
5	1	3	2	4	7	6	9	8
1	7	6	9	8	2	4	3	5
4	6	5	8	2	3	7	1	9
3	2	7	1	9	4	8	5	6
9	8	2	4	7	1	5	6	3
2	4	9	6	3	5	1	8	7
7	3	1	5	6	8	9	4	2

HARD #240

9	5	8	7	6	3	1	4	2
2	1	3	5	7	4	8	9	6
8	9	6	4	1	2	5	3	7
6	3	9	2	8	5	7	1	4
7	2	4	3	9	1	6	8	5
1	4	5	8	2	7	9	6	3
4	7	1	6	5	8	3	2	9
5	6	2	1	3	9	4	7	8
3	8	7	9	4	6	2	5	1

HARD #241

1	5	4	2	6	8	3	9	7
2	4	5	6	3	1	7	8	9
6	9	8	3	7	5	4	1	2
7	6	1	5	8	9	2	3	4
9	2	3	8	4	7	5	6	1
3	8	7	9	1	2	6	4	5
4	7	9	1	2	3	8	5	6
8	1	6	7	5	4	9	2	3
5	3	2	4	9	6	1	7	8

HARD #242

5	7	8	9	4	1	6	3	2
1	4	2	8	7	5	9	6	3
9	6	1	4	3	8	7	2	5
3	2	5	6	8	7	1	9	4
8	3	6	2	1	4	5	7	9
4	9	7	3	5	6	2	8	1
7	8	9	5	2	3	4	1	6
6	1	4	7	9	2	3	5	8
2	5	3	1	6	9	8	4	7

HARD #243

2	8	6	3	9	7	4	5	1
4	1	5	9	7	2	8	3	6
5	9	8	4	2	6	3	1	7
6	3	7	1	5	4	9	8	2
7	6	2	8	4	1	5	9	3
8	7	1	6	3	5	2	4	9
3	2	4	5	1	9	7	6	8
1	4	9	2	8	3	6	7	5
9	5	3	7	6	8	1	2	4

HARD #244

3	5	7	2	4	8	1	6	9
6	9	5	3	8	1	2	7	4
7	4	1	6	5	3	9	2	8
8	2	6	7	1	9	5	4	3
9	7	3	4	6	2	8	5	1
2	8	4	1	3	7	6	9	5
4	3	8	9	2	5	7	1	6
5	1	2	8	9	6	4	3	7
1	6	9	5	7	4	3	8	2

HARD #245

6	2	7	8	4	9	1	3	5
9	4	1	7	6	8	3	5	2
8	5	3	1	2	4	9	6	7
4	3	9	5	7	6	2	1	8
7	8	5	9	3	1	6	2	4
1	6	2	3	8	7	5	4	9
2	9	4	6	5	3	7	8	1
5	1	6	4	9	2	8	7	3
3	7	8	2	1	5	4	9	6

HARD #246

4	2	5	1	3	6	9	8	7
7	9	8	6	2	5	1	4	3
1	6	3	7	8	9	4	5	2
2	7	9	8	1	4	6	3	5
9	3	1	4	7	8	5	2	6
5	4	7	3	9	1	2	6	8
3	8	4	5	6	2	7	1	9
6	5	2	9	4	3	8	7	1
8	1	6	2	5	7	3	9	4

HARD #247

5	1	6	7	8	2	4	3	9
6	2	9	4	3	5	1	7	8
3	4	1	8	7	6	9	5	2
9	7	8	3	1	4	2	6	5
8	6	5	2	4	1	3	9	7
4	9	7	1	2	3	5	8	6
1	5	4	6	9	8	7	2	3
7	3	2	5	6	9	8	4	1
2	8	3	9	5	7	6	1	4

HARD #248

5	6	7	8	2	9	1	4	3
8	4	3	6	1	5	9	2	7
4	1	9	7	5	2	3	8	6
9	3	1	2	8	7	4	6	5
2	7	8	3	9	6	5	1	4
6	9	5	4	7	1	8	3	2
7	5	6	1	4	3	2	9	8
1	8	2	5	3	4	6	7	9
3	2	4	9	6	8	7	5	1

HARD #249

6	7	3	8	2	9	1	5	4
8	9	2	5	4	6	7	3	1
9	5	6	1	8	4	3	2	7
2	4	7	3	1	8	5	6	9
4	2	1	9	5	3	6	7	8
1	3	8	6	7	2	4	9	5
3	8	5	4	9	7	2	1	6
7	1	9	2	6	5	8	4	3
5	6	4	7	3	1	9	8	2

HARD #250

1	5	9	7	3	4	6	8	2
4	9	6	8	5	2	1	7	3
3	8	1	2	7	6	5	4	9
5	7	3	4	6	8	9	2	1
9	6	2	3	4	1	8	5	7
8	1	7	9	2	3	4	6	5
7	2	4	5	8	9	3	1	6
2	3	8	6	1	5	7	9	4
6	4	5	1	9	7	2	3	8

HARD #251

9	6	8	4	7	1	2	3	5
1	3	2	9	8	5	6	4	7
5	7	3	2	4	6	9	8	1
7	4	1	5	6	8	3	9	2
6	5	4	7	2	3	8	1	9
2	1	7	8	3	9	5	6	4
3	9	6	1	5	4	7	2	8
4	8	5	3	9	2	1	7	6
8	2	9	6	1	7	4	5	3

HARD #252

8	2	4	5	9	1	7	6	3
3	5	2	8	1	4	6	7	9
7	3	1	4	5	2	9	8	6
9	4	6	7	3	8	1	5	2
1	8	3	6	2	9	5	4	7
2	6	7	9	4	5	8	3	1
4	9	8	2	7	6	3	1	5
5	7	9	1	6	3	4	2	8
6	1	5	3	8	7	2	9	4

HARD #253

8	6	4	2	5	7	1	9	3
9	7	1	5	4	6	3	8	2
7	9	8	3	2	1	6	5	4
2	1	3	9	8	5	4	7	6
6	4	5	1	7	9	2	3	8
5	3	9	4	6	8	7	2	1
4	8	2	7	1	3	5	6	9
3	2	7	6	9	4	8	1	5
1	5	6	8	3	2	9	4	7

HARD #254

6	1	5	2	9	8	7	4	3
4	5	3	9	8	7	6	1	2
9	7	4	1	6	2	8	3	5
3	2	8	4	1	6	5	7	9
8	6	7	5	4	9	3	2	1
1	3	2	8	5	4	9	6	7
2	9	1	3	7	5	4	8	6
7	4	9	6	3	1	2	5	8
5	8	6	7	2	3	1	9	4

HARD #255

5	2	1	4	6	9	3	8	7
4	6	9	1	7	2	8	3	5
7	3	8	5	2	1	6	9	4
9	7	4	8	3	6	5	2	1
3	9	5	7	4	8	2	1	6
2	1	6	3	9	4	7	5	8
8	4	2	6	1	5	9	7	3
1	5	3	9	8	7	4	6	2
6	8	7	2	5	3	1	4	9

HARD #256

6	1	7	8	5	4	2	9	3
3	5	4	2	6	7	9	8	1
4	9	3	1	8	2	5	7	6
8	6	1	4	2	5	7	3	9
5	2	9	3	7	6	4	1	8
9	7	2	5	1	8	3	6	4
7	3	6	9	4	1	8	2	5
1	8	5	7	9	3	6	4	2
2	4	8	6	3	9	1	5	7

HARD #257

9	2	7	3	6	1	8	5	4
6	4	8	5	9	2	1	7	3
1	7	3	9	2	5	4	6	8
8	6	4	1	5	9	7	3	2
7	1	6	2	8	3	5	4	9
3	5	2	4	7	8	6	9	1
4	8	1	7	3	6	9	2	5
5	3	9	8	4	7	2	1	6
2	9	5	6	1	4	3	8	7

HARD #258

6	9	3	2	7	5	4	8	1
4	8	1	9	5	7	2	3	6
5	6	8	7	2	3	1	4	9
7	2	9	3	1	4	8	6	5
1	3	5	4	9	8	6	2	7
2	7	4	6	8	1	5	9	3
9	1	7	8	4	6	3	5	2
3	4	2	5	6	9	7	1	8
8	5	6	1	3	2	9	7	4

HARD #259

3	6	4	9	7	2	8	5	1
4	5	6	2	9	1	3	7	8
8	9	1	3	5	6	7	4	2
6	7	3	1	4	8	2	9	5
2	8	5	7	1	4	9	3	6
1	3	9	6	2	5	4	8	7
5	1	7	4	8	9	6	2	3
7	4	2	8	6	3	5	1	9
9	2	8	5	3	7	1	6	4

HARD #260

8	9	7	1	6	2	3	4	5
5	2	4	6	3	8	9	1	7
3	4	1	5	7	9	2	8	6
9	3	8	4	5	1	6	7	2
7	6	2	9	8	4	5	3	1
2	5	6	7	1	3	8	9	4
1	7	3	2	9	6	4	5	8
6	8	5	3	4	7	1	2	9
4	1	9	8	2	5	7	6	3

HARD #261

6	7	3	5	8	1	2	4	9
5	3	4	9	6	7	8	2	1
4	5	2	8	1	3	6	9	7
9	8	1	7	4	2	3	6	5
1	2	7	6	5	4	9	8	3
2	9	8	4	3	5	7	1	6
7	6	5	2	9	8	1	3	4
3	4	9	1	2	6	5	7	8
8	1	6	3	7	9	4	5	2

HARD #262

6	1	7	9	3	2	4	8	5
3	2	5	4	1	8	7	9	6
4	5	6	8	7	1	2	3	9
7	8	9	3	2	6	5	4	1
2	3	1	5	9	4	6	7	8
1	4	2	6	8	9	3	5	7
8	7	3	1	4	5	9	6	2
5	9	4	2	6	7	8	1	3
9	6	8	7	5	3	1	2	4

HARD #263

7	1	8	6	9	2	5	3	4
4	9	3	5	2	6	1	7	8
3	6	1	4	7	8	9	5	2
8	4	7	1	6	5	2	9	3
5	3	2	9	4	7	8	1	6
2	8	5	3	1	9	4	6	7
9	7	4	2	5	3	6	8	1
1	5	6	7	8	4	3	2	9
6	2	9	8	3	1	7	4	5

HARD #264

6	3	5	7	4	9	1	2	8
8	9	2	5	6	7	4	3	1
1	2	6	9	8	5	3	4	7
2	7	4	1	3	8	6	9	5
7	5	8	4	9	6	2	1	3
4	8	1	6	7	3	9	5	2
5	6	3	2	1	4	7	8	9
9	1	7	3	5	2	8	6	4
3	4	9	8	2	1	5	7	6

HARD #265

6	2	4	1	5	3	7	8	9
7	9	8	5	3	4	6	1	2
1	4	3	9	8	7	2	6	5
9	7	6	3	2	5	8	4	1
2	5	1	6	7	9	4	3	8
3	8	5	2	9	6	1	7	4
4	6	7	8	1	2	9	5	3
8	3	2	7	4	1	5	9	6
5	1	9	4	6	8	3	2	7

HARD #266

7	1	4	2	8	6	3	9	5
5	9	7	3	4	8	6	2	1
9	5	2	4	1	3	8	6	7
1	8	3	6	9	7	5	4	2
6	4	8	5	7	2	9	1	3
2	3	6	9	5	1	4	7	8
4	2	1	8	3	9	7	5	6
3	6	5	7	2	4	1	8	9
8	7	9	1	6	5	2	3	4

HARD #267

8	7	3	9	6	2	1	5	4
2	6	1	4	5	7	3	9	8
3	9	5	1	2	6	4	8	7
4	5	7	8	1	3	9	2	6
9	3	6	7	8	4	5	1	2
1	2	8	3	7	9	6	4	5
5	4	2	6	9	8	7	3	1
7	8	4	5	3	1	2	6	9
6	1	9	2	4	5	8	7	3

HARD #268

2	7	5	1	4	8	3	9	6
9	3	6	5	8	1	7	2	4
4	6	3	8	1	9	5	7	2
5	1	2	7	9	4	6	3	8
7	8	9	3	6	2	4	1	5
6	5	4	2	7	3	1	8	9
8	9	1	4	3	5	2	6	7
1	4	8	6	2	7	9	5	3
3	2	7	9	5	6	8	4	1

HARD #269

6	3	2	1	7	4	8	9	5
9	5	3	4	8	7	6	1	2
4	6	8	7	1	5	3	2	9
1	7	9	3	4	2	5	8	6
7	1	4	8	9	6	2	5	3
3	8	5	2	6	9	4	7	1
5	2	6	9	3	1	7	4	8
8	9	7	5	2	3	1	6	4
2	4	1	6	5	8	9	3	7

HARD #270

5	6	4	1	8	9	2	7	3
3	9	5	6	7	4	1	2	8
4	7	2	3	5	8	6	1	9
7	3	1	8	2	5	4	9	6
2	4	7	9	3	6	5	8	1
6	8	3	2	1	7	9	4	5
9	1	8	4	6	2	3	5	7
8	2	6	5	9	1	7	3	4
1	5	9	7	4	3	8	6	2

HARD #271

1	9	6	3	7	8	5	2	4
6	2	5	4	3	7	9	1	8
3	8	4	5	6	2	1	7	9
4	7	9	2	5	1	8	3	6
8	1	7	9	2	6	3	4	5
5	4	1	8	9	3	2	6	7
9	6	2	1	8	4	7	5	3
7	3	8	6	1	5	4	9	2
2	5	3	7	4	9	6	8	1

HARD #272

7	1	4	9	6	3	2	8	5
5	2	9	8	3	6	7	4	1
8	3	7	2	4	1	9	5	6
9	6	3	7	1	5	4	2	8
2	8	6	4	5	7	3	1	9
4	5	1	3	9	8	6	7	2
1	9	5	6	7	2	8	3	4
3	4	2	1	8	9	5	6	7
6	7	8	5	2	4	1	9	3

HARD #273

1	9	7	4	3	6	5	8	2
2	3	4	5	1	9	7	6	8
6	8	5	3	4	7	9	2	1
4	1	2	8	7	3	6	9	5
7	2	9	6	8	5	1	4	3
8	5	3	1	9	4	2	7	6
3	4	1	9	6	2	8	5	7
5	6	8	7	2	1	4	3	9
9	7	6	2	5	8	3	1	4

HARD #274

8	1	2	6	9	7	5	3	4
6	4	3	8	7	5	2	9	1
5	9	7	1	2	3	4	6	8
4	5	9	3	6	1	7	8	2
1	3	6	5	4	2	8	7	9
2	8	1	7	3	9	6	4	5
7	2	8	9	5	4	3	1	6
9	7	4	2	8	6	1	5	3
3	6	5	4	1	8	9	2	7

HARD #275

3	5	7	8	4	9	2	1	6
9	7	4	2	3	6	5	8	1
6	2	1	5	7	8	9	3	4
1	3	5	4	9	2	8	6	7
4	8	9	7	6	1	3	5	2
8	4	3	9	1	7	6	2	5
7	9	6	3	2	5	1	4	8
5	6	2	1	8	4	7	9	3
2	1	8	6	5	3	4	7	9

HARD #276

9	1	8	5	7	3	2	4	6
6	7	5	8	4	9	3	1	2
3	4	7	6	2	1	9	8	5
8	3	4	2	1	5	7	6	9
5	2	1	3	9	6	8	7	4
2	6	9	4	5	8	1	3	7
1	5	3	7	6	2	4	9	8
7	8	6	9	3	4	5	2	1
4	9	2	1	8	7	6	5	3

HARD #277

6	8	1	3	5	4	2	7	9
2	5	7	4	9	6	8	3	1
9	2	3	5	8	1	7	4	6
8	1	9	6	4	7	3	5	2
5	6	4	1	7	8	9	2	3
3	7	8	2	1	9	4	6	5
4	9	2	7	6	3	5	1	8
7	3	6	8	2	5	1	9	4
1	4	5	9	3	2	6	8	7

HARD #278

9	4	1	7	2	5	6	3	8
5	1	6	3	8	4	2	9	7
3	6	4	5	7	9	8	1	2
1	3	5	6	9	2	7	8	4
6	9	3	2	1	8	4	7	5
7	2	8	9	6	3	5	4	1
8	5	7	4	3	6	1	2	9
4	7	2	8	5	1	9	6	3
2	8	9	1	4	7	3	5	6

HARD #279

2	9	7	4	1	5	3	6	8
7	1	9	6	4	2	8	3	5
8	2	3	5	7	1	6	9	4
9	7	6	8	5	3	4	1	2
6	5	4	3	9	8	1	2	7
4	8	2	1	6	7	9	5	3
1	3	5	9	8	4	2	7	6
5	4	1	2	3	6	7	8	9
3	6	8	7	2	9	5	4	1

HARD #280

7	9	4	2	3	5	8	1	6
3	1	8	6	7	4	9	2	5
4	5	3	9	2	8	1	6	7
8	6	7	3	5	1	2	4	9
5	7	2	1	9	6	4	8	3
6	4	5	8	1	7	3	9	2
2	8	6	5	4	9	7	3	1
9	2	1	4	6	3	5	7	8
1	3	9	7	8	2	6	5	4

HARD #281

3	6	8	7	5	4	9	2	1
2	9	5	4	1	8	7	3	6
9	4	1	6	8	2	3	5	7
5	2	4	9	6	3	1	7	8
8	1	7	3	4	6	2	9	5
7	8	2	5	9	1	4	6	3
1	3	6	2	7	9	5	8	4
4	5	9	8	3	7	6	1	2
6	7	3	1	2	5	8	4	9

HARD #282

3	8	6	9	2	7	1	4	5
7	2	9	8	4	6	5	1	3
1	4	5	3	9	8	7	6	2
5	6	3	2	1	4	8	7	9
4	5	1	7	6	2	3	9	8
8	9	7	6	5	3	4	2	1
2	7	4	5	8	1	9	3	6
9	3	2	1	7	5	6	8	4
6	1	8	4	3	9	2	5	7

HARD #283

9	6	3	1	8	5	2	7	4
2	7	5	3	4	1	9	8	6
6	4	2	7	9	8	1	5	3
4	3	6	9	5	7	8	2	1
3	8	1	2	7	4	5	6	9
5	9	7	6	1	2	4	3	8
7	2	4	8	6	9	3	1	5
8	1	9	5	3	6	7	4	2
1	5	8	4	2	3	6	9	7

HARD #284

2	7	4	3	1	6	8	5	9
1	9	2	5	7	4	6	8	3
6	3	9	4	8	5	7	2	1
8	5	3	2	6	9	4	1	7
9	6	1	7	3	2	5	4	8
7	1	5	8	4	3	2	9	6
4	8	7	9	5	1	3	6	2
3	4	6	1	2	8	9	7	5
5	2	8	6	9	7	1	3	4

HARD #285

2	8	6	3	1	4	9	5	7
3	1	4	8	5	7	6	9	2
5	9	7	6	2	8	1	3	4
9	4	2	7	6	1	3	8	5
6	7	9	2	3	5	8	4	1
4	5	8	1	9	2	7	6	3
7	6	1	4	8	3	5	2	9
8	2	3	5	7	9	4	1	6
1	3	5	9	4	6	2	7	8

HARD #286

8	5	4	7	1	6	2	3	9
9	2	3	1	6	4	5	8	7
5	7	2	3	9	8	6	4	1
3	6	5	2	8	7	1	9	4
1	4	8	6	7	3	9	2	5
6	9	1	4	2	5	8	7	3
4	1	9	5	3	2	7	6	8
2	3	7	8	5	9	4	1	6
7	8	6	9	4	1	3	5	2

HARD #287

5	7	3	8	4	2	6	1	9
2	6	9	1	5	7	3	8	4
9	1	8	4	6	3	7	5	2
1	4	2	3	8	9	5	7	6
8	3	7	5	9	6	4	2	1
6	5	4	7	2	1	9	3	8
4	8	1	6	7	5	2	9	3
3	2	5	9	1	4	8	6	7
7	9	6	2	3	8	1	4	5

HARD #288

1	7	5	2	6	4	3	8	9
9	8	6	3	5	2	7	4	1
4	9	3	5	1	8	2	6	7
8	4	7	1	2	9	5	3	6
5	6	9	4	8	3	1	7	2
2	3	1	8	7	6	4	9	5
7	5	4	6	9	1	8	2	3
6	2	8	7	3	5	9	1	4
3	1	2	9	4	7	6	5	8

HARD #289

3	7	8	4	9	1	6	5	2
5	1	6	2	4	9	3	8	7
7	2	1	5	3	6	8	9	4
8	9	4	1	5	2	7	6	3
9	8	2	3	6	7	5	4	1
4	6	3	9	7	8	2	1	5
6	4	5	7	1	3	9	2	8
2	5	7	6	8	4	1	3	9
1	3	9	8	2	5	4	7	6

HARD #290

1	6	8	7	2	5	4	3	9
4	8	9	5	3	7	6	1	2
7	4	3	9	6	1	2	5	8
3	2	4	1	8	9	5	6	7
2	1	5	6	7	4	9	8	3
5	9	7	3	1	6	8	2	4
9	7	1	8	5	2	3	4	6
6	3	2	4	9	8	1	7	5
8	5	6	2	4	3	7	9	1

HARD #291

6	1	5	4	2	3	8	9	7
8	3	9	7	1	2	4	5	6
7	2	4	9	6	8	1	3	5
1	8	6	5	9	7	2	4	3
5	9	8	1	4	6	3	7	2
3	4	2	6	7	9	5	1	8
2	5	7	3	8	1	9	6	4
9	7	3	2	5	4	6	8	1
4	6	1	8	3	5	7	2	9

HARD #292

5	2	1	6	7	3	9	8	4
8	4	3	2	9	7	1	6	5
4	5	6	8	2	1	3	9	7
9	1	7	3	4	2	6	5	8
1	6	8	9	5	4	7	2	3
6	3	2	7	8	9	5	4	1
2	7	9	4	3	5	8	1	6
3	9	5	1	6	8	4	7	2
7	8	4	5	1	6	2	3	9

HARD #293

8	2	1	4	9	6	7	3	5
7	6	5	8	2	3	1	4	9
5	9	2	7	3	1	6	8	4
3	4	6	9	8	5	2	7	1
2	3	4	1	6	7	9	5	8
9	1	7	5	4	8	3	6	2
6	8	9	2	7	4	5	1	3
1	7	8	3	5	2	4	9	6
4	5	3	6	1	9	8	2	7

HARD #294

6	8	2	9	7	1	3	5	4
1	3	7	6	4	2	9	8	5
4	5	9	1	2	8	6	3	7
9	7	5	8	3	6	4	2	1
5	2	4	3	6	9	7	1	8
8	1	6	7	9	3	5	4	2
2	4	3	5	8	7	1	6	9
3	9	1	2	5	4	8	7	6
7	6	8	4	1	5	2	9	3

HARD #295

5	9	1	4	6	7	8	3	2
8	7	2	3	5	9	6	4	1
1	3	8	2	4	6	5	7	9
3	5	6	1	9	8	7	2	4
4	2	3	7	8	1	9	6	5
7	6	4	8	1	5	2	9	3
9	4	7	6	3	2	1	5	8
2	1	9	5	7	4	3	8	6
6	8	5	9	2	3	4	1	7

HARD #296

4	8	1	6	9	2	5	3	7
7	2	9	3	6	5	1	4	8
9	4	5	1	3	8	6	7	2
6	5	2	8	1	4	7	9	3
1	7	6	2	5	9	3	8	4
3	9	4	5	2	7	8	6	1
8	1	3	7	4	6	9	2	5
5	6	7	4	8	3	2	1	9
2	3	8	9	7	1	4	5	6

HARD #297

3	6	8	7	1	9	5	2	4
9	4	2	5	7	1	3	6	8
4	9	6	8	3	2	1	5	7
1	8	5	2	4	6	7	3	9
5	3	4	6	9	7	2	8	1
2	7	9	1	8	5	6	4	3
8	2	7	4	6	3	9	1	5
6	1	3	9	5	4	8	7	2
7	5	1	3	2	8	4	9	6

HARD #298

6	9	8	1	5	7	4	2	3
2	8	9	6	7	1	3	4	5
1	3	5	4	8	9	2	7	6
4	7	6	3	1	2	5	9	8
7	5	3	9	2	8	6	1	4
5	1	2	7	4	6	8	3	9
9	6	7	8	3	4	1	5	2
3	4	1	2	6	5	9	8	7
8	2	4	5	9	3	7	6	1

HARD #299

6	1	9	7	3	2	4	8	5
5	3	4	2	8	1	6	7	9
8	7	6	3	5	9	1	2	4
4	9	2	8	1	6	5	3	7
9	5	3	6	4	7	8	1	2
1	4	7	5	2	3	9	6	8
2	8	1	4	6	5	7	9	3
3	6	8	9	7	4	2	5	1
7	2	5	1	9	8	3	4	6

HARD #300

2	7	8	4	9	6	1	3	5
4	9	1	3	5	8	2	6	7
6	5	3	8	4	9	7	2	1
9	1	6	2	7	4	8	5	3
7	4	2	9	3	5	6	1	8
8	3	5	6	1	2	9	7	4
1	2	7	5	6	3	4	8	9
3	6	9	7	8	1	5	4	2
5	8	4	1	2	7	3	9	6

HARD #301

9	1	2	3	4	5	7	6	8
6	7	8	4	2	9	3	5	1
8	6	1	5	7	3	4	9	2
2	9	4	1	5	7	6	8	3
3	5	7	2	6	1	8	4	9
4	8	5	7	1	2	9	3	6
1	3	6	9	8	4	5	2	7
7	4	9	8	3	6	2	1	5
5	2	3	6	9	8	1	7	4

HARD #302

9	4	1	5	3	7	2	6	8
5	3	7	6	2	8	1	4	9
1	2	4	9	8	6	5	7	3
6	8	2	4	9	3	7	1	5
7	6	9	8	1	5	3	2	4
4	5	3	2	7	1	8	9	6
3	1	8	7	6	9	4	5	2
8	9	5	1	4	2	6	3	7
2	7	6	3	5	4	9	8	1

HARD #303

7	9	1	4	2	3	8	5	6
8	5	6	1	3	2	7	4	9
4	2	7	5	9	6	1	8	3
1	6	3	9	8	7	5	2	4
3	7	2	6	1	5	4	9	8
9	8	5	7	6	4	2	3	1
2	1	8	3	4	9	6	7	5
6	4	9	2	5	8	3	1	7
5	3	4	8	7	1	9	6	2

HARD #304

4	6	5	7	1	9	8	3	2
8	1	7	4	6	3	2	5	9
3	7	8	9	2	4	5	6	1
9	3	1	5	8	2	4	7	6
2	5	6	3	7	8	9	1	4
7	4	2	1	5	6	3	9	8
5	9	4	8	3	1	6	2	7
1	2	9	6	4	5	7	8	3
6	8	3	2	9	7	1	4	5

HARD #305

8	7	5	4	1	6	3	9	2
3	9	6	8	2	5	1	4	7
7	1	3	2	4	9	6	5	8
1	6	7	3	9	4	2	8	5
2	5	8	1	6	3	9	7	4
9	3	4	7	5	2	8	1	6
4	8	2	9	7	1	5	6	3
5	2	9	6	8	7	4	3	1
6	4	1	5	3	8	7	2	9

HARD #306

1	2	3	5	6	7	8	9	4
8	4	6	2	3	9	7	5	1
7	9	2	6	5	4	1	8	3
4	1	8	3	2	5	6	7	9
6	3	4	8	9	2	5	1	7
9	7	5	1	8	3	4	2	6
5	8	1	4	7	6	9	3	2
3	6	7	9	1	8	2	4	5
2	5	9	7	4	1	3	6	8

HARD #307

1	3	6	9	8	4	2	7	5
2	9	5	8	4	7	1	6	3
6	8	9	4	7	1	3	5	2
4	7	1	2	5	3	6	9	8
3	1	4	5	2	6	9	8	7
8	5	7	3	6	9	4	2	1
9	2	3	7	1	5	8	4	6
5	4	8	6	3	2	7	1	9
7	6	2	1	9	8	5	3	4

HARD #308

7	1	8	6	5	9	4	3	2
9	6	3	1	4	2	5	7	8
5	2	4	7	3	8	6	1	9
6	9	1	8	2	3	7	4	5
3	8	9	2	7	5	1	6	4
1	4	5	3	9	7	2	8	6
8	5	2	4	1	6	3	9	7
4	7	6	5	8	1	9	2	3
2	3	7	9	6	4	8	5	1

HARD #309

2	5	8	9	6	3	7	4	1
1	6	3	8	2	4	5	9	7
4	7	2	5	9	1	3	8	6
9	8	6	1	7	5	4	2	3
3	2	4	7	5	6	9	1	8
7	9	5	3	4	8	1	6	2
5	4	1	6	8	7	2	3	9
6	3	7	2	1	9	8	5	4
8	1	9	4	3	2	6	7	5

HARD #310

2	7	3	4	5	8	9	1	6
6	1	9	8	3	4	2	7	5
7	3	8	5	6	9	4	2	1
4	5	2	7	8	1	3	6	9
9	2	1	6	7	3	8	5	4
8	6	4	3	2	5	1	9	7
5	4	6	1	9	2	7	3	8
3	8	5	9	1	7	6	4	2
1	9	7	2	4	6	5	8	3

HARD #311

6	3	5	2	1	8	9	7	4
4	7	8	9	3	6	1	5	2
7	9	2	1	5	4	8	3	6
8	4	3	5	6	9	2	1	7
1	8	7	4	2	5	3	6	9
9	6	1	3	7	2	5	4	8
5	2	9	6	4	1	7	8	3
3	1	4	8	9	7	6	2	5
2	5	6	7	8	3	4	9	1

HARD #312

6	7	2	9	8	3	5	1	4
9	3	8	4	1	7	2	6	5
4	5	1	2	3	6	8	9	7
1	8	6	5	4	2	3	7	9
2	6	5	8	7	1	9	4	3
7	4	9	3	6	5	1	8	2
3	9	4	1	2	8	7	5	6
8	2	7	6	5	9	4	3	1
5	1	3	7	9	4	6	2	8

HARD #313

4	6	7	3	1	8	5	2	9
8	5	2	4	9	6	1	7	3
9	1	3	8	5	2	6	4	7
3	9	5	6	4	7	2	8	1
7	2	9	1	8	3	4	5	6
2	3	4	7	6	9	8	1	5
1	7	8	9	2	5	3	6	4
6	8	1	5	3	4	7	9	2
5	4	6	2	7	1	9	3	8

HARD #314

5	1	4	6	8	3	2	7	9
9	8	7	3	6	2	1	5	4
2	3	1	5	4	8	6	9	7
4	7	2	8	5	6	9	1	3
8	2	6	9	7	1	3	4	5
7	9	3	4	1	5	8	2	6
3	6	5	1	9	7	4	8	2
6	4	8	7	2	9	5	3	1
1	5	9	2	3	4	7	6	8

HARD #315

8	3	4	7	6	5	2	9	1
9	1	5	4	2	6	8	3	7
6	2	8	1	3	9	7	5	4
5	6	9	8	7	2	4	1	3
3	7	1	5	4	8	6	2	9
1	8	3	6	9	7	5	4	2
2	4	7	9	5	3	1	6	8
4	9	6	2	8	1	3	7	5
7	5	2	3	1	4	9	8	6

HARD #316

3	9	8	4	2	1	5	7	6
4	5	6	9	7	3	2	8	1
6	1	2	7	5	8	9	4	3
2	3	4	5	1	7	8	6	9
1	7	5	8	9	4	6	3	2
9	2	7	3	8	6	1	5	4
7	8	1	6	3	9	4	2	5
5	6	3	1	4	2	7	9	8
8	4	9	2	6	5	3	1	7

HARD #317

2	3	5	1	7	4	8	6	9
9	6	7	8	3	2	4	1	5
4	1	2	6	9	8	5	7	3
5	7	4	9	8	6	1	3	2
6	8	3	5	2	1	7	9	4
8	9	1	4	5	3	6	2	7
1	2	6	7	4	9	3	5	8
3	5	8	2	1	7	9	4	6
7	4	9	3	6	5	2	8	1

HARD #318

3	8	5	2	7	4	6	9	1
1	3	9	6	4	8	7	5	2
9	5	6	4	2	1	8	3	7
6	7	8	3	1	2	9	4	5
4	1	2	7	8	9	5	6	3
7	2	4	9	5	6	3	1	8
8	6	7	5	9	3	1	2	4
2	9	1	8	3	5	4	7	6
5	4	3	1	6	7	2	8	9

HARD #319

6	1	8	3	2	5	4	7	9
5	6	7	9	4	8	2	1	3
2	4	5	8	7	3	6	9	1
8	9	4	2	5	1	3	6	7
1	8	3	7	6	9	5	2	4
3	5	1	4	9	6	7	8	2
4	2	6	1	3	7	9	5	8
9	7	2	5	1	4	8	3	6
7	3	9	6	8	2	1	4	5

HARD #320

2	1	3	5	6	7	8	4	9
9	8	7	2	4	1	3	5	6
7	9	4	3	1	6	5	8	2
5	6	8	1	7	3	2	9	4
3	4	5	6	8	2	9	1	7
8	3	1	4	2	9	7	6	5
1	2	6	7	9	5	4	3	8
6	7	9	8	5	4	1	2	3
4	5	2	9	3	8	6	7	1

HARD #321

9	5	4	1	7	8	6	3	2
7	8	6	3	2	5	9	1	4
1	3	9	5	4	7	2	6	8
2	6	8	7	1	3	5	4	9
8	4	5	2	9	6	3	7	1
4	9	2	8	3	1	7	5	6
6	1	7	4	5	9	8	2	3
5	2	3	6	8	4	1	9	7
3	7	1	9	6	2	4	8	5

HARD #322

4	1	9	8	5	7	3	2	6
5	3	6	4	1	9	2	8	7
2	7	4	6	9	5	1	3	8
1	8	2	3	4	6	9	7	5
8	9	3	7	2	1	6	5	4
7	6	5	2	8	3	4	9	1
6	4	7	9	3	8	5	1	2
9	5	8	1	6	2	7	4	3
3	2	1	5	7	4	8	6	9

HARD #323

9	5	3	1	6	8	7	4	2
8	7	6	4	2	5	9	1	3
4	1	2	9	7	3	5	6	8
2	3	4	7	5	9	6	8	1
6	9	5	8	3	1	4	2	7
1	8	7	2	4	6	3	5	9
7	6	9	5	8	2	1	3	4
3	2	1	6	9	4	8	7	5
5	4	8	3	1	7	2	9	6

HARD #324

6	7	3	9	1	8	4	2	5
5	9	1	2	4	6	3	8	7
3	5	4	7	2	9	6	1	8
8	3	9	4	7	2	5	6	1
2	8	5	1	6	4	9	7	3
4	2	7	6	3	1	8	5	9
1	4	2	8	9	5	7	3	6
9	6	8	3	5	7	1	4	2
7	1	6	5	8	3	2	9	4

HARD #325

6	3	5	9	1	4	2	7	8
1	8	4	2	7	9	5	6	3
2	7	1	3	8	5	6	4	9
4	9	3	7	6	8	1	2	5
7	1	9	6	5	2	3	8	4
5	4	8	1	3	6	7	9	2
9	2	7	5	4	1	8	3	6
3	6	2	8	9	7	4	5	1
8	5	6	4	2	3	9	1	7

HARD #326

5	8	3	7	4	9	6	1	2
2	1	6	4	5	3	9	8	7
1	4	8	9	3	6	2	7	5
8	7	9	1	2	5	3	4	6
3	5	2	6	1	7	4	9	8
9	6	7	2	8	4	5	3	1
4	2	5	8	9	1	7	6	3
7	3	4	5	6	8	1	2	9
6	9	1	3	7	2	8	5	4

HARD #327

2	8	1	3	5	9	6	7	4
4	5	6	7	8	1	2	9	3
7	3	9	2	4	8	5	6	1
3	1	4	5	9	6	7	2	8
8	4	3	6	2	7	9	1	5
5	7	8	9	1	2	4	3	6
6	2	5	1	7	4	3	8	9
1	9	7	4	6	3	8	5	2
9	6	2	8	3	5	1	4	7

HARD #328

7	8	4	3	9	5	2	1	6
5	9	2	6	7	8	4	3	1
1	3	9	5	6	4	7	8	2
3	4	6	7	8	2	1	5	9
2	1	7	8	4	3	6	9	5
6	2	3	9	5	1	8	4	7
4	5	1	2	3	7	9	6	8
8	6	5	1	2	9	3	7	4
9	7	8	4	1	6	5	2	3

HARD #329

5	7	4	9	8	2	1	6	3
2	6	7	1	5	8	9	3	4
1	4	6	7	3	9	8	5	2
8	9	2	3	4	6	5	1	7
9	3	1	8	6	7	4	2	5
6	1	5	2	9	3	7	4	8
7	2	3	4	1	5	6	8	9
3	5	8	6	7	4	2	9	1
4	8	9	5	2	1	3	7	6

HARD #330

9	6	1	3	8	4	2	5	7
1	9	5	8	4	3	7	2	6
5	2	6	7	3	8	4	1	9
2	3	4	6	7	1	8	9	5
8	5	7	4	9	6	1	3	2
4	1	8	9	2	5	6	7	3
3	7	2	1	6	9	5	4	8
7	8	3	5	1	2	9	6	4
6	4	9	2	5	7	3	8	1

HARD #331

9	8	3	1	5	4	7	2	6
7	1	2	8	4	5	9	6	3
4	6	7	9	2	8	1	3	5
5	9	6	3	8	7	2	1	4
8	4	1	7	6	9	3	5	2
1	7	4	6	3	2	5	8	9
2	3	5	4	9	6	8	7	1
6	5	8	2	1	3	4	9	7
3	2	9	5	7	1	6	4	8

HARD #332

8	6	1	3	7	2	5	9	4
4	9	2	5	1	7	8	6	3
6	7	3	2	5	1	9	4	8
9	8	4	1	3	5	6	7	2
7	2	8	9	6	4	3	1	5
5	1	6	4	8	9	2	3	7
3	4	5	8	9	6	7	2	1
2	3	7	6	4	8	1	5	9
1	5	9	7	2	3	4	8	6

HARD #333

8	4	3	5	7	6	1	9	2
7	2	9	6	1	5	3	4	8
6	1	2	4	3	8	9	5	7
5	9	8	3	6	1	2	7	4
4	7	1	9	8	3	5	2	6
1	8	7	2	5	4	6	3	9
9	6	5	8	4	2	7	1	3
3	5	4	7	2	9	8	6	1
2	3	6	1	9	7	4	8	5

HARD #334

5	8	4	6	3	2	1	9	7
7	9	3	1	4	8	6	5	2
1	6	8	7	2	3	5	4	9
2	3	5	9	7	6	4	1	8
8	7	6	5	1	9	2	3	4
4	2	9	3	5	1	8	7	6
9	4	1	2	8	7	3	6	5
6	1	2	4	9	5	7	8	3
3	5	7	8	6	4	9	2	1

HARD #335

3	1	8	2	4	9	7	6	5
9	5	3	1	6	8	2	4	7
6	4	1	7	5	2	3	8	9
2	8	7	4	9	6	5	1	3
7	9	2	6	3	1	4	5	8
5	7	9	8	2	4	1	3	6
8	2	6	5	1	3	9	7	4
4	3	5	9	8	7	6	2	1
1	6	4	3	7	5	8	9	2

HARD #336

7	2	4	9	6	3	5	1	8
3	6	8	2	5	7	1	4	9
9	3	1	5	7	4	8	2	6
8	7	6	1	3	9	4	5	2
5	1	2	4	8	6	9	7	3
1	4	9	7	2	8	3	6	5
4	8	5	6	9	1	2	3	7
2	9	7	3	4	5	6	8	1
6	5	3	8	1	2	7	9	4

HARD #337

1	8	4	6	9	7	2	3	5
5	7	9	3	2	6	4	8	1
6	3	1	7	8	9	5	4	2
8	9	2	4	5	1	3	7	6
4	5	7	8	6	3	1	2	9
9	2	6	5	7	4	8	1	3
7	6	3	1	4	2	9	5	8
2	1	5	9	3	8	7	6	4
3	4	8	2	1	5	6	9	7

HARD #338

3	2	8	4	6	7	9	5	1
5	9	4	7	3	1	2	6	8
6	4	2	9	1	8	5	7	3
7	3	1	5	8	4	6	9	2
8	6	5	3	4	9	1	2	7
9	1	7	2	5	6	3	8	4
1	8	3	6	2	5	7	4	9
4	7	6	1	9	2	8	3	5
2	5	9	8	7	3	4	1	6

HARD #339

3	2	1	8	5	4	7	9	6
4	6	5	7	9	3	1	2	8
7	9	8	2	6	5	3	1	4
5	1	7	4	3	2	8	6	9
6	8	4	9	7	1	2	5	3
9	3	2	1	8	6	4	7	5
2	7	3	6	4	9	5	8	1
1	5	6	3	2	8	9	4	7
8	4	9	5	1	7	6	3	2

HARD #340

6	9	3	4	1	7	5	2	8
7	2	5	3	8	1	9	6	4
1	5	8	9	2	4	6	3	7
8	4	7	2	6	3	1	5	9
5	6	9	8	3	2	4	7	1
9	7	6	1	4	5	2	8	3
4	8	1	5	7	6	3	9	2
2	3	4	6	9	8	7	1	5
3	1	2	7	5	9	8	4	6

HARD #341

4	2	5	3	1	6	7	8	9
1	8	7	6	9	3	4	5	2
7	1	9	4	8	2	5	6	3
6	5	4	7	2	1	3	9	8
2	3	6	9	5	8	1	7	4
3	4	1	8	7	9	6	2	5
9	7	2	1	3	5	8	4	6
8	9	3	5	6	4	2	1	7
5	6	8	2	4	7	9	3	1

HARD #342

8	3	7	2	4	5	6	1	9
1	5	6	9	8	4	3	2	7
7	4	8	1	5	9	2	6	3
2	9	1	5	3	6	4	7	8
9	6	4	3	7	2	5	8	1
4	7	2	8	6	1	9	3	5
5	1	3	6	2	7	8	9	4
3	2	5	7	9	8	1	4	6
6	8	9	4	1	3	7	5	2

HARD #343

7	9	4	8	1	3	6	2	5
6	2	8	3	9	5	1	4	7
5	8	7	1	2	6	4	9	3
4	3	2	9	6	7	5	1	8
2	6	1	7	8	4	3	5	9
9	1	5	6	7	8	2	3	4
3	7	9	5	4	1	8	6	2
1	4	3	2	5	9	7	8	6
8	5	6	4	3	2	9	7	1

HARD #344

6	8	5	3	7	9	4	1	2
3	9	8	7	1	2	6	4	5
5	7	4	1	8	6	9	2	3
8	2	1	9	6	4	3	5	7
7	4	2	5	3	1	8	9	6
1	3	6	2	4	5	7	8	9
2	6	7	4	9	8	5	3	1
4	5	9	6	2	3	1	7	8
9	1	3	8	5	7	2	6	4

HARD #345

3	8	7	5	6	1	4	2	9
2	5	6	4	9	3	7	1	8
4	9	1	8	7	2	5	3	6
8	6	3	7	2	9	1	4	5
1	7	4	9	3	5	6	8	2
6	1	8	2	5	4	9	7	3
5	4	9	3	1	8	2	6	7
7	2	5	1	8	6	3	9	4
9	3	2	6	4	7	8	5	1

HARD #346

6	5	1	3	4	7	8	9	2
3	4	8	7	2	9	6	1	5
8	7	2	1	9	5	3	4	6
1	2	9	5	3	6	4	7	8
9	6	7	8	1	4	2	5	3
5	3	4	2	8	1	9	6	7
2	1	5	4	6	8	7	3	9
7	9	3	6	5	2	1	8	4
4	8	6	9	7	3	5	2	1

HARD #347

3	9	6	4	8	2	7	5	1
7	1	2	5	3	6	4	9	8
6	3	7	8	5	1	9	2	4
9	5	4	7	2	8	6	1	3
8	4	9	1	7	3	2	6	5
1	8	3	2	6	4	5	7	9
2	6	5	3	4	9	1	8	7
5	2	8	9	1	7	3	4	6
4	7	1	6	9	5	8	3	2

HARD #348

1	5	4	2	9	7	3	6	8
6	8	9	7	2	3	4	1	5
2	9	7	3	4	1	8	5	6
4	3	8	1	6	2	5	9	7
9	4	1	5	8	6	7	2	3
8	2	3	9	7	5	6	4	1
5	7	6	8	1	4	2	3	9
7	6	5	4	3	9	1	8	2
3	1	2	6	5	8	9	7	4

HARD #349

2	9	8	4	3	6	5	7	1
6	8	5	3	9	1	7	4	2
4	5	3	1	7	8	2	6	9
9	7	1	5	6	2	4	3	8
1	2	7	6	5	9	3	8	4
8	3	4	2	1	7	6	9	5
3	1	6	9	4	5	8	2	7
5	6	2	7	8	4	9	1	3
7	4	9	8	2	3	1	5	6

HARD #350

9	4	5	2	6	1	7	3	8
7	1	4	3	5	2	8	9	6
5	2	6	8	7	9	3	4	1
1	8	3	6	9	4	2	5	7
6	7	9	4	8	5	1	2	3
2	3	7	5	1	6	4	8	9
3	5	8	1	2	7	9	6	4
8	6	1	9	4	3	5	7	2
4	9	2	7	3	8	6	1	5

HARD #351

3	8	5	7	2	6	1	4	9
2	1	7	9	8	5	3	6	4
4	9	1	6	7	3	5	2	8
6	2	3	8	5	9	4	7	1
7	3	4	2	1	8	9	5	6
9	6	8	5	4	1	2	3	7
1	4	2	3	9	7	6	8	5
8	5	6	1	3	4	7	9	2
5	7	9	4	6	2	8	1	3

HARD #352

6	1	2	9	8	5	7	4	3
8	4	9	7	1	3	6	2	5
7	5	6	3	4	9	1	8	2
2	9	3	5	7	1	4	6	8
5	3	8	1	2	6	9	7	4
1	2	7	4	9	8	3	5	6
4	7	1	8	6	2	5	3	9
9	8	5	6	3	4	2	1	7
3	6	4	2	5	7	8	9	1

HARD #353

5	1	2	9	8	6	7	3	4
3	8	7	6	4	1	9	2	5
4	9	1	2	3	7	5	6	8
7	5	8	4	6	3	2	9	1
9	4	6	7	5	8	3	1	2
1	2	3	5	7	4	6	8	9
2	6	9	3	1	5	8	4	7
6	7	4	8	2	9	1	5	3
8	3	5	1	9	2	4	7	6

HARD #354

4	9	5	8	3	2	6	1	7
1	7	6	3	2	4	8	5	9
7	6	1	5	8	9	4	2	3
2	3	8	9	4	6	1	7	5
3	8	9	6	7	1	5	4	2
6	4	7	1	9	5	2	3	8
9	5	2	4	6	7	3	8	1
5	2	3	7	1	8	9	6	4
8	1	4	2	5	3	7	9	6

HARD #355

5	7	2	8	4	6	9	3	1
3	9	6	1	7	4	5	2	8
1	4	8	6	2	3	7	5	9
6	1	3	4	5	9	8	7	2
9	8	7	5	3	2	4	1	6
7	2	1	9	6	8	3	4	5
8	5	9	3	1	7	2	6	4
2	6	4	7	9	5	1	8	3
4	3	5	2	8	1	6	9	7

HARD #356

7	5	1	8	2	6	3	4	9
8	4	9	1	6	3	2	5	7
3	2	6	4	7	5	9	1	8
4	6	5	9	1	7	8	3	2
9	1	8	7	3	4	5	2	6
2	3	4	5	9	8	6	7	1
5	8	2	6	4	1	7	9	3
1	9	7	3	8	2	4	6	5
6	7	3	2	5	9	1	8	4

HARD #357

3	7	4	9	8	2	6	1	5
7	2	1	3	5	6	4	8	9
6	4	8	5	7	1	9	2	3
1	8	3	7	6	9	2	5	4
4	5	9	1	2	8	3	6	7
8	9	5	6	1	4	7	3	2
2	3	7	8	9	5	1	4	6
9	1	6	2	4	3	5	7	8
5	6	2	4	3	7	8	9	1

HARD #358

6	4	7	1	2	5	3	9	8
2	3	8	9	1	6	7	4	5
3	8	6	5	7	9	4	1	2
5	9	1	7	4	3	2	8	6
1	7	2	4	6	8	5	3	9
8	2	9	3	5	4	6	7	1
7	6	3	8	9	2	1	5	4
9	5	4	2	3	1	8	6	7
4	1	5	6	8	7	9	2	3

HARD #359

4	7	3	6	5	1	8	2	9
2	8	9	3	4	7	6	5	1
1	5	6	9	7	2	3	8	4
7	2	5	4	8	6	1	9	3
6	4	7	8	1	5	9	3	2
3	9	2	5	6	4	7	1	8
5	1	8	2	9	3	4	7	6
9	6	1	7	3	8	2	4	5
8	3	4	1	2	9	5	6	7

HARD #360

6	2	9	8	7	5	4	1	3
7	5	4	6	2	9	3	8	1
2	9	5	1	3	8	7	4	6
1	7	3	4	8	2	9	6	5
5	3	1	2	6	4	8	7	9
4	8	6	7	9	1	5	3	2
8	6	7	9	5	3	1	2	4
3	1	2	5	4	7	6	9	8
9	4	8	3	1	6	2	5	7

HARD #361

7	5	9	2	6	4	1	8	3
8	3	1	5	4	6	2	7	9
5	4	3	9	1	7	8	2	6
3	9	2	8	5	1	6	4	7
9	6	7	3	8	2	5	1	4
6	2	8	7	3	9	4	5	1
4	8	5	1	9	3	7	6	2
1	7	6	4	2	8	9	3	5
2	1	4	6	7	5	3	9	8

HARD #362

9	8	7	4	2	3	6	1	5
4	6	1	3	7	2	5	9	8
6	1	8	5	4	7	3	2	9
7	9	5	8	6	1	2	3	4
3	5	2	7	9	8	1	4	6
2	3	6	9	1	4	8	5	7
8	2	9	6	3	5	4	7	1
5	4	3	1	8	9	7	6	2
1	7	4	2	5	6	9	8	3

HARD #363

7	8	1	6	5	9	3	4	2
4	2	9	7	3	1	8	5	6
3	5	4	2	9	8	6	7	1
6	9	7	4	8	3	1	2	5
2	1	6	5	7	4	9	8	3
5	4	3	8	1	6	2	9	7
1	6	8	9	2	7	5	3	4
9	7	5	3	6	2	4	1	8
8	3	2	1	4	5	7	6	9

HARD #364

2	6	7	4	8	9	1	5	3
5	4	1	7	9	8	3	6	2
1	3	8	5	6	2	4	7	9
9	5	2	8	3	6	7	1	4
8	2	6	9	1	3	5	4	7
3	8	5	1	4	7	9	2	6
4	7	9	6	2	5	8	3	1
6	9	4	3	7	1	2	8	5
7	1	3	2	5	4	6	9	8

HARD #365

8	6	5	2	7	9	1	4	3
7	2	4	9	3	1	6	5	8
3	5	8	1	6	4	2	7	9
4	7	6	3	9	8	5	2	1
9	3	2	7	1	5	4	8	6
5	8	1	4	2	6	9	3	7
1	4	7	6	5	3	8	9	2
6	9	3	8	4	2	7	1	5
2	1	9	5	8	7	3	6	4

HARD #366

1	9	8	2	6	7	3	4	5
7	1	9	6	3	4	5	2	8
4	5	7	3	8	6	2	1	9
8	6	3	5	7	2	1	9	4
2	3	6	9	4	1	8	5	7
9	8	4	1	2	5	7	6	3
6	7	5	8	1	9	4	3	2
5	4	2	7	9	3	6	8	1
3	2	1	4	5	8	9	7	6

HARD #367

8	1	6	9	4	2	3	7	5
5	2	3	8	7	6	9	1	4
3	7	9	5	1	4	6	2	8
4	6	1	2	3	8	7	5	9
2	3	8	4	6	1	5	9	7
6	9	5	7	2	3	8	4	1
1	4	7	6	5	9	2	8	3
7	8	2	1	9	5	4	3	6
9	5	4	3	8	7	1	6	2

HARD #368

2	7	1	8	6	4	5	9	3
9	3	4	6	1	2	8	5	7
6	2	5	7	8	3	9	4	1
5	9	3	1	4	6	7	8	2
8	4	7	3	2	9	1	6	5
3	8	9	2	5	1	4	7	6
4	1	6	5	9	7	3	2	8
1	5	2	4	7	8	6	3	9
7	6	8	9	3	5	2	1	4

HARD #369

7	6	4	9	8	2	1	3	5
4	5	1	8	3	6	9	2	7
6	9	7	3	2	1	5	4	8
2	1	3	4	5	8	7	9	6
3	8	5	2	7	9	4	6	1
9	7	8	6	1	4	2	5	3
1	4	6	5	9	3	8	7	2
5	2	9	1	6	7	3	8	4
8	3	2	7	4	5	6	1	9

HARD #370

4	5	1	7	9	8	6	2	3
1	9	2	6	8	3	4	7	5
2	3	7	8	6	4	5	1	9
3	8	5	1	4	9	7	6	2
9	6	8	3	5	2	1	4	7
7	2	4	5	1	6	9	3	8
8	4	9	2	7	1	3	5	6
6	7	3	4	2	5	8	9	1
5	1	6	9	3	7	2	8	4

HARD #371

9	5	7	4	6	2	3	1	8
2	8	3	6	1	7	5	4	9
1	3	2	9	7	8	4	6	5
6	9	5	7	8	4	1	2	3
4	1	8	5	3	6	7	9	2
5	4	6	2	9	1	8	3	7
3	7	9	1	2	5	6	8	4
7	2	1	8	4	3	9	5	6
8	6	4	3	5	9	2	7	1

HARD #372

8	9	7	1	2	3	4	6	5
3	5	4	8	6	7	1	2	9
6	2	8	7	5	4	9	1	3
7	1	3	6	4	5	2	9	8
4	7	1	5	9	2	8	3	6
5	4	2	9	3	6	7	8	1
2	8	6	3	1	9	5	7	4
1	3	9	4	7	8	6	5	2
9	6	5	2	8	1	3	4	7

HARD #373

1	5	8	2	4	3	7	6	9
3	9	7	6	5	4	8	1	2
2	4	1	3	8	6	5	9	7
6	8	4	7	9	2	1	5	3
5	1	2	9	3	8	4	7	6
7	2	6	4	1	5	9	3	8
4	6	5	8	7	9	3	2	1
8	3	9	1	2	7	6	4	5
9	7	3	5	6	1	2	8	4

HARD #374

4	9	5	3	1	8	2	7	6
8	4	1	2	5	6	7	3	9
7	3	6	9	8	4	5	2	1
5	8	2	7	9	1	3	6	4
6	1	3	4	7	9	8	5	2
9	5	4	6	3	2	1	8	7
1	7	9	8	2	3	6	4	5
2	6	8	5	4	7	9	1	3
3	2	7	1	6	5	4	9	8

HARD #375

6	3	5	7	1	8	9	2	4
2	4	7	9	8	1	6	5	3
1	9	4	8	5	3	2	6	7
8	5	6	2	3	7	1	4	9
9	7	3	6	4	2	8	1	5
5	6	2	3	9	4	7	8	1
7	2	1	4	6	5	3	9	8
4	8	9	1	7	6	5	3	2
3	1	8	5	2	9	4	7	6

HARD #376

1	6	4	3	7	8	5	9	2
8	4	6	2	5	9	1	7	3
9	3	7	1	8	6	2	5	4
5	1	2	4	9	3	7	8	6
7	8	3	9	6	1	4	2	5
2	9	5	7	3	4	6	1	8
4	5	8	6	2	7	9	3	1
3	7	1	5	4	2	8	6	9
6	2	9	8	1	5	3	4	7

HARD #377

5	2	6	7	3	4	9	8	1
3	1	4	8	6	2	5	9	7
8	5	2	1	4	6	7	3	9
9	6	3	4	5	7	8	1	2
6	4	7	9	8	5	1	2	3
7	8	1	2	9	3	6	5	4
4	7	9	3	1	8	2	6	5
1	3	8	5	2	9	4	7	6
2	9	5	6	7	1	3	4	8

HARD #378

5	3	8	4	7	1	6	2	9
9	6	7	1	2	8	5	4	3
1	8	3	5	9	4	2	7	6
4	2	5	7	8	3	9	6	1
2	9	6	8	4	7	1	3	5
7	4	1	9	3	6	8	5	2
6	5	2	3	1	9	7	8	4
8	1	4	6	5	2	3	9	7
3	7	9	2	6	5	4	1	8

HARD #379

2	9	1	4	7	6	3	5	8
4	3	6	7	1	2	9	8	5
1	7	5	8	6	4	2	9	3
8	5	2	3	9	1	4	6	7
9	1	4	6	5	8	7	3	2
5	6	7	9	4	3	8	2	1
3	4	9	2	8	7	5	1	6
7	8	3	1	2	5	6	4	9
6	2	8	5	3	9	1	7	4

HARD #380

8	4	7	2	6	1	5	9	3
9	5	6	4	8	7	3	2	1
1	3	9	5	7	2	8	4	6
6	8	2	1	4	3	9	7	5
5	9	4	3	2	8	6	1	7
2	7	1	9	5	6	4	3	8
3	2	8	6	1	4	7	5	9
4	6	3	7	9	5	1	8	2
7	1	5	8	3	9	2	6	4

HARD #381

2	7	5	1	4	8	9	3	6
3	1	9	6	5	4	2	8	7
7	5	6	9	1	2	8	4	3
8	4	7	2	3	6	5	9	1
5	6	4	7	9	3	1	2	8
9	3	1	4	8	7	6	5	2
1	8	2	5	7	9	3	6	4
6	9	8	3	2	1	4	7	5
4	2	3	8	6	5	7	1	9

HARD #382

1	8	9	4	6	5	3	7	2
2	7	1	6	5	3	9	4	8
5	3	2	1	8	4	7	9	6
6	4	7	9	3	2	1	8	5
4	9	5	8	7	6	2	3	1
3	1	6	2	9	8	4	5	7
7	2	3	5	4	1	8	6	9
9	6	8	3	2	7	5	1	4
8	5	4	7	1	9	6	2	3

HARD #383

4	8	1	2	3	5	7	6	9
1	9	8	7	5	4	3	2	6
7	5	4	3	9	6	8	1	2
3	6	2	5	1	7	9	4	8
5	4	7	9	8	2	6	3	1
6	2	3	4	7	9	1	8	5
8	1	9	6	2	3	4	5	7
2	7	6	1	4	8	5	9	3
9	3	5	8	6	1	2	7	4

HARD #384

8	4	6	5	3	9	1	2	7
3	1	2	9	5	4	8	7	6
7	2	3	8	4	1	5	6	9
5	8	4	6	7	2	3	9	1
1	7	9	4	8	5	6	3	2
6	9	1	3	2	7	4	5	8
4	3	8	2	9	6	7	1	5
2	6	5	7	1	8	9	4	3
9	5	7	1	6	3	2	8	4

HARD #385

9	4	8	3	5	6	1	7	2
5	2	1	6	7	8	3	4	9
8	7	4	5	3	9	2	1	6
3	1	6	7	9	2	4	5	8
4	9	5	8	2	1	6	3	7
2	3	9	4	8	5	7	6	1
6	8	7	9	1	4	5	2	3
1	6	3	2	4	7	8	9	5
7	5	2	1	6	3	9	8	4

HARD #386

1	5	7	3	9	2	8	6	4
3	6	8	7	4	9	2	1	5
8	4	2	1	5	6	9	7	3
2	9	4	8	6	5	7	3	1
5	7	6	9	3	1	4	2	8
9	3	1	5	7	4	6	8	2
4	1	9	2	8	7	3	5	6
6	2	3	4	1	8	5	9	7
7	8	5	6	2	3	1	4	9

HARD #387

5	1	4	9	6	7	3	8	2
3	6	2	5	1	8	4	9	7
7	2	3	1	8	4	9	5	6
8	7	6	3	9	1	5	2	4
9	4	5	2	3	6	7	1	8
2	3	7	4	5	9	8	6	1
1	8	9	6	4	5	2	7	3
6	9	8	7	2	3	1	4	5
4	5	1	8	7	2	6	3	9

HARD #388

6	2	9	5	7	3	8	1	4
3	5	8	6	4	1	7	2	9
8	9	5	1	3	4	2	7	6
7	1	4	2	6	8	9	5	3
1	3	2	7	8	9	6	4	5
4	7	3	8	9	2	5	6	1
2	6	1	4	5	7	3	9	8
5	8	7	9	1	6	4	3	2
9	4	6	3	2	5	1	8	7

HARD #389

4	7	8	5	3	9	6	1	2
6	1	9	2	8	5	7	4	3
3	5	4	6	7	8	1	2	9
9	2	3	1	5	6	8	7	4
1	4	5	9	2	7	3	8	6
7	8	2	3	9	1	4	6	5
5	3	6	8	1	4	2	9	7
2	6	1	7	4	3	9	5	8
8	9	7	4	6	2	5	3	1

HARD #390

6	8	9	7	5	4	1	2	3
1	3	8	6	7	2	9	5	4
9	2	3	5	8	6	4	1	7
4	5	7	1	2	3	8	9	6
7	4	5	2	6	1	3	8	9
8	1	4	9	3	7	5	6	2
3	6	2	8	9	5	7	4	1
2	9	1	3	4	8	6	7	5
5	7	6	4	1	9	2	3	8

HARD #391

7	5	4	6	2	1	9	3	8
6	2	1	7	3	4	8	9	5
8	4	7	1	6	9	3	5	2
3	9	6	2	8	5	7	4	1
9	1	2	8	5	3	4	7	6
1	7	5	3	9	6	2	8	4
2	3	8	5	4	7	1	6	9
4	6	3	9	1	8	5	2	7
5	8	9	4	7	2	6	1	3

HARD #392

6	5	9	3	1	7	2	8	4
2	4	8	7	5	3	9	6	1
3	6	7	9	8	4	5	1	2
7	8	4	6	2	5	1	9	3
4	3	1	5	7	9	8	2	6
8	9	3	1	4	2	6	7	5
1	2	5	8	9	6	3	4	7
9	7	6	2	3	1	4	5	8
5	1	2	4	6	8	7	3	9

HARD #393

6	1	8	4	2	7	5	3	9
4	2	3	7	9	5	1	8	6
1	3	9	5	7	2	4	6	8
8	5	7	6	4	9	2	1	3
7	6	2	8	1	3	9	5	4
9	8	5	1	3	4	6	7	2
2	7	4	3	5	6	8	9	1
3	4	6	9	8	1	7	2	5
5	9	1	2	6	8	3	4	7

HARD #394

5	2	7	1	3	6	8	9	4
9	4	2	3	1	8	5	6	7
4	3	1	8	6	7	9	2	5
7	8	9	6	5	2	4	3	1
2	6	4	5	8	9	1	7	3
6	9	3	4	7	5	2	1	8
8	1	5	2	9	3	7	4	6
3	7	8	9	4	1	6	5	2
1	5	6	7	2	4	3	8	9

HARD #395

6	1	4	2	3	8	5	7	9
8	2	1	9	5	7	4	3	6
3	9	6	5	4	1	8	2	7
4	8	2	7	1	6	9	5	3
9	5	7	3	6	2	1	8	4
2	4	9	6	7	5	3	1	8
7	3	5	1	8	9	6	4	2
5	7	3	8	9	4	2	6	1
1	6	8	4	2	3	7	9	5

HARD #396

8	4	9	3	5	7	2	1	6
7	2	1	8	9	4	5	6	3
6	5	3	1	8	2	9	7	4
2	7	8	4	1	3	6	5	9
9	6	4	5	2	8	7	3	1
1	3	5	7	6	9	4	2	8
3	9	7	6	4	5	1	8	2
5	1	2	9	3	6	8	4	7
4	8	6	2	7	1	3	9	5

HARD #397

9	1	5	7	6	4	8	2	3
7	2	3	6	4	5	1	9	8
8	4	1	5	2	3	9	6	7
2	3	7	1	9	6	5	8	4
6	9	8	3	1	2	7	4	5
5	8	2	4	3	7	6	1	9
1	6	4	9	5	8	3	7	2
4	5	6	8	7	9	2	3	1
3	7	9	2	8	1	4	5	6

HARD #398

4	2	9	5	8	7	1	6	3
7	1	8	6	2	4	3	5	9
3	7	2	4	9	6	5	8	1
1	9	6	3	5	8	2	7	4
8	6	5	1	3	2	9	4	7
5	3	1	8	7	9	4	2	6
2	8	7	9	4	1	6	3	5
9	5	4	7	6	3	8	1	2
6	4	3	2	1	5	7	9	8

HARD #399

1	8	6	2	9	4	5	3	7
4	6	3	9	5	7	2	1	8
2	1	8	7	3	5	9	4	6
5	3	4	1	8	2	7	6	9
7	9	2	5	6	1	3	8	4
8	5	9	3	7	6	4	2	1
9	2	7	6	4	8	1	5	3
3	4	5	8	1	9	6	7	2
6	7	1	4	2	3	8	9	5

HARD #400

1	4	6	9	2	8	7	5	3
2	9	7	4	6	1	5	3	8
5	3	8	7	1	9	4	2	6
8	6	5	3	4	7	9	1	2
4	7	1	5	8	3	2	6	9
3	5	2	8	9	6	1	4	7
9	8	4	6	5	2	3	7	1
6	1	3	2	7	4	8	9	5
7	2	9	1	3	5	6	8	4

HARD #401

4	5	3	7	9	8	2	6	1
7	8	9	6	1	3	4	5	2
6	4	1	2	7	9	5	8	3
5	3	4	8	2	6	7	1	9
1	2	5	3	8	7	9	4	6
2	9	6	1	5	4	3	7	8
3	7	8	9	6	5	1	2	4
8	1	7	4	3	2	6	9	5
9	6	2	5	4	1	8	3	7

HARD #402

5	4	7	6	1	9	8	2	3
3	5	6	2	8	7	9	4	1
1	8	2	9	3	4	7	6	5
6	1	9	4	7	2	5	3	8
7	9	3	5	4	6	1	8	2
9	2	8	3	6	1	4	5	7
8	6	4	1	5	3	2	7	9
2	3	5	7	9	8	6	1	4
4	7	1	8	2	5	3	9	6

HARD #403

5	4	3	2	7	1	9	6	8
1	7	6	8	2	3	5	9	4
9	8	2	7	6	4	1	3	5
4	9	7	5	1	8	6	2	3
8	3	5	9	4	7	2	1	6
3	6	1	4	9	5	7	8	2
2	5	8	6	3	9	4	7	1
6	1	9	3	5	2	8	4	7
7	2	4	1	8	6	3	5	9

HARD #404

3	6	2	9	8	5	7	1	4
5	1	7	6	4	8	9	3	2
4	7	1	3	9	2	6	8	5
6	4	8	7	5	3	1	2	9
7	8	4	1	2	6	5	9	3
1	3	9	5	6	4	2	7	8
9	2	3	4	1	7	8	5	6
8	5	6	2	7	9	3	4	1
2	9	5	8	3	1	4	6	7

HARD #405

9	8	5	3	7	1	4	2	6
7	2	6	1	4	5	8	3	9
4	1	2	9	3	8	6	5	7
8	7	3	5	9	4	2	6	1
6	3	1	7	8	9	5	4	2
5	9	4	6	1	2	3	7	8
1	5	8	2	6	3	7	9	4
3	4	7	8	2	6	9	1	5
2	6	9	4	5	7	1	8	3

HARD #406

1	5	7	6	9	2	8	4	3
4	3	8	5	2	9	6	7	1
8	6	4	7	3	1	2	9	5
5	9	6	2	4	3	1	8	7
3	1	9	4	8	6	7	5	2
2	7	1	8	5	4	3	6	9
6	2	3	9	7	8	5	1	4
7	4	2	1	6	5	9	3	8
9	8	5	3	1	7	4	2	6

HARD #407

6	3	5	8	7	4	2	9	1
7	2	8	4	1	5	6	3	9
4	9	2	5	8	7	1	6	3
5	1	7	6	9	3	8	2	4
3	8	9	1	2	6	4	5	7
8	5	1	9	3	2	7	4	6
9	6	4	7	5	8	3	1	2
2	7	6	3	4	1	9	8	5
1	4	3	2	6	9	5	7	8

HARD #408

7	4	2	5	3	8	9	6	1
9	8	3	6	2	4	1	5	7
2	9	1	7	8	5	6	4	3
3	6	5	1	4	7	8	9	2
1	2	6	8	9	3	4	7	5
5	1	8	4	7	9	3	2	6
4	3	7	9	5	6	2	1	8
6	7	9	3	1	2	5	8	4
8	5	4	2	6	1	7	3	9

Made in the USA
Monee, IL
13 November 2024

70042863R00118